网络与新媒体传播核心教材系列

中国互联网新闻发展史

李良荣　徐钱立　主编

復旦大學出版社

序

互联网的发明与迅猛发展是人类发展史上最伟大的一项创举。互联网塑造了一个网络社会,它与现实社会日益相融,构建了一个新世界。互联网以令人目眩的速度、深度、广度颠覆了许多事物,也形塑了许多新事物,新闻媒体的变迁只是其中的一个部分。正如美国学者舍基所言:"互联网并非在旧的生态系统里引入新的竞争者,而是创造了一个新的生态系统。"[①]互联网彻底颠覆了新闻传播的社会生态、传播结构、形态、模式,并重塑了它们。

推动互联网发展的因素是多样的,其中,技术演进、政府规制、社会变迁、市场需求是直接的决定性因素,而技术演进是最基础、最基本的决定因素。在这个基础上,本书以互联网技术的演进为主线,对中国互联网新闻传播的沿革展开了论述。本书的写作围绕着技术驱动下中国互联网新闻传播的变迁,只稍微涉及政府规制、社会变迁和市场需要。这是本书的不足,但也给承担此课程教学任务的老师留下自由发挥的空间。

本书共八章,分为两大部分:第一部分是第一章到第五章,论述了技术演进下中国新闻传播的变迁过程;第二部分是第六章到第八章,专题论述了新闻传播的变迁带来的社会变化。

本书是国内第一本关于中国互联网新闻传播的沿革史,也是此领域的第一本教材。万事开头难,尽管参与本书编写的作者严肃、踏实地查询、核

[①] [美]克莱·舍基:《人人时代:无组织的组织力量》,胡泳、沈满琳译,中国人民大学出版社2012年版,第50页。

对了每一处史料,但面对海量的数据,可能会有疏漏甚至谬误之处,恳请大家批评指正。

李良荣　徐钱立

2022 年 7 月 26 日

目　录

第一章　从"金桥工程"到"第四媒体" ……………………………… 1
　　第一节　中国互联网时代拉开帷幕 ………………………………… 1
　　第二节　第四媒体开启数字化生活 ………………………………… 11
　　第三节　民营门户网站横空出世 …………………………………… 21
　　第四节　传统媒体初涉互联网 ……………………………………… 29

第二章　2G时代：手机与互联网重塑媒体格局 …………………… 42
　　第一节　手机成为新兴媒介形态 …………………………………… 43
　　第二节　新闻生产进入泛社会化模式 ……………………………… 50
　　第三节　社交媒体空前活跃 ………………………………………… 56
　　第四节　网络监督助力公共事务决策 ……………………………… 63

第三章　3G时代：全面融通与深度变革的时代 …………………… 68
　　第一节　技术领域风云变化 ………………………………………… 68
　　第二节　网络社会的解构与重构 …………………………………… 72
　　第三节　新闻业态发生变化 ………………………………………… 81
　　第四节　新闻内容形态的嬗变 ……………………………………… 89
　　第五节　渠道生态重构 ……………………………………………… 93
　　第六节　网络舆论全面介入现实 …………………………………… 100

第四章　4G时代：融合背景下的传媒业 …………………………… 105
　　第一节　算法机制重塑新闻生态 …………………………………… 105

第二节　短视频成为主流信息形态 …………………… 113
第三节　"微时代"的传播生态 ………………………… 118
第四节　全媒触微 ………………………………………… 123
第五节　人工智能影响下的传媒业 ……………………… 132

第五章　媒体融合:建设新型主流媒体 …………………… 140
第一节　媒体融合动力:传统主流媒体的困境 ………… 140
第二节　2014 年之后的媒体融合 ……………………… 149
第三节　媒体融合初见成效:新型主流媒体建设 ……… 162

第六章　网络传媒的三足鼎立:党媒、民媒与自媒体 …… 176
第一节　网络时代的党媒、民媒与自媒体 ……………… 176
第二节　网络媒体形成三足鼎立格局 …………………… 183
第三节　对三类媒体的优劣势分析 ……………………… 193
第四节　新格局中的三方争鸣与共鸣 …………………… 197

第七章　互联网治理的发展与演变 ………………………… 207
第一节　网络治理框架初显(1994—1997 年) ………… 208
第二节　新闻网站治理(1998—2002 年) ……………… 212
第三节　早期自媒体治理(2003—2009 年) …………… 218
第四节　全面深化网络生态治理(2010—2020 年) …… 227

第八章　互联网新闻制作的演进 …………………………… 246
第一节　网络直播新闻:从"新闻现场"到"伴随式场景" … 246
第二节　短视频新闻:创新尺度与突破路向 …………… 256
第三节　数据新闻:数据驱动下的新闻新样态 ………… 269
第四节　沉浸式新闻:场景化与临场感的生成 ………… 280

主要参考文献 …………………………………………………… 294

后记 ……………………………………………………………… 297

第一章

从"金桥工程"到"第四媒体"

20世纪90年代,美国政府以国家级网络信息发展战略"信息高速公路"为向导,以教育和非商业性新闻媒体为先锋,大力推进以新兴数字科技为基础的电子商务和网络娱乐产业,网络传播从此开始进入飞速发展的阶段。其间,具有新闻传播属性的网络媒体虽然尚未对传统媒体的主导地位形成根本性挑战,但"第四媒体"已成为一部分网络先行者收发信息、娱乐、建立新型社交关系的全新平台,开创了崭新的社会生活形态。

我国在1993年底启动"三金工程"后,网络传播技术逐步与世界接轨。与此同时,在新闻传播领域,我国的媒体也开始进行数字化尝试,实现了互联网新闻理念的启蒙。在我国互联网发展的初期,各方力量积极地探索互联网在新闻传播领域的潜能,实现了在新闻数量上激增、在消息来源上扩充、在传播效率上提升、在知识分层上多元化的态势,并孕育出中国第一批职业"网络媒体人"。

第一节 中国互联网时代拉开帷幕

一、全球互联网时代正式开启

(一)美国出台"信息高速公路"计划

1991年,身为美国参议员的阿尔·戈尔(Al Gore)最先提出了建立"信息高速公路"的设想,即把所有公用的信息库和信息网络连接成一个全国性的大网络,再把大网络连接到作为用户的所有机构和家庭中去,让三种基本形态的信息(文字数据、声音、活动图像)都能在大网络里交互传输①。1993年,美国总统克林顿提出"信息高速公路"计划雏形,即搭建一个高速度、大容量、多媒体、多内容的信息传输网络,用户可以在任何时间、任何地点,以声音、数据、图像或影像等多媒体方式相互传递信息。

1996年10月,斥资1亿美元的"信息高速公路"计划正式启动,自此,美国政府从专注于军事目标的"曼哈顿计划""阿波罗计划""星球大战计划"等逐渐转向以民用为主要目标的"信息高速公路"计划。把互联网的民用属性放在政府科研目标的重要位置,加快"军转民"步伐,是克林顿政府对美国科技政策作出的重大调整。这一国家战略的出台,标志着全球互联网时代正式开启。

(二)互联网得以大众化的技术基础

网络通信技术的完备是助推网络技术大众化的硬件基础。二战时期,以美国为首的西方发达国家开始对新的网络连接方式展开深入的研究和尝试。20世纪60年代,互联网前身局域网(阿帕网,ARPANET)是美国国防部高级研究计划局(Defense Advanced Research Projects Agency,简称DARPA)为预防苏联在核战争时占领和破坏美国通信系统的产物。阿帕网以"包交换""分布式""多中心节点"为基本创新思路,通过几千个自主的电脑局域网络的分合,灵活连接,减少由于通信主体系统被破坏而导致信息传播全面中止的可能②。这个分布式的网络成为全球互联网水平式连接的基础。

互联网连接标准的统一也是全球互联网得以建成的重要基础条件。自20世纪70年代开始,美国开发出电子邮件功能,完成了主机间的传输控制协议(Transmission Control Protocol,简称 TCP)和网络之间的互连协议

---

① 李琥:《"全球信息高速公路"的国际政治意义》,《国际政治研究》1997年第3期,第62—68页。
② 方兴东、钟祥铭、彭筱军:《草根的力量:"互联网"(Internet)概念演进历程及其中国命运——互联网思想史的梳理》,《新闻与传播研究》2019年第8期,第43—61页。

(Internet Protocol,简称 IP),即 TCP/IP 协议。在 80 年代又推出网络虚拟社区和能够实现信息共享的万维网(World Wide Web,简称 WWW),这为 90 年代全球智能化的互联互通提供了可行性。1990 年,日内瓦的欧洲核子研究中心的蒂姆·伯纳斯-李(Tim Berners-Lee)、罗伯特·加里奥(Robert Cailliau)等人为互联网添加了多媒体视听语言的超文本文件格式(HTML),创造了标准的网址格式"通用资源识别码"(URL),使不同的电脑可以通过信息而非位置来组织网站的内容。1998 年,美国建立了全球化网络传播基础的新规范机制(IANA/ICANN),达成了对互联网标准模式的全球共识,实现了互联网在联通标准层面的一致性。

除了网络连接系统的搭建,还有一个重要的技术基础就是微型信息接收终端的发明和普及。在 20 世纪 70 年代,以电子计算机技术的利用与发展为代表的自动化时代完成了对终端节点的硬件打造,但要实现互联网在全社会的推广,还需要微电脑,特别是个人电脑(personal computer,简称 PC)的发明和普及。1946 年,世界上的第一台通用电脑重达 30 吨,9 英尺[①]高,有一个体育场那么大,耗电量大到打开电源时,整个美国费城的电灯都会闪烁[②]。到了 20 世纪 70 年代,微处理器的成功研发拉开了 PC 时代的序幕。1974 年 12 月,电脑爱好者爱德华·罗伯茨(E. Robert)发布了自己制作的装配有 8080 处理器的计算机"牛郎星",这也是世界上第一台装配有微处理器的计算机。

1975 年后,IBM、微软、苹果等科技公司在电脑技术方面的不断突破与发展,使得个人电脑逐渐在全社会层面推广开来。20 世纪 80 年代,晶体的处理、运算、储存等的能力进一步增强。1981 年 8 月 12 日,"PC 机之父"唐·埃斯特奇(D. Estrange)领导的团队正式完成了 IBM PC 机的研发,并同步推出 MS-DOS 1.0 版系统。同年,3Com 公司推出了世界上第一款网卡 EthgerLink 网络接口卡,它是世界上第一款应用于 IBM-PC 的 ISA 接口网络适配器。1984 年,英国的 Adlib Audio 公司推出了第一款声卡——摩

---

① 1 英尺为 30.48 厘米。
② [美]曼纽尔·卡斯特:《网络社会的崛起》,夏铸九、王志宏等译,社会科学文献出版社 2001 年版,第 49 页。

卡声卡。从此，PC 机可以收发音频文件。同年，苹果公司推出 Macintosh 计算机，首次采用图形界面的操作系统，使得个人计算机拥有了多媒体处理的能力。1986 年 9 月，美国康柏公司进一步缩小 PC 机的尺寸，推出 Deskpro 个人桌上型 386 电脑。1990 年 5 月 22 日，微软推出 Windows 3.0 操作系统，支持多媒体、网络等众多先进技术，当年创下了年销售 100 万台的纪录。1995 年 11 月 1 日，英特尔公司推出了 Pentium Pro 处理器，最高处理速度达到 200 MHz，每秒可执行 4.4 亿次指令。至此，处理器进入"高能奔腾"时代。到了 1999 年，甚至出现了世纪末处理器主频速度大战，英特尔公司的 Pentium3 处理器与 AMD 公司的 Athlon 处理器在处理速度上你追我赶，不断地刷新 CPU 频率。

在 20 世纪 60—90 年代，美国基本完成了网络传播系统和计算机接收终端的个人化、家庭化，改变了原有的中央式资料存储和处理的方式，形成了多媒体、网络化、互动化、共享式的网络传播模式，信息处理能力不断提升。作为网络技术运用的主体，人们在技术的便捷性和高效性的支持下，对于信息多元化和交流便捷性的欲求也得到了激发。80 年代开始，除了军事功能，科学家们也尝试运用局域网实现业务交流、专业共享和其他信息互动的目的。以科学交流为主的学科网（CSENT）和以私人交流为主的比特网（BITNET）纷纷出现。

1990 年 2 月 28 日，ARPANET 关闭，被 NSFNET 取代，于 1992 年起交由私企运营，政府也积极地推动各类商业组织建立主干网。1996 年 4 月，美国政府关闭了所有由政府运作的骨干网络，标志着互联网传输内容的多元化和互联网使用的大众化、私人化时代的来临。

总之，计算机技术、通信与信息技术的大幅度改善，在提高劳动效率、促进产业升级、改造基础设施建设、节省资源、增加就业渠道等方面发挥了重要的作用，促进了各国的发展。依靠信息市场的迅猛发展及信息产业的朝阳前景，各国从国家整体战略上推动全国信息基础的构建和网民对信息的广泛、高效使用，形成了以信息化、全球化和网络化为特征的新经济模式。

二、我国部署"三金工程"建设计划

美国提出"信息高速公路"计划后,我国也迅速作出反应。1993年底,中国正式启动"三金工程",即国家公用经济信息通信工程,包括金桥、金关、金卡三大工程。这是我国国民经济和社会信息化的重要基础设施之一,它的任务是完成信息化的技术设施系统建设,以光纤、微波、程控、卫星、无线移动等多种方式形成空、地一体的网络结构,建立国家公用信息平台,搭建中国的"信息准高速国道",尽快与全球"信息高速公路"联通。

1993年3月12日,时任国务院副总理朱镕基主持国务院会议,提出并部署建设国家公用经济信息通信网(金桥工程)。金桥工程作为"三金工程"的启动工程,可以视作我国信息化的开端。"金桥工程"的建设目标是以更快的速度和更高效的数据处理方式开发信息源、开拓信息市场、开展信息交换等计算机增值服务业务,包括电子信箱、数据交换和计算机信息服务在内的增值业务,以及互联网服务业务等。

在组织制度层面,1993年10月,国务院批准成立国家经济信息化联席会议(1996年改称为国务院信息化工作领导小组),由时任国务院副总理邹家华任联席会议主席,时任电子工业部部长胡启立任联席会议副主席,统一领导和组织协调"三金工程"等全国的信息化建设工作,协调互联网领域的管理工作。1994—1998年,各相关部门陆续出台了《中华人民共和国计算机信息系统安全保护条例》《中华人民共和国计算机信息网络国际联网管理暂行规定》《中华人民共和国计算机信息网络国际联网安全保护管理办法》《中华人民共和国计算机信息网络国际联网管理暂行规定实施办法》,主要是在技术层面实现对互联网基础资源的管理和监控。

三、互联网基础设施的基本建成

互联网的普及既需要网络通信基础设施大干线的完成,还要以全民整体经济发展水平作为依托,即需要通过个人或组织购买电脑、安装电话、开通网线等方式获得技术终端上的支持和联结。在20世纪90年代初的中国,人均可支配收入在1993年以前不足3000元/年,作为拨号上网的基本硬件支持,固定电话、电信密度、电脑拥有量等在当时都属于初级发展水平。

联合国开发计划署(The United Nations Development Programme,简称UNDP)的统计数据显示:截至1998年年中,美国人口只占世界人口的4.7%,却占互联网网民的26.3%;1996年,美国的网民人数逼近2000万人[1]。但在同一时期,中国的网民人数仅以千位计。那么,20世纪90年代的中国,谁能最先接入网络?谁又有权力描绘新的互联网城市和国家的图景?除了科技研发组织和企业,政府在其中起到重要的作用。

中国互联网基础设施体系的建立是在我国政府主导、其他国家帮扶下向世界接轨的历史过程。中国的入网过程基本是以科研高校为代表的单位联网到发达城市城域网,再到大型企业入网,最后实现全民入网的路径层层推进的。

1993年3月2日,我国接入Internet的第一根专线,即中国科学院高能物理研究所租用AT&T公司的国际卫星接入美国斯坦福大学直线加速器中心的64KDECnet专线正式开通。这条专线开通后,加上国家自然科学基金委员会的大力支持,许多学科的重大课题负责人能够通过拨号联网的方式在国内使用电子邮件。1993年4月,中国科学院计算机网络信息中心召集在北京的部分网络专家,确定了中国域名体系。在同年6月的INET'93会议上,专家们积极与国际互联网专家商议中国入网的问题。

1994年4月20日,中国教育科研网工程(NCFC)通过与美国NCFnet直接联网,Internet的64K国际专线开通,实现与互联网的全功能联结,标志着中国正式成为被国际认可的、具备互联网能力的国家,中国互联网成为全球信息高速公路的重要组成部分。同年9月,邮电部电信总局与美国商务部签订协议,将专线增为北京、上海两条。到了1995年,这两条64K中美专线开始通过电话网、DDN专线和X.25网等方式向社会提供互联网接入

---

[1] [美]曼纽尔·卡斯特:《网络社会的崛起》,夏铸九、王志宏等译,社会科学文献出版社2001年版,第49页。

服务。1994年6月,在日本东京理科大学的协助下,北京化工大学开通了与Internet连接的试运行专线。1994年7月,由清华大学等六所高校建设的"中国教育和科研计算机网"试验网开通,能连接北京、上海、广州、南京、西安五个城市,并通过TCP/IP协议完成计算机互联。同年8月,中国教育和科研计算机网(CERNET)在国家计划委员会和国家教育委员会的支持下正式立项,实现了校园间信息共享和学术交流的国际网络互联体系。

1995年4—12月,中国科学院启动并完成了"百所联网"工程,即把网络扩展到全国除北京地区已经入网的30多个研究所外的24个城市,实现国内各学术机构的计算机互联。它的目标是建立一个面向科技用户、科技管理部门和与科技有关的政府部门服务的全国性网络,取名"中国科技网"(CSTNET)。1995年5月,中国电信开始筹建中国公用计算机互联网(CHINANET)全国骨干网,开始提供全国范围的公用计算机互联网络服务。1995年5月17日,中国电信完成了互联网接入服务向各界公众开放的功能,"网民"这个概念正式出现,中国也有了第一代网民。

到1995年底,金桥工程已初步建成,中国基本完成了四大骨干网的建设,即中国公用计算机互联网、中国金桥信息网(CHINAGBN)、中国科技网、中国教育和科研计算机网,并建立了中国国家顶级域名(.CN)运行管理体系。至此,中国互联网基础设施的布局基本完成。

1996年9月22日,全国第一个城域网,即上海热线正式开通,标志着作为上海信息港主体工程的上海公共信息网正式建成。1996年12月,中国公众多媒体通信网(169网)全面启动,广东视聆通、四川天府热线、上海热线等城域网实现互联互通。

四、中国加速入网的内外动因

(一)工业革命3.0时代的外部压力

到目前为止,人类历史上发生了四次工业革命,分别是以蒸汽机为代表的机械化革命,以电力为代表的电气化革命,以计算机为代表的信息技术和数字化革命,以及正在进行中的将工业革命1.0和工业革命2.0相结合,通过互联网技术加快并扩大人与人之间协作效率的个性化、智能化革命。这四次工业革命都是以技术革新为突破口,不断提升原有的生产力。从历史发展角度看,努力跟上工业革命的时代要求是新兴工业国家发展的必然趋势。

美国应对经济滞胀的资本主义深度调整方式,是依靠降低生产成本、增加生产力、拓展市场和加速基本周期来提高利润。其中,市场拓展的效果可能是最直接和快速的。因此,互联网技术加强了世界的联结度,也提高了资本的移动能力和联结能力,成为美国在20世纪90年代后称霸世界的重要力量。从20世纪70年代以苹果、微软、IBM等为代表的工业革命3.0公司,到21世纪初谷歌(Google)、Facebook①、Twitter、特斯拉(Tesla)等一大批代表工业革命4.0的公司的相继建立和发展,硅谷出现了成千上万个"一夜致富"的神话。

反观中国,由于错过了人类社会的前两次工业革命,生产力也因此落后于西方国家。但随着第三次工业革命(计算机革命)的"网络化"阶段的到来,中国及时地捕捉到互联网对经济发展的积极作用,紧跟时代,开始向信息-服务型社会过渡,提升工业化水平,加速信息社会改造,增强国家竞争力。

以"三金工程"为代表的20世纪90年代初的"入网",其重点就是展开基础网络建设和关键通信资源的部署工作,利用人口红利奠定网民基本规模,为1995年之后互联网的创新创业和信息应用服务功能的深化发展打下基础,更为中国的现代化事业提供了基础技术支撑。这些工程的宗旨是面向经济建设,依靠广大科技工作者,在科技与经济之间搭建桥梁,促进科技与经济的有效结合,促进科技成果转化为现实生产力,促进高新技术的推广与应用,促进技术创新和技术市场的繁荣与发展。

(二)改革开放的内需力

1978年十一届三中全会之后,中国进入改革开放的历史新时期。改革

---

① 2021年10月28日,扎克伯格宣布将"Facebook"更名为"Meta",源自"元宇宙"(Metaverse)。

开放建立了社会主义市场经济体制,明确了"科学技术是生产力"的基本理念,以解放和发展生产力、实现国家现代化、让中国人民富裕起来作为国家发展的核心目标。此后,中国经济活力明显提高,商业流动速度加快,科技创新能力不断提升,人们与世界沟通和交流的意愿越发强烈。1987年9月20日22点55分,"中国上网第一人"钱天白利用我国第一个国际互联网电子邮件节点,向卡尔斯鲁厄理工学院发出了中国第一封电子邮件——"Across the Great Wall. We can reach every corner in the world"(越过长城,走向世界),成为中国人和互联网的第一次"亲密接触"。自此之后,科研机构、学校组织成为依靠互联网与世界沟通的第一梯队。

改革开放也促进了我国对外贸易的迅速发展。海外投资与经济特区的创办与建立为中国对外经贸关系的发展注入了巨大的活力,工业制成品成为中国主要的出口商品。外贸体制改革和外商的直接投资极大地促进了外贸发展,1978—1991年,我国的进出口总额由206.4亿美元增长到1356.3亿美元,其中出口由97.5亿美元增长到718.4亿美元,进口由108.9亿美元增长到637.9亿美元,年均增速分别达到16.6%和14.6%。同时,日益加大的招商引资力度使得进出口规模不断扩大,外商投资企业在中国外贸中的作用迅速提升。到20世纪90年代初,外资占中国外贸总额的比重提升至20%以上[①]。

国际互联网和外经贸专用网等网络平台为商家企业掌握商情动态、获取商业信息、增加成交机会提供了有效的技术平台。例如,我国首家国际互联网专业信息发布站中国商业名录于1995年成立,到2000年,成功地为600家企业实施了网上信息的发布,提供了更物美价廉的广告宣传和营销服务。当时,企业还可以通过电子邮箱、网上洽谈室、网上商品交易市场等方式进行在线商务谈判和交易。对于个体用户而言,购买电脑的一个重要原因就是炒股。为了便于股民了解信息,证券公司会提供股票接收卡,接有线电视的同轴线看股票,接收卡公司每天会把一些网站的信息打包。可见,

---

① 李善同、侯永志:《中国经济发展二十年回顾(一)》,《北方经济》1999年第6期,第30—32页。

商业类信息成为初代网民的一种主要信息获取内容。

内需力使得专业的网络技术人才培养迫在眉睫。1978年3月,全国科学大会召开,邓小平在会上首次提出"科学技术是生产力",把科技提升到了事关国家和民族未来的战略高度。20世纪80年代初,以上海为代表的主要城市开始关注青少年的计算机普及教育。1984年,邓小平在上海微电子技术应用汇报展览会参观几个少年的电脑演示时,和蔼而坚定地说道:"计算机的普及要从娃娃抓起。"在20世纪90年代,国家和社会资本大力支持民众对计算机的学习和使用,学习计算机成为大中小学的必修课程。哈尔滨工业大学、北京大学、清华大学、上海交通大学等重点高校在恢复高考后陆续加快了计算机科技系在软硬件方面的建设,通过国际交流、访学、进修等方式加快师资队伍建设。

改革开放后,我国留学生人数和留学国家的数量也大大提升,到美、日、德、英等发达国家留学的学生数量占70%以上。尽管因为经济发展水平的限制,20世纪80年代的留学生中的70%仍以公派留学为主,但我国已开始逐步打破自费留学的封禁,正式受理留学申请。1984年,我国正式对自费留学学生敞开大门,留学生的学历和工作年限等限制被取消,全国范围内掀起了一股出国热潮。到1995年,内地留学生总人数已超62 000人①,并且在90年代初掀起一股"归国潮"。特别是1991年,留学生归国率达到71.34%。在当时,计算机科学专业成为出国留学的一个热门专业(图1-1)。

四通利方网站(后来的新浪网)的主要创始人汪延、搜狐网创始人张朝阳、网易创始人丁磊等中国20世纪90年代第一批建立民营中文网站的先行者,都有国际教育背景或国际网络公司的工作经历。这些科技精英的国际视野和对计算机等专业技术的学习经历,再加上他们对国际网站建设,特别是对"硅谷模式"的学习和模仿,为国人的互联网启蒙作出了重要的贡献。

---

① 参见中华人民共和国国家教育委员会计划建设司:《中国教育事业统计年鉴1996》,人民教育出版社1997年版。

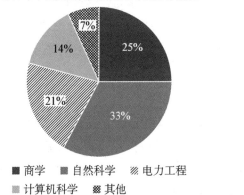
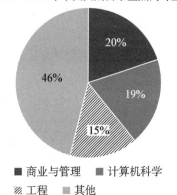

图1-1 20世纪90年代末中国留学生热门专业分布情况①

第二节 第四媒体开启数字化生活

1994年,雅虎(Yahoo)于美国成立,成为20世纪末互联网奇迹的缔造者之一,刷新了人们对"互联网究竟能对生活产生怎样的影响"的想象。关于对Yahoo意义的解释,有一种说法是"Y=You,A=Always,H=Have,O=Other,O=Option"(你总会有其他的选择)。也有一种说法是,雅虎的创始人大卫·费罗(David Filo)和杨致远喜欢字典对"Yahoo"的定义:"粗鲁,不通世故,粗俗。"不论如何,这个名字都透露出一种突破传统的颠覆性意味。雅虎创始人认为,互联网应该像一幅寻宝图,人们只要告诉它想要什么,它就会自动指出前进的方向;任何人都可以在网上建立自己感兴趣的专用数据库,互联网会为他们提供一把进入这些神奇世界的钥匙。也是在1994年,美国麻省理工学院的教授尼古拉·尼葛洛庞帝(Nicholas Negroponte,也译为尼古拉斯·尼葛洛庞帝)出版了《数字化生存》一书,认

---

① 左图转引自夏亚峰:《美国的留学生教育现状及其比较研究》,《比较教育研究》1997年第4期,第39—44页;右图转引自王晓莺:《中国大陆海外留学人员的现状》,《东南亚研究》2001年第5期,第69—73页。

为互联网使得整个社会的基本要素发生了变化①。尼葛洛庞帝教授总结了数字化生存的四个特质,即分散权力、赋予权力、全球化和追求和谐,对应着互联网的基本信条,即自由、共享、权力分散和去规制化。这种由技术带来的对社会要素的巨大改变,使得互联网展现出之前的媒体所不具备的独特性。

1998年5月,时任联合国秘书长的安南在联合国新闻委员会上提出,在加强传统的文字和声像传播手段的同时,应利用最先进的第四媒体——互联网。1999年4月,在第二届亚太地区报刊与科技和社会发展研讨会上,中国科学技术协会主席、大会主席周光召先生在题为《迎接新世纪的曙光》的致辞中,也使用了"第四媒体"的名称②。自此,继报纸、广播、电视后的互联网作为"第四媒体"的概念正式通过官方话语在国内外得以明确,并被广泛使用。

一、初代网民的基本特征和入网方式

(一) 精英群体成为初代网民主体

随着国民收入水平的提高和网络基础连接系统的不断完善,中国的网民数量不断增加。中国互联网络信息中心(CNNIC)于1997年11月(图1-2)、1998年7月、1999年1月和1999年7月发布的《中国互联网络发展状况统计报告》③显示,20世纪90年代互联网的用户主要由科技研发人员、高校师生、高端商务人群和大型企业从业人员组成。他们以学校、企业、单位等组织名义开通网络连接功能,月资费高达万元。科研、教育、党政机关和社会团体、金融业、计算机和通信业等占一半以上,月收入1000元以

---

① 参见[美]尼古拉·尼葛洛庞帝:《数字化生存》,胡泳、范海燕译,海南出版社1997年版。
② 彭兰:《走向第四媒体——第二届亚太地区报刊与科技和社会发展研讨会综述》,《当代传播》1999年第3期,第18—20页。
③ 1997年,经原国务院信息办和中国互联网络信息中心工作委员会研究,决定由CNNIC联合四个互联网络单位,开始制度化、正规化、定期化地进行中国互联网发展情况的统计工作。

上的中高收入者占58%。当时的互联网使用具有精英化、小众化的特征,用户主要利用互联网进行学术交流、"冲浪"尝鲜、玩网络游戏和开展电子商务。

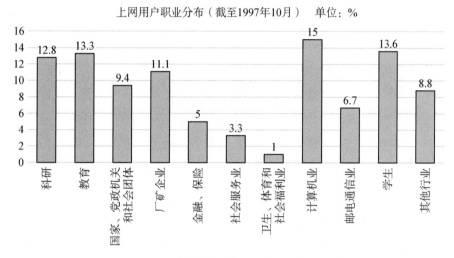

图1-2 1997年上海互联网用户职业的分布情况

作为一种新媒体,互联网给最早一批网民的生活带来了全新的体验。新浪网的主要创始人汪延回忆起1995年1月在巴黎第一次接触互联网的情形时说:

1995年1月与美国的同学交换电子邮件,我激动得说不出话来,感觉遇到了人生的转折。互联网让我觉得世界太奇妙了,太充满诱惑了!当时我们看不到清晰的发展前景,更没有想到过会有今天的发展,我只是觉得互联网是一片充满无限想象的空间。①

也有网民这样回忆当年读书时利用学校的机房免费上网的情景:

上大学后(20世纪90年代末到21世纪初),电脑和上网开始普及起来,

---

① 《国际金融报:汪延横刀立马谋网络霸业》,2003年5月16日,新浪网,https://tech.sina.com.cn/it/m/2003-05-16/1028187462.shtml,最后浏览日期:2022年9月15日。

日常的学习和娱乐都会开始和网络有关,记得必修课有编程……我自然是特别期盼上机课,因为可以免费上网40分钟。当然,有这种想法的不止我一人,所以每次一到上机课,大家都特别积极,早早守在机房门口,乖乖戴好手套和鞋套,等着老师一来,就蜂拥而入,充分利用好课前的边角时间,生怕少用了一分钟(当然不是在预习功课)。因为老师讲解时,屏幕是处于锁定状态,我们不能随意操作,等老师示范完毕,大家都匆匆按要求提交了作业,然后趁着还没下课,好多玩一会儿。①

许多初代网民对"拨号上网"的情景依然记忆犹新。当时计时收费的拨号上网方式费用较高,为了节省流量,许多网民开网页但不开图片,或者先打开很多网页,加载完成后断网再看,甚至有的网民会在拨号前列出待办的事项清单,以尽可能地减少联网的时长。由于没有网络支付,网民要想购买共享软件还要去邮局汇款。有初代网民回忆道:

(20世纪)90年代用猫(调制解调器)拨号上网,分为互联网和国内网,号码分别是163和169。169只能上国内网站,但只用给电话费,没有网络费。163可以访问互联网和169网(中国公众多媒体通信网),记得90年代末信息费是3块钱一小时,电话费另计。后来出现了一些电信以外的ISP,以充值卡的形式在电脑铺贩卖,拨它家的电话号码就可以。再后来还有包月卡、网费包月,但电话费还是要算。用"外置猫"拨号会"嘎叽嘎叽"的叫。当时速度有33.6k和56k两种,受电话线影响很大,有噪音的时候经常掉线。56k的猫的实际下载速度在5kb/s左右。"内置猫"又分软猫和硬猫。软猫需要由CPU来解码,所以会出现CPU带不动的情况……(犹记得再早点的年份,VCD都要专门买解压卡……)用路由器接两台及以上的电脑共享上网是违规的。②

由于早期网络技术相对薄弱,许多初代网民多数情况下是脱机操作电

---

① 胡百精:《互联网与集体记忆构建》,《中国高校社会科学》2014年第3期,第102页。

② 参见"请问九十年代的网络状况是什么样的?",2018年6月26日,知乎,https://www.zhihu.com/question/21081083/answer/426437426,最后浏览日期:2022年9月15日。

脑的,电脑更像一个证明着信息化和现代化的符号。有网民回忆道:

2000年大学毕业留校做辅导员,那时中文系的办公室有两台电脑,是那种背后鼓一个非常大的包、显示屏很小、键盘用起来特别不顺手的老式台式机。尽管电脑是放在办公室的,但好像是一个摆设,或者说更多是一个娱乐的设备,用电脑来看影碟,或者有人用它来斗地主或打麻将。①

(二)网吧成为初代网民上网的主要场所

由于当时计算机和上网费用昂贵,网吧成为许多初代网民接触互联网的主要场所。1996年5月,中国历史上第一家电脑室(俗称"网吧")在上海出现。这家名叫"威盖特"的网吧的上网价格达40元/小时,这在当时可谓天价,要知道那时全国平均工资也就500元/月左右。因此,网吧里的顾客大多是公费上网的网民或者较早接触过计算机的深度爱好者。在网吧,通过计算机打局域游戏和开展其他的休闲活动是人们主要的上网目的。

1996年11月15日,实华开公司在北京首都体育馆旁边开设"实华开网络咖啡屋"(图1-3),是中国第一家网络咖啡屋。2000年左右,网吧的火爆之势开始显露苗头。在网吧,人们可以通过QQ、ICQ聊天,玩反恐精英、魔兽争霸等游戏,还可以观看最新的电影。那时,拥有一家网吧就等于有了一

图1-3 实华开网络咖啡屋
(图片来源自网络)

棵摇钱树,有一句响亮的口号是"要想发,开网吧",泡网吧也成为最时尚的休闲娱乐活动。

(三)中国网民逐步拥抱互联网

根据1997—2000年CNNIC发布的《中国互联网络发展状况统计报告》的相关数据(图1-4、图1-5、表1-1、表1-2),从电脑拥有者数量、互联网

---

① 胡百精:《互联网与集体记忆构建》,《中国高校社会科学》2014年第3期,第102页。

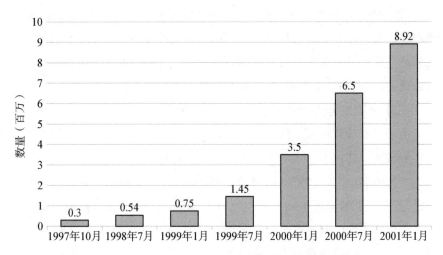

图 1-4　1997—2001 年中国电脑拥有者数量①

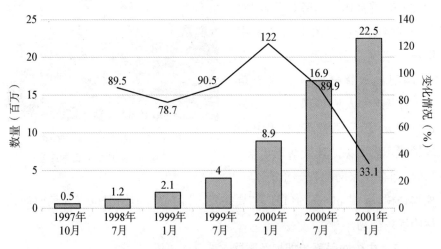

图 1-5　1997—2001 年中国互联网用户数量和增长情况②

---

①　数据来源:《中国互联网络发展状况统计报告》,CNNIC 发布,2003 年 1 月,http://www.cnnic.net.cn。

②　同上。

用户数量和增长情况、www 站点数增长情况和域名注册情况等统计结果的变化曲线上看,1996—1999 年是中国网民开始逐步全面拥抱互联网的时期。在这一时期,网民数量稳步上升,网民身份日趋多元,网络信息不断丰富,体现了互联网在不同人群中的扩散与使用情况,以及互联网使用者与网络信息平稳互动、相互成就的过程。

表 1-1　中国 www 站点数增长情况①

时间	站点数(个)
1997 年 10 月	1 500
1998 年 7 月	3 700
1999 年 1 月	5 300
1999 年 7 月	9 906

表 1-2　中国注册"CN"域名数量②

时间	域名数(个)
1997 年	5 100
1998 年	18 396
1999 年	48 695
2000 年	122 099

二、虚拟社群初步形成

如果说电子邮件的发明让网络使用者第一次感受到互联网在个人信息共享方面的便利,那么由爱德华·莱茵戈德(Edward Rheinglod)在 1993 年提出的"虚拟社群"概念已经逐渐成为现实,使互联网得以进一步满足人们超越地理限制在全球范围内自由交往的愿望,并为传播内容的多元化和丰

---

① 数据来源:1997—2000 年历次《中国互联网络发展状况统计报告》,CNNIC 发布,http://www.cnnic.net.cn。
② 同上。

富性提供了技术支持和应用动机。

个人电脑和互联网的技术下沉刺激了网络社群的出现,最具代表性的形式就是网络论坛(bulletin board systems,简称 BBS)——只要有个人电脑、数据机和电话线,人们就可以根据相同的兴趣爱好寻找到远在千里之外的志同道合之人。1978 年,世界上第一个 BBS 在美国诞生。1994 年 5 月,中国国家智能计算机研究开发中心开通首个网络论坛——曙光 BBS(图 1-6)。此后,水木清华 BBS、四通利方体育沙龙、天涯论坛等网络论坛相继出现。1996 年,旅居美国的图雅作为中国网络文学的开创者,利用全球中文网传播散文、小说、杂文等。1997 年,网民"老榕"凭借 1998 年世界杯预选赛期间发表的被称为"中国网络第一帖"的网帖,创造了中文网络上的传播奇迹。1998 年 3 月,台湾网民"痞子蔡"用了两个多月的时间在 BBS 上连载了 34 集网络小说《第一次的亲密接触》,爆红海内外,创造了"痞子蔡"和"轻舞飞扬"这对网络虚拟情侣。网络论坛不但满足了一个理科男的文学梦想,网络语言的口语化、简明化也给传统文学写作带来了冲击。这部作品成为网络小说的开山之作,激发了安妮宝贝、俞白眉等大批网络青年的文学创作热情,也使 BBS 作为成熟的网络应用红遍全国。

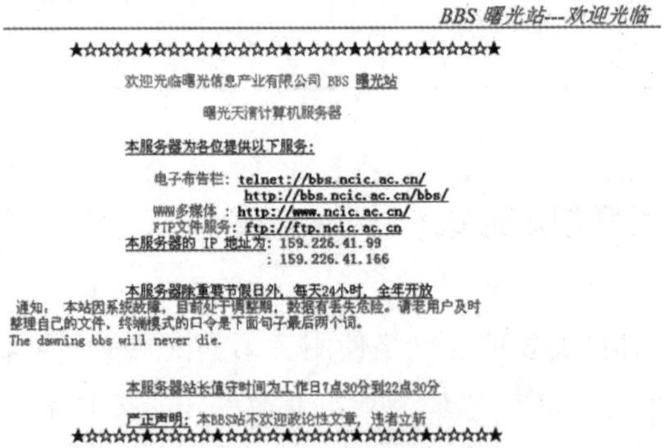

图 1-6 曙光 BBS

1999 年 3 月,天涯社区诞生,并逐渐成为当时我国网络世界中重要的讨论时事新闻和交换社会新闻的信息超市。天涯社区设有《股票论坛》、《天涯杂谈》、《电脑技术》、《情感天地》、《艺文漫笔》(后改名为《舞文弄墨》)、《新闻众评》《体育聚焦》《书虫茶社》(后改名为《闲闲书话》)、《旅游休闲》、《海南发展》《天涯互助》等栏目,还开发了留言板、灌水、图片上传等功能。同年5月9日,中国驻南斯拉夫大使馆被炸事件发生时,天涯社区的网友反应激烈,论坛成为民间爱国意见和民族情绪表达的重要窗口。1999年10月5日,天涯社区的访问量突破10万人次,被《电脑报》评为"中国最富有人情味的社区"。

虚拟社群的"社群"概念具有开放、自由、宽松、多元的特点,所以深受有强烈的信息诉求和表达意愿的初代精英网民的追捧,激发了他们对网络社会的参与热情。

虚拟社群的"虚拟"概念,在20世纪90年代体现出的最主要特征就是匿名性,身份的隐匿使人们可以超越现实社会中的身份限制,平等地交往,并相对自由地发言。当时,关于互联网流传着一句非常经典的话:"在网上,没有人知道你是一只狗。"这句话是漫画家彼得·施泰纳(Peter Steiner)于1993年7月5日发表于《纽约客》的一幅作品(图1-7)。匿名性使人们可以在虚拟空间暂时摆脱现实空间中人际交往在身份、地位、外貌、年龄、收入等方面受到的影响,敢于真实地表达自我并进行互动。

图1-7 彼得·施泰纳的漫画作品

三、泛社会化传播主体初显

互联网的出现为人们提供了在虚拟空间中自主制作、发布信息的权利,作为非专业媒体工作者的普通网民在网络公共空间中逐渐成为重要的信息传播主体。作为"第四媒体"的互联网,把信息传播权从专业大众媒体机构转移到普通个体的身上,为后者进行"由点到面"的社会化传播提供了平台和技术条件。

1997年11月,网民"老榕"在四通利方在线网站上发布的帖子引发了网友的广泛热议与情感共鸣,初步展现出泛社会化传播主体在网络空间中强大的信息传播与舆论引导能力。

1997年9月,中国国家足球队第六次冲击世界杯,牵动万千球迷的心。其中,10月31日一场在中国大连金州的主场比赛,对手是实力较弱的卡塔尔队,结果中国队以2∶3败给对手,彻底丧失了出线的机会。这激发了球迷们巨大的心酸和激愤的情绪。两天后的11月2日,网民"老榕"在四通利方(新浪的前身)的体育论坛上发表了《大连金州没有眼泪》,迅速引发网民围观、跟帖和转发,浏览数超过2万次。网民"老榕"的帖子被誉为"全球最有影响的中文帖子"①,要知道1997年中国网民总数仅有62万人。

此外,虚拟社群对网民表达意愿的激发也为新闻媒体提供了丰富的内容来源。四通利方在报道1998年法国世界杯时,很多一手消息都是来自论坛中世界各地球迷的即时共享。无法实时上网的读者联名要求《南方周末》等传统媒体全文转发"老榕"关于世界杯亚洲十强赛中国队主场失利的帖子,这可能也是中国媒体史上首次由传统媒体转载署名为论坛ID而非作者本名的文章。后来的新浪网对1999年4月15日韩国货运班机从上海虹桥机场起飞一分钟后在上海坠机事件的报道,正源于论坛上网友首发的帖子,编辑第一时间知道后,经与机场等相关部门核实,在网站首页首发。

网民真实的表达方式和话语风格使传统媒体第一次真正意识到网络、网友和网络文化的存在和影响。改革开放后,人们的思想变得活跃,反感单向的说教,渴望平等的交流和碰撞。网民的主动表达使网络文体的风格不断推陈出新,除了之前提到的"痞子蔡"的网络小说《第一次的亲密接触》对文学作品写作风格的巨大颠覆,当时在论坛中红极一时的"打伞和尚""悉尼球探"等网民的辛辣、诙谐的网络文风也改变了带有"职业八股文"色彩的传统媒体报道方式,读起来更具有亲和力和新奇感。此后,网络评论依靠个性

---

① 梁宏:《数码江湖行 老榕数码经》,《多媒体世界》2004年第4期,第78—79页。

化的语言风格和独特的观点开始形成新的媒体品牌竞争力。

第三节 民营门户网站横空出世

1996年,中国公用计算机互联网开通,并向社会公众提供互联网接入服务,中国互联网的大众化和商业化进程开启了。我国互联网虽然在1995年才起步,但上网人数却逐年快速增长:在1997年,我国上网人数还不足50万人,1998年6月就突破百万大关,达到106万人,到1998年底达到210万人。

在这一时期,中国互联网迈入门户网站时代,各类互联网信息和服务业务开始兴起。门户网站指通向某类综合性互联网信息资源并提供有关信息服务的应用系统。"互联网门户网站"源自英文"internet portal",具体来说就是一个无所不包的大型综合网站,集成了新闻、信息服务、搜索等功能,甫一出现就立刻引起了网络内容服务商和IT产业巨头乃至传统媒体的关注。例如,美国在线(AOL)提供了"MY NEWS"服务,把新闻分为头条新闻、商务新闻、娱乐新闻、体育新闻等不同类别,读者可以根据自己的需要经过信息检索后生成个性化的新闻服务界面。微软公司在20世纪90年代推出MSN.com网站,不仅包括电邮、搜索引擎、即时信息发送等功能,微软全国广播公司更是整合了电视、广播、报纸的内容,并在网上发布。

早期中国新闻资讯类门户网站还没有形成明确的盈利模式,基本目标是吸引更多的用户点击量。当时对门户网站的评判标准为"访问量最重要,其次是内容,然后是美观",所以网络新闻、网络游戏、搜索引擎和广告、电子商务、即时通信等各种能够吸引用户的方式都成为民营媒体尝试的主流业务。

一、瀛海威时空:民营网络媒体的"破冰船"

1996年2月,中国第一家民营新闻网瀛海威创办。有着民营资本背景

图 1-8　1996 年中关村的广告牌

的瀛海威打破了国有媒体一统天下的局面。瀛海威公司在北京中关村竖起的那块写着"中国人离信息高速公路还有多远？向北一千五百米"的广告牌(图 1-8)，是许多普通民众对信息高速公路的最初认识，也是第一代中国网民难以抹去的集体记忆。

瀛海威的前身是北京科技有限责任公司，该公司成立于 1995 年 5 月。公司的创始人张树新在代销美国 PC 机的过程中接触了美国的互联网技术，并尝试在中国引入相似的网络信息服务。瀛海威的用户必须登记在册，并要缴纳一笔入网费，这基本上是早期美国在线模式的翻版。1995 年 9 月 30 日，"瀛海威时空"网络开始试运行。瀛海威作为中国第一个互联网接入服务商，是当时国内唯一立足大众信息服务、面向普通家庭的网站。

瀛海威时空作为瀛海威科技公司的重要产品，立足于为用户提供一个在线获取信息、发布信息、交流信息的网络平台。用户利用收发 E-mail、电子论坛、网上聊天室、国内外网站访问、公共信息查询、大型数据库访问、商业信息等信息发布、在线培训和家庭教育等功能，实现文字、图像、声音等多媒体信息传输，还可以通过光纤、卫星、微波等传输媒体，连接家庭、学校、医院、公共设施、办公场所等，逐步形成一个信息处理交换的大容量通信网络。

瀛海威时空对于中国网民的生活来说意义重大。第一，它是第一个全中文的在线服务网络。在此之前，互联网上的大多数信息和功能指示都是英文的，这无形中提高了很多普通老百姓上网的门槛，而瀛海威全中文的界面使得人机交互的方式更为友好。第二，瀛海威时空致力于开发百姓在生活、工作、娱乐、教育、购物等多方面的信息，而不仅仅是新闻的电子版，使得网络与百姓在日常生活中建立了连接，也使普通受众有了学习和使用互联网的动机。第三，瀛海威的论坛、游戏、聊天室、在线呼叫等功能第一次让中国老百姓体验到自己不仅是网络信息的接受者，也可以是发布者，即成为信息的主动使用者、创造者和组织者。这种个性化、交互式的交流方式让普通网民第一次接受到互联网思维的启蒙,瀛海威也因此被称为大众化百姓网络。网易创始人丁磊的个人BBS就曾挂在瀛海威的网站上,他在瀛海威的各项功能中慢慢地完成了自己的技术启蒙。

从1996年起的很长一段时间内,"瀛海威=网络=Internet"是当时很多中国人对互联网的理解。1996年8月,瀛海威的用户达到6 000人,成为用户最多的民营网站。1997年2月,瀛海威全国大网开通,3个月内在北京、上海、广州、福州、深圳、西安、沈阳、哈尔滨8个城市开通,初步形成全国性的主干网。瀛海威在北京魏公村开办了中国首家民营科教馆,所有人都可以在这里免费使用瀛海威网络学习网络知识。瀛海威科技公司还开发出一套全中文的多媒体网络系统,以低廉的价格为中国老百姓提供了进入信息高速公路的大门。瀛海威向中国科技馆提供了中国大众化信息高速公路展区;与北京图书馆合作,在瀛海威时空网上提供图书馆的书目查询;1996年亚特兰大奥运会期间,还为新闻单位开通了亚特兰大到北京的新闻信息通道。遍及全国各地的瀛海威时空科教馆和各种品牌营销策略,用最通俗的语言向公众传达互联网的概念,使得它成为中国最早也最大的民营网络接入服务提供商(Internet service provider,简称ISP)、网络内容提供商(Internet content provider,简称ICP)。

不过,瀛海威的ISP行业模式也给它在盈利方面带来诸多障碍。瀛海威的用户需要先通过电话线拨号上网才能浏览站点,拨号时收取的费用实际上就是电话费,这部分费用属于中国电信。然而,瀛海威收取用户通过中国电信主干网浏览站点时所交的费用还不抵瀛海威交给中国电信主干网的使用费用。这样一来,用户访问国外站点的次数越多或时间越长,瀛海威赔钱也就越多。除此之外,上网频频掉线的技术问题和独创性内容的匮乏使瀛海威徒有知名度却一直无法盈利,网络的商业价值问题一直得不到解决。其实,不仅瀛海威如此,所有的网络接入服务提供商都面临类似的问题。

二、四大门户网站:民营网络媒体的"拓路者"

以瀛海威时空为代表,民营资本借助新媒体通道进入了传媒业领域,成为民营网络媒体的"拓路者"。中国门户网站的崛起得益于人们意识到互联网在信息获取和传播方面的巨大优势,以及有价值的信息对于受众巨大的吸引力和连带的经济效益。1997年后,更多民营属性的门户网站和商业网站,如比特网(ChinaByte)、网易、四通利方论坛、腾讯和搜狐等纷纷崛起,在民营网媒的新航道上拓路前行,并在美国纳斯达克股市和香港股市的竞争中接受更为规范的、国际化的洗礼①。

1997年1月15日,中国互联网第一家商业ICP网站比特网开通。在门户崛起的浪潮中,最为著名的有新浪、网易、搜狐、腾讯、百度、新华网、人民网、凤凰网等。其中,四大民营网媒,即新浪、网易、搜狐、腾讯的表现最为抢眼。

1996年4月29日,香港利方投资有限公司通过与多家风险投资企业融资,成立了新浪网的前身——四通利方(www.srsnet.com),融资总额达650万美元,是国内IT业获得的第一笔风险投资。网站最初的内容是软件下载和论坛答疑,这个论坛后来发展为著名的四通利方论坛。1998年5月,四通利方开通"法国98足球风暴"网站(france98.srsnet.com),24小时滚动更新最新赛况,对法国世界杯进行独家比赛报道,并邀请黄健翔为赛事进行实时评论,引发了收视狂潮。同时,由四通利方论坛改版而来的四通利方体育沙龙在消息互通、情感交流等方面对网民产生了巨大的吸引力,公司因此在世界杯期间获得了18万元的广告收入。这笔广告费的数额尽管不大,却给中国的媒体带来了极大的启发——原来网络是可以赚钱的!

1998年9月,四通利方建立了独立的时政新闻频道——新闻中心。1998年10月20日,原四通利方论坛改为四通在线,将重心从论坛调整到新闻内容,宣布推出网络门户站点。1998年12月,四通利方并购了海外最大的华人网站华渊资讯网(图1-9),并推出新浪网(Sina),进一步夯实了网络新闻的根基。

---

① 朱春阳:《中国媒体产业20年:创新与融合》,复旦大学出版社2019年版,第9页。

图 1-9　1998 年 12 月四通利方公司与美国华渊资讯公司合并

1998 年,美英对伊拉克发动"沙漠之狐行动",次年科索沃战争爆发,新浪网都推出了 24 小时新闻滚动和专题报道。这是中国的网络媒体第一次独立地以现场直播的方式报道战争。1999 年 5 月 8 日,首次独家发布的有关中国驻南联盟大使馆被炸的消息进一步确立了新浪网中国第一新闻门户网站的地位。1999 年 7 月,在我国公布的"中国十佳网站排行榜"上,新浪网名列第一。

搜狐公司成立于 1998 年 2 月 25 日,是美国麻省理工学院博士毕业的张朝阳模仿 1996 年 4 月在美国纳斯达克上市的雅虎公司的模式,正式推出的一个以搜索为主要服务内容、新闻只占小部分的网站。搜狐打出的口号是"出门靠地图,上网找搜狐"。1998 年 9 月 15 日,搜狐推出 2.0 版,明确宣布要做"中国第一网站",但成效缓慢。1999 年 5 月 8 日,中国驻南联盟大使馆被炸事件发生时,搜狐在接近中午的时候才发布第一条消息,而此时的新浪网已经有几十条消息和评论,产生了巨大的访问量,搜狐这才意识到网络新闻对于门户网站拓宽盈利模式的重要意义。自此,搜狐也开始向综合类 ICP 网站转型,改变了之前以搜索引擎为主要内容供给的发展策略。

网易公司 1997 年 5 月在广州成立,主要提供搜索引擎和免费电子邮箱服务。同时,由于它的创始人丁磊在瀛海威 BBS 上的经历,网易首推了国内第一个虚拟社区。1998 年 2 月 16 日,丁磊主持开发了国内第一个全中文界面的电子邮件系统"www.163.net",推出搜索引擎"http://www.yeah.net

和免费个人网上空间服务。1998年6月之前,丁磊根本没重视过"网络门户"这个概念,主要是依靠个性化信息和免费服务吸引用户。某位国外大型网络门户站点的老板告诉丁磊,他们一个月的广告收入高达25万美元。这句话让丁磊猛醒,并意识到网上广告可能会成为网站最有前景的收入来源。于是,网易开始将首页向门户网站转型,改版后不到一个月,访问量激增。1998年9月22日,网易全面改版,朝着中文网络门户的方向迈出了第一步。此外,网易的BBS、免费个人主页服务等也为它向虚拟社区转型打下了基础。1999年,在新浪网的刺激下,网易也开通了较为系统、专业的网络新闻服务。

1998年11月,马化腾与同学张志东在深圳成立深圳市腾讯计算机系统有限公司,公司最初的业务是开发通过互联网把信息发送到寻呼机上的无线网络寻呼系统。1997年,马化腾接触了国外即时通信软件ICQ,便逐步产生开发类似软件的想法。1999年初,腾讯OICQ(QQ的前身)上线,在获得风险投资之后,逐步改善服务器等硬件设施与软件功能。经过三年的发展,QQ成为中国最大的即时通信服务软件,是当时初识互联网的年轻人的时尚选择。到了2002年,QQ的注册用户数量突破一亿人大关,成为中国最大的互联网注册用户群。

1999年,新浪、网易、搜狐等门户网站相继在海外上市,这些致力于为中国网民提供全新的信息服务和娱乐模式的中国门户网站得到了全世界的瞩目。

三、门户网站拓展新闻业务

20世纪90年代末,各大民营门户网站开始积极地拓展新闻业务。1998年人大换届选举,传统媒体未公布得票率,而网上用户却在第一时间知晓了投票详情;1999年中国驻南联盟大使馆被炸,新浪网第一时间发布事件相关的进展和网民抗议美国暴行的情况。由于这一时期政府尚未制定关于网络新闻登载的规则,1999年2月新浪网推出"科索沃战争"专题时,除了向新华社等国内的通讯社媒体购买稿件外,它还与法新社北京分社联系,结果获得了法新社中消息最快、最多的一路——广播电视专供稿(2001年"9·11事件"发生时,也是这一路的专供稿再次使新浪网新闻中心成为获得消息最快的媒体),这条供稿线的速度甚至快于美国有线电视新闻网(CNN)。有了及时、充足的消息源,新浪网"科索沃战争"专题在24小时内密集输出图文(图1-10),成为中国网络新闻传播领域的一大里程碑。

图1-10 1999年2月新浪网推出"科索沃战争"专题报道

快速和海量成为网络新闻报道的第一方针。"新闻的发布最好不要有一秒钟的耽搁"成为门户网站的制胜法宝。这一时期的门户网站及时跟进各类事件发展的全过程,让新闻事实为公众知晓,被社会承认,从而实现了新闻价值的最大化。

有意思的是,新浪网和搜狐网等新闻门户网站在新闻价值观上存在差异。新浪网认为,快速、海量和平等是网络新闻的核心价值,网络新闻应该注重传递新闻事实本身,全面地展示各界观点,而不是通过议程设置手段间接地呈现自己的判断。因此,新浪网对新闻的选择和编排首先推崇信息的整合而不是原创,这与传统媒体的理念几乎背道而驰。新浪网认为,在网民心目中造就第一新闻站点的形象要比技术精英主导、追求原创和观点输出的网站更有竞争力。与此同时,搜狐网在追赶新浪网的过程中提出了不同的新闻价值观,认为网络新闻应该向受众传递观点,要解读新闻。当时,任搜狐总编辑的李善友说:"我们需要通过有震撼力的新闻,表达我们的人文关怀和社会责任感,一个媒体如果没有自己的观点就等于没有魂魄。"①

彭兰教授在文章《花环与荆棘——中国网络媒体的第一个十年》中对新浪网和搜狐网所代表的两种新闻价值观的竞合结果作了比较分析,认为在网络新闻的成长之初,信息的快速和丰富是核心竞争力,也是网络新闻区别于传统新闻的第一要素。"网络新闻的本质,是实时和快速。"②但是,不论哪种门户网站的新闻价值观,都使得舆论不再是一言堂。网络新闻媒体如何把握舆论导向作用,也成为20世纪90年代末新闻传播人员的重要研究议题。1998年10月5日,中国常驻联合国大使秦华孙代表中华人民共和国政府签署了《公民权利和政治权利国际公约》,加速了新闻传播由舆论一律向舆论多元的民主化、法治化转换。

总体来说,这一时期的民营门户网站新闻具有以下三个特点。

第一,新闻来源依赖传统媒体。门户网站的概念最初特指网络内容提供商,是在互联网上进行信息收集、加工并向其用户或访问者发布的公司。在美国,ICP的指向较为狭窄,特指那些拥有记者、专栏作家等进行采访、写作并为网站提供内容的平台。然而,在我国对新闻采访和发布的管理中,没有明文规定网站可以开展新闻业务。同时,国内的任何网站都没有国家新闻署授予的采编权,也没有网站记者这个职业,所有的新闻内容都是从国内外传统新闻媒体机构购买或转载的。因此,中国的门户网站本质上更趋向于一个综合性的ICP。

第二,新闻选择的受众主体性开始显现。用户群体是门户网站最宝贵的商业资源,因此,门户网站的新闻选择应以受众诉求为主导,在新闻事件的第一时间传达和重大事件的深度追踪等方面下足功夫,在新闻购买方面也要选择受众最感兴趣的新闻议题。例如,新浪网独家首发中国驻南联盟大使馆被炸的消息、第一时间报道法国世界杯的赛况,以及对伊拉克战争和科索沃战争进行24小时的网络直播,都是吸引用户、增加网站黏度的成功案例。

---

① 陈彤、曾祥雪:《新浪之道——门户网站新闻频道的运营》,福建人民出版社2005年版,第52页。

② 彭兰:《中国网络媒体的第一个十年》,清华大学出版社2005年版,第93页。

第三,提高网站点击量和广告收入是发展新闻业务的首要目的。门户网站主要是为浏览网站的用户提供信息层面的便利,"内容为王"成为门户网站新闻的竞争核心。不论是新浪网、搜狐网等推出的政治、经济等传统内容的频道,以及汽车、房产、女性等内容的频道,还是通过论坛、聊天室等网站功能让网民发布信息和意见、扩大新闻的来源,其目的都是增强用户的上网动机、提升网页浏览的愉悦感,以吸引网上商务产品和服务的潜在消费者。

第四节　传统媒体初涉互联网

20世纪90年代,传统媒体在全球范围内依然占据新闻传播领域的主导地位。尽管网络媒体在时效性、交互性、共享性等方面展现出令人欣喜的优势,但当时的报纸、电视媒体的发展正如日中天,网络媒体并未对传统媒体形成根本性的挑战。特别是电视直播技术的日益成熟,它对海湾战争等国际大事的实况转播所带来的震撼,对于普罗大众而言显然具备更强的吸引力。

在中国,20世纪90年代也是传统媒体的辉煌年代,互联网作为一种新媒体,在新闻传播领域的影响力相对有限,"报网互动"也不过是一句时髦的口号。更多时候,新闻依然主要是由传统媒体"自上而下的,大教堂式的,体现公共利益的事实表达"[①]。

不过,在互联网大潮的影响下,"第四媒体"作为传统媒体的延伸观念也开始逐渐普及,传统媒体开始尝试通过设立网站、内容平移等方式初步探索互联网。从1993年开始,传统主流媒体开始纷纷涉足互联网,最初是开通"电子版",后来又建立门户网站,虽然互联网平台尚未成为传统媒体的主要业务,但也在一定程度上丰富了内容呈现的方式,延展了媒体的展现空间。

[①] 方兴东、严峰、钟祥铭:《大众传播的终结与数字传播的崛起——从大教堂到大集市的传播范式转变历程考察》,《现代传播(中国传媒大学学报)》2020年第7期,第132—146页。

一、西方传统媒体入网的"三步走"路径

1995—1997年,以美国为代表的西方传统媒体基本按照"三步走"的发展路径,实现了"入网":第一步,报纸、广播电视等传统媒体内容复制上网;第二步,超链接、搜索引擎和订购新闻;第三步,专业网络新闻。

世界上第一家网络报纸是1987年创办于美国加利福尼亚州的《圣何塞信使报》。但是,受限于当时的技术发展水平和人们对网络媒体的认知水平,截至1993年底,美国上网的报纸不过几十家,全世界范围内也不超过100家。1993年,美国提出"信息高速公路"国家计划后,各家新闻机构从拓宽信息来源、开发应用系统和软件、设计网络标准和传输编码、培养人才及普及计算机教育等几个方面,提升了媒体和用户上网的便捷性和普及性。1994年,美国网景通信公司推出因特网浏览器,极大地方便了人们在网上的搜索与浏览,引发了媒体上网和用户上网的高潮。因此,1994年也成为网络新闻业的兴起之年。除了《圣何塞信使报》电子版的日益成熟,《波士顿环球报》《华盛顿邮报》《今日美国》《华尔街日报》等也纷纷创建了地区性或综合性的信息平台。1995年8月,美国广播公司利用网络进行全球播音。到1997年底,全世界大约有1800家新闻机构利用因特网播发自己的新闻。全球的各大报纸和著名的通讯社、刊物、电视台、电台几乎都已入网,纷纷建立网站、网页或组建信息平台、广告库等。截至1997年11月21日,世界范围内有网络报纸2445份、数据库2560个,美国市场上已经有六成用户定期通过万维网阅读网络出版物[①]。1999年,美国已有800多家电视台和1000多家广播电台提供网上信息服务[②]。

互联网也为职业的信息传播者不断提升新闻信息的竞争力创造了可能,专业记者可以通过网络技术寻找更专业、更有价值的信息内容,以及挖

---

① 郑智斌:《众妙之门——中国互联网事件研究》,中国传媒大学出版社2012年版,第34页。
② 胡正荣:《产业整合与跨世纪变革——美国广播电视业的发展走向》,《国际新闻界》1999年第4期,第8页。

掘和制作新闻的方法。从1995年开始,为迎合数字时代的发展,美国的很多记者开始定期使用互联网进行新闻采集的搜寻、采访考证和挖掘等工作,以提高信息挖掘的效率和内容的深度、广度。1996年,美国密歇根州有90%的报纸开始采用计算机辅助新闻报道的方式,主要的电子资源有报纸数据库、公共电子记录、只读光盘、联网数据库、公告牌、电子资料室和互联网[1]。1996年,世界上的万维网总数达600万个,网页彼此相连,可以满足记者搜索全球信息的需要。例如,1997年,美国"天堂之门"集体自杀事件[2]的很多一手资料就是记者通过对"天堂之门"网站中的信息进行搜索和分析后获得的。互联网还帮助很多专业部门建立了自己的数据库,可以满足人们快速检索、调取数据的需要,记者在获取权限之后可以就某个司法或行政事件的背景信息进行快速的整理和分析。另外,搜索引擎、新闻讨论组、聊天室、电子邮件和邮件组等平台能够实现同类话题的汇聚,便于记者更加快速、精准地找到事件的关键人物或相关的背景信息。

除了传统的传媒机构建立的传媒网站,参与发布或转发新闻的以门户网站为主的商业网站也开始出现,如谷歌、雅虎、微软等。不过,由于这些门户网站的核心业务并非新闻,或者说只是通过与传统新闻媒体的合作来开展新闻业务(如1996年美国全国广播公司和微软公司联手创建了MSNBC.COM),所以专业的网络新闻依然依靠传统媒体的互联网转型来提供。转型的方式主要有两种,一种是通过建立专门的网站,对地区性的媒体进行网上整合。例如,《波士顿环球报》在1995年建立了地区性网站Boston.com,几乎连接了波士顿地区的所有传媒公司,包括电视台、广播电台和杂志社等60多家媒体伙伴。第二种是《华盛顿邮报》《华尔街日报》《纽约时报》等利用已有的内容优势,在网上开辟纸质母报所没有的独家内容,提供比纸媒更快捷和更具深度的资讯,并通过实时播出的"直播在线"板块提高用户黏度,利用互动式特写稿、编辑专家与网友互动讨论等形式强化互

---

[1] 卜卫:《互联网络对大众传播的影响(上)》,《国际新闻界》1998年第3期,第7页。
[2] 1997年3月26日,美国警方在加州圣地亚哥城外的一处住所发现339具自杀而亡的尸体,死者的年龄在26—72岁,都是邪教"天堂之门"的教徒。该邪教教主为马歇尔·阿普尔怀特(Marshall Applewhite),他也于同一天自杀身亡。

联网的交互性优势。

二、各大中央媒体建成网络平台

1995年后,在国家基本信息设施网络建设的基础上,有实力的国家媒体报刊、电视台、电台率先尝试技术创新的可能,纷纷上网。如果说国际上真正开始出现网络版报纸是在1994年,那中国的网络版报刊仅仅迟了一年。1995年6月,中国公用计算机互联网正式向社会开放,这为我国媒体的电子化、网络化提供了有力的技术支持。在以技术促内容、以技术引受众的过程中,资本和人才成为竞争的关键,靠着前30年积累的财大气粗的国有媒体,明显更具优势。

1995年1月,国家教育委员会主管主办的杂志《神州学人》上线(图1-11)。神州学人网是为适应信息技术发展特点和广大在外留学人员需要,在中央领导的直接指示和教育部的领导下创办的国内第一个互联网信息服务网站。《神州学人》专门为在外留学人员提供国内重要的信息,是中国的第一份中文电子杂志。留学生所在国家分布广,人员居住地的流动性大,再加上时差等因素,传统的纸质杂志在分发上面临较大的困难,而网络技术使得留学人员的信息获取更为便捷和高效。《神州学人》电子杂志被公认为"国内第一家中文网络新闻媒体",对网络新闻宣传事业产生了重大影响。

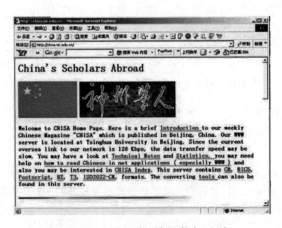

图1-11 1995年《神州学人》上线

1995年9月，人民日报社在美国建立了以中国新闻信息为主要内容的人民日报综合数据库国际平台，是中国开通的第一家中央重点新闻宣传网站。网络版《人民日报》建立了相关的专栏和电子数据库，如《领导行踪》专栏汇集了每日中央领导的活动和讲话内容。此外，网络版《人民日报》开设了《邓小平文选》数据库、"国情国策"数据库、"专辑荟萃"数据库、"中国企业"数据库等，还加入了全文检索功能，可供用户查阅《人民日报》自1995年以来的文章。1995年10月，《中国贸易报》进入互联网，成为国内第一家正式在互联网发行的电子报纸。

在此趋势下，中央级的重要新闻传媒单位大多在1996年底到1997年初开始自己的网站建设，在1998年发展势头大大提高，并持续到2000年。

基于网络版《人民日报》，更加符合互联网信息传播风格的人民网(People's Daily Online)于1997年1月1日上线(图1-12)。截至当年11月底，人民网网站浏览次数总量超4 000万次，平均每天的浏览次数超40万次，每月的访问量为1 200万次，是当时互联网世界中最大的中文站点。人民网作

图1-12　1997年1月1日，中国第一家中央重点新闻网站人民网开通

为《人民日报》建设的以新闻为主的大型网上信息交互平台，于成立后的20多年中不断发展，在权威信息的发布与舆论引导等方面对中国社会具有重大的影响。

1997年11月，在新华社成立66周年之际，新华社与中国电信合作建立了新华社网站——新华网。新华网利用新华社国家级、世界级综合新闻信息网络的优势和中国电信的数据通信技术优势，除了用中文向国内用户提供信息服务，还以英文版向全世界的用户提供新闻和中国的各类商业信息，这一举措是中国媒体在全球传播方面的重要尝试。新华社在国际互联网上发布的内容有新华社中文新闻、新华社英文新闻、新华社图片新闻、新华社经济信息、新华社综合数据库和新华社最新新闻等，包括当日新华社重要新

闻图片和不断更新的最新中文新闻。用户还可以通过新华社网站调阅《中国证券报》等新华社主办报刊的网上内容。新华社的新闻信息进入国际互联网是我国新闻媒体向建设强大的世界性通讯社的目标迈出的重要一步。

除了报纸,中央级广播电视领域也开始加快进军互联网的步伐。尽管在发展势头、制作水平和影响力上不及报纸入网,但也是拥抱互联网、创新传播方式和提高媒体竞争力的积极尝试。1996年,中央电视台率先发力,开始在互联网硬件方面加大投入。中央电视台国际互联网站(www.cctv.com)自1996年12月10日开始试运行,是国内最早成立的中文信息服务网站之一。

1998年的春节到来之前,中央电视台首次利用互联网对春节联欢晚会进行宣传报道,在网页中特设了虎年贺岁专辑,下设《春节晚会快讯》《精彩瞬间回顾》《98春节晚会节目单》等若干栏目。人们不仅可以在网页上看到文字介绍,还可以看到精彩的照片,甚至在除夕(1月27日)下午2点就可以先睹晚会彩排(正式直播在当晚8点)的精彩视频片段,总时长为23分钟。在晚会进行直播时,电视屏幕上还不时地显示网址和电子信箱号,广而告之,这是中央电视台上网后的首次大动作[①]。1999年,澳门回归的系列活动以网上48小时同步直播的方式进行,反映出国内新闻媒体网站快速的进步能力。中央电视台的一些名牌栏目,如《东方之子》《焦点访谈》《综艺大观》《实话实说》《3·15特别节目》等均陆续开设了专属网页。

1998年1月,中央人民广播电台网站建立。到1999年底,我国基本完成了人民网、新华网、央视网三大中央级媒体的网络平台搭建,报纸、广播、电视三大传统媒体的中央级网上平台搭建全部完成。

三、地方媒体积极入网

在我国众多的新闻媒体中,首先进行电子化尝试的是一家地方报

---

① 《电视进军互联网》,2013年5月30日,中大网校,http://www.wangxiao.cn/lunwen/57091033396.html,最后浏览日期:2022年9月15日。

纸——《杭州日报》。1993年11月1日,《杭州日报》在全国首创"下午版";12月6日,《杭州日报·下午版》首创国内的"电子报纸"。电子报纸利用互联网传输速度快的优势,使得读者可以迅速地从计算机屏幕上看到整版报纸内容或需要了解的时政要闻、文体新闻、股市行情、外汇牌价等内容,大大提高了新闻的时效性和竞争力。例如,一些上午结束的体育比赛,读者原来要在下午4点多才能从《杭州日报·下午版》上获知,电子报纸出现后,不到中午12点就能在电脑上看到。《杭州日报》的这一创举,被当时的新闻传播学者和业界人员认为"拉开了中国新闻媒体与网络媒体相结合的序幕"①。

尽管《杭州日报》的电子报纸具有开创意义,但受制于当时中国的网络连接水平,这张网络小报仅限于杭州局域范围,内容也只是简单的信息复制上网,所以影响力十分有限。《杭州日报》正式触动互联网,还是在四年以后。1997年11月21日,《杭州日报》拿到了省公安厅的备案证(图1-13),这意味着它可以接轨国际互联网。1998年春节,《杭州日报》开设了"网开

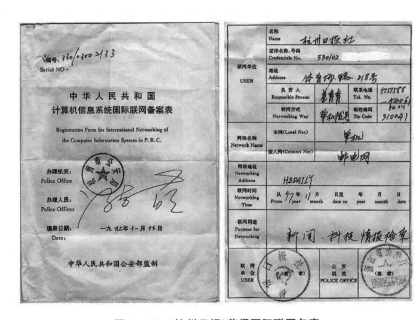

图1-13 《杭州日报》获得国际联网备案

① 方汉奇:《中国新闻传播史》(第三版),中国人民大学出版社2014年版,第367页。

一面"专版,内容聚焦网络趣事、网上"黑话"和世界网民热点新闻等,成为第一个完全以互联网内容为主的专刊。这不仅给广大读者带来了一个全新的世界,也让《杭州日报》这一传统媒体真正开始了对互联网的实际应用,跨入网络时代。2000年,《杭州日报》组建的"杭州网"正式上线,开始了真正的新媒体发展历程①。

在广播电视方面,自1998年中央人民广播电台网站建立后,上海人民广播电台、广东人民广播电台、北京人民广播电台经济部、上海电视台、山东电视台等也纷纷入网。1999年9月15日,由中央人民广播电台信息传播咨询中心与国创信息技术公司联手组建的泛广公司正式开通风格风网站。这个网站吸纳了全国数十家广播电台、电视台加盟,提供音频、视频实时传输等多种服务,尝试从广播上网转向网上广播②。

此外,在民营门户网站和商业网站的活力带动下,国有媒体在20世纪90年代末终于意识到互联网作为新媒体所具有的独特传播规律和发展模式。在参考了民营门户网站的成功经验之后,国有媒体在资金投入和内容整合上制定了差异化的改革战略。其中,作为地方媒体的北京千龙网、上海东方网、广州大洋网和依靠单项突围能力的浙江在线,充分利用传统媒体在信息资源、权威性、专业性和实体产业基础的优势,并借助民营网络媒体作为信息的"二传手",扩大了自身的新闻影响力。

(一)依托传统报业资源的广州大洋网

广州报业集团成立于1996年,是中共中央宣传部批准建立的第一个报业集团。20世纪90年代末,广州报业集团的年营业额为35亿元,日均发行量为163万份,在全国有4个分印点、14家子报子刊和7家子公司,经营范围涉及房产、报刊发行、印刷、连锁店、图书出版、酒店业、广告业等,资金实力雄厚、市场覆盖力较强。1999年12月,广州报业集团投资创建大洋网。网站依托广州报业集团在新闻资源方面的优势和实体资源基础,不断开拓网络新闻内容和网站服务业务,以"新闻和市场并重,成本和效益互动"为发

---

① 姜青青:《杭州日报"触网"记》,《中国报业》2012年第7期,第70—71页。
② 冯红燕、徐惟礼:《我国"第四媒体"的发展态势及展望》,《当代传播》2000年第4期,第33—35页。

展目标。

　　大洋网在《广州日报》丰富的国际、国内新闻资源的基础上,进一步策划改编,使新闻转变为大洋网的原创作品(图1-14)。一方面,这使得《广州日报》与大洋网的内容不再是重复的,而是互补的;另一方面,网站可以直接向其他网站或传媒平台进行新闻销售,其收入占整个大洋网营业收入的49%。雅虎、新浪、搜狐和网易等都与大洋网签订了新闻购买合同。同时,网站内容扩展到求职、证券、生活、美食等广告业务,还与电信业合作完成网络供应、虚拟ISP增值服务和网卡销售。大洋网利用已有的报刊物流网络和图书出版业务初涉电子商务,设立了大洋书城,开展网上书城业务。在20世纪90年代,网上图书销售不仅在广州、深圳、北京、上海四大城市铺开,更占据全国电子图书销售额的50%以上①,实现了互联网升级新闻产品和拓宽信息服务范围的功能。

图1-14　大洋网上的美食信息板块

(二)立足地方、单项突出的浙江在线

　　1999年元旦,浙江日报社推出浙江在线网站。在1999年举行的第二

---

①　王贵发:《大洋网引领新网络思维》,《新电子》2001年第2期,第5页。

届中国互联网大赛中,首次进行了优秀网站评选,其中专设了"新闻与媒体"一项。2000年1月15日,大赛组委会公布了"中国优秀网站"评选结果,在"新闻与媒体"类网站中,浙江在线名列第六,仅次于人民日报、新华网、华声报、中新社和计算机世界报,是唯一的非中央级新闻网站①。浙江在线的成功之道就是立足地方,区分母报,在网站上专门推出了"中国浙江""浙江网址""市县新志""住在杭州""旅游天地""新硬件"等一系列网络频道,主打地方服务和人文情怀。浙江在线也是较早意识到通过线上线下联动获得双赢的地方媒体。1999年5月,浙江在线创办了女性网站伊人在线,同时协办一份高品位的女性周刊《伊人》,线上线下同步推进,打造"伊人"品牌。1999年,在近百家女性网站参与的评选中,伊人在线这个仅由一位编辑制作、维护的站点跻身全国十佳女性站点,位列第四名。由于自身平台小,浙江在线还积极地与其他新闻媒体网站在内容建设方面展开合作,如互相链接、互相宣传、互换广告、交换稿件、交换栏目或共建栏目等②。

(三)新闻资源的跨媒介整合:北有"千龙"、南有"东方"

在新浪、搜狐等民营门户网站纷纷大举打造全球最大华人新闻网站的旗号时,国有新闻单位该如何应对?国有媒体在当时面临的困难有两个:一是资金上的不足,商业网站都能得到外资的大额资助,新浪两轮融资就有8000万元;二是当时新闻单位都是按媒介形态分,报纸的视频资源少,广播电视的文字功底弱,而互联网上早已是文字、图像、视频、音频的全媒体输出。因此,越来越多的传统媒体意识到,只有整合多家新闻媒体,丰富信息源,增强资金实力,才能干大事③。

2000年3月7日,由北京日报社、北京晚报社、北京人民广播电台、北京电视台、北京有线广播电视台、北京青年报社、北京晨报社、北京经济报社和

---

① 《1999年的中国网络媒体与网络传播　新闻媒体网站"更上一层楼"》,2014年4月15日,人民网,http://media.people.com.cn/n/2014/0415/c40606-24898191.html,最后浏览日期:2023年5月10日。

② 孙坚华:《浙江在线:走向互联网门户……》,《新闻实践》2000年第2期,第14—18页。

③ 高金萍、陈新华:《网络潮头跃"千龙"——千龙新闻网理事长席伟航访谈录》,《当代传播》2000年第5期,第16—18页。

北京广播电视报社9家媒体与北京实华开信息技术有限责任公司、北京四海华仁国际文化传播中心等单位共同建设的千龙新闻网启动。该网站依托上述国有媒体的新闻资源,致力于成为全球最大的华人新闻网站,对新浪、搜狐等知名网站直接发起挑战。依托国有媒体的新闻采访权优势,千龙网的网络记者可以以独立媒体的身份发布新闻,而不再仅仅依赖转载。

凭借类似的整合模式,上海的"东方网"于2000年5月28日宣告成立。东方网的主办机构是上海东方网际传讯股份有限公司。该公司是由东方明珠股份有限公司和上海市信息投资股份有限公司联合上海市十几家主要新闻单位和媒体(包括解放日报社、文汇新民报业集团、上海人民广播电台、上海电视台、东方广播电台和东方电视台等)组成,注册资本达6亿元。

东方网的发展采取新闻强势导入、信息服务衔接、电子商务展开的策略,目标是建立一个播发权威性信息、全方位开发网络信息服务并拓展相关领域电子商务的网站。东方网获得了国务院新闻办关于互联网上载新闻内容的授权,与上海150多家专业报纸、周刊、期刊建立了信源交换合作关系;网站下设15个子频道、1 200多个子栏目,树立起了权威、即时、综合、服务、互动的品牌形象。

四、传统媒体入网的基本特征

截至2000年,已有中国国际互联网络新闻中心、人民日报社、新华社、光明日报社、中国日报社、中央电视台等45家新闻宣传单位的报刊和广播、电视节目入网,共有20个省市(不包括港澳台地区)的300种报刊在网上建立了网络版,占1998年统计的全国报纸总数2 053种的14.6%,有16个省市的45家电台、电视台在互联网上拥有了一席之地。截至2000年3月底,我国有中文网站15 000个,其中依托国有新闻媒体而建立的网站是重要的组成部分。

与传统媒体相比,网络媒体的优势有速度快、容量大、成本低、便捷性高、互动性强等。不过,在20世纪90年代社会经济发展水平、电脑网线宽带等技术支持、思想观念、传播方式革新等方面的制约下,网络新闻媒体的这些优势并未完全地凸显出来。20世纪90年代,无论是中央还是地方,国有媒体的网络版尚未真正地发挥互联网信息传播的最大优势。

  国有媒体上网的第一个特点是网站仅作为报纸内容的"搬运工"。不论是最早入网的《杭州日报·下午版》,还是《人民日报》的网络版,甚至是央视网的网络节目,它们的网络内容基本都是对传统媒体"母版"内容的平移。《杭州日报·下午版》电子化的方式是通过该市的联机服务网络(展望咨询网)向该网络的1万名用户进行传输。报社编辑部通过通信线路将编好复印的报纸内容输入电脑联机服务公司的网络,用户通过电话线,用单位或个人的电脑调阅已进入联机服务网络的报纸内容。《人民日报》网络版有三种形式的网络阅读:一是与纸质母报完全相同的图形版,二是文字版,三是专栏组合版。但是,不论哪种形式,上面90%的内容都是《人民日报》及其子报、子刊的内容①。1999年,中央电视台网站首次直播春节联欢晚会,并开始尝试对中华人民共和国成立50周年、澳门回归等大型庆典活动进行电视、网上同步直播,PC端更像一个联网的电视机。

  第二个特点是网络阅读量低。从现有资料来看,20世纪90年代国有媒体上网后的点击率、浏览率等数据几乎没有官方的统计结果,很大的一个原因就是当时各互联网平台的阅读量都非常低。导致阅读量低的原因首先是技术设备的普及程度不高。当时的个人计算机价格较高,最普通的电脑也要5 000元以上,而联网方式主要是拨号上网,但电话初装费高达3 500元,网络费加电话费为每小时5—10元。对于当时的中国老百姓而言,即便有了电脑,依靠拨号上网实现电脑联网的人仍是少数。1998年上半年,全国上网的计算机仅有74.7万台,其中专线上网的人数为40万人,71%的网民只能拨号上网,使用的调制解调器最高速度仅为56 k,33.6 k及以下速度的占75.6%②。此外,低像素的显示器使读者的阅读速度比正常

---

① 廖珏:《从〈人民日报〉上网看"第四媒体"崛起》,《中国记者》1997年第12期,第2页。
② 《第1次中国互联网络发展状况统计报告》,2014年5月26日,中华人民共和国国家互联网信息办公室,http://www.cac.gov.cn/2014-05/26/c_126547412.htm,最后浏览日期:2022年9月15日。

速度要慢25%,声音和影像的传输仍有秒差、停格、断讯等接收不良的问题,视频信号的解析度也远达不到电视播出水平。由于网速慢,当时有不少中国网民将万维网戏称为"世界等待网"(World Wide Waiting)。由于网页内容同质化、上网门槛高、阅读体验差,大多数受众的上网动机并不强烈。

第三个特点是只有投入,鲜有回报。尽管在技术上打造传统媒体的网络版并非难事,但网络版对于如何像传统媒体那样通过广告投放等方式获得收益,仍然没有明确的思路。对于传统媒体而言,报网的关系究竟是朋友还是敌人,在20世纪90年代并无定论。网络媒体没有内容来源,但传统媒体担心的是,一旦内容上网,及时、免费的方式会导致报纸销量的下降。因此,当时只有《人民日报》这类机关单位公费订阅的媒体才愿意通过第一时间上传PDF版的网络报纸的方式来吸引年轻受众,扩大影响范围。大多数市场化的报纸不愿意第一时间将内容提供给网站,导致网络新闻的吸引力大大下降,用户数不足,报纸难以获得商业利益层面的回报。

第二章

2G 时代:手机与互联网重塑媒体格局

进入 21 世纪后,我国互联网用户规模持续扩大。CNNIC 的调查统计数据显示,2003 年我国上网用户的总人数为 7 950 万人;2005 年突破了 1 亿人大关,位列世界第二;到了 2008 年,我国网民数量同比增长 9 100 万人,达到 2.53 亿人,首次超过美国,跃居世界第一。在网民规模不断扩大,网络技术条件日益成熟的情况下,互联网在新闻传播领域的功能和作用也得到了更大程度的发挥。与电脑端互联网的发展几乎同步的是,21 世纪初,我国民众对 2G 手机的持有量不断增加,手机短信在诸多事件中展现出新闻传播的强大功能。作为一种新兴的媒介形态,手机对我国的信息传播生态开始产生举足轻重的影响。

在这一时期,随着新闻生产主体的泛化,新闻生产流程出现了重大变化,新闻的采访权和编辑权的垄断被打破。与此同时,随着互联网上各类应用程序与服务的多元化发展,社交媒体的使用越发频繁,在新闻传播与公共讨论等多个层面展现出广泛的社会意义。此外,在由网络引发的舆情事件日益增多的情况之下,政府的公共决策与行政工作日益受到互联网声音的影响,网络问政成为我国公民参与政治生活的全新方式。

总体来说,2001—2008 年是我国新闻生态发生剧烈变化的时期,传统媒体在新闻传播领域的主导地位面临更加明显的挑战。这一时期,新闻传播逐渐从单向权威化传播向多向、多维传播过渡、转型,社交媒体传播圈层的细化和分化使得新闻生产和传播环境更加复杂多变,也给传统的新闻审查、监管制度带来了前所未有的挑战,传播效果的预测和评判也更加困难。

第一节 手机成为新兴媒介形态

进入21世纪之后,兼具通话和短信功能的2G手机逐渐普及,成为远距离人际沟通的重要载体,改变了人们的日常通信方式和生活习惯。由于短信业务兼具大众传播与人际传播的特点,手机作为一种新兴新闻媒体的特殊地位也逐渐显现,人们能利用手机接收新闻信息,还可以通过短信参与公共生活,形成更广泛的社会联结。与此同时,手机报作为一种新兴的内容载体,为人们提供了接收新闻资讯的新方式,成为包括传统媒体在内的媒体公司积极开发的新业务。

一、手机成为日常通信工具

2001年12月,中国移动宣布关闭全部模拟传送,我国的数字手机时代全面来临。21世纪初,人们逐渐告别"大哥大"(手提电话的俗称)与BB机(BP机)的时代,开始使用搭载第二代移动通信技术(2G)的手机。随着手机购买和维修费用的降低,以及功能的逐步完善,2G手机在我国的持有率不断上升。根据信息产业部的统计,截至2003年10月,我国手机用户已达2.55亿户,将近五分之一的中国人拥有手机[①]。

除了基本的通话功能,短信成为2G手机最重要的通信功能。短信是将全球通数字手机与寻呼机的功能合二为一的增值服务,用户一次可以发送70个汉字以内的信息,逐渐成为普通中国人交流信息、维系情感的重要工具。据统计,仅2003年春节期间,拜年短信量就达到70亿条,平均每人在节日期间

[①]《中国手机用户数量首超固话 平均5人1部》,2003年12月11日,北方网,http://news.enorth.com.cn/system/2003/12/11/000687533.shtml,最后浏览日期:2022年9月15日。

发送了30多条短信(图2-1)①。除了文本信息，手机还可以收发融合声、图、文为一体的多媒体信息。中国移动于2002年推出了彩信业务（一种多媒体短信形态），突破了文字文本的限制，具有更多元的内容形式和更直观的视觉效果。用户通过彩

图2-1 2003年春节期间的拜年短信

信可以传输图片、声音、动画，手机短信的新闻传播功能进一步被拓展。

继互联网作为"第四媒体"之后，手机短信又对传统的人类信息传播模式发出了强有力的挑战。相较于"大哥大"和BB机，2G数字手机超越了单纯的即时通信功能，在人际沟通和大众传播领域的作用也逐渐凸显，一个全新的、大众化的、个体性的、移动化的终端平台悄然萌发。受限于当时移动网络的速度和费用，较少有人用2G手机上网，因此2G手机也被称为功能机。虽然尚不是与互联网直接联结的主要工具，但具备移动性高、互动性强等诸多特点的手机短信在为人们的日常交流提供更便捷的渠道时，已经在新闻传播与公共生活等方面显现出强大的媒体潜能，成为3G时代智能手机全面改造新闻业的先声。

二、手机媒体的新闻传播功能初现

手机短信具有群发功能，同一内容的信息可以几乎同时传递到多部手机终端，使手机具备了大众传播的重要属性。同时，相较于传统媒体和电脑端的互联网媒体，手机打破了地域、时间和终端设备的限制，使用者可以随时随地地接收和发布文字、图片、声音等各类信息。而且，短信的内容短小精悍，适合传递新闻消息。在这样的条件下，手机不仅成为大众传播的工具，在简便性、移动性、互动性方面还有自身独到的优势。

---

① 《两大移动商抛出天文数字 春节短信量狂飙70亿条》，2003年2月10日，新浪网，https://news.sina.com.cn/c/2003-02-10/0516901992.shtml，最后浏览日期：2022年9月15日。

短信的新闻传播功能最早是在突发性新闻事件的报道中得以彰显的。在报道美国哥伦比亚号航天飞机失事事件时,手机短信让用户在第一时间得到最新消息,显示出传统媒体无法比拟的速度优势。2003年2月1日晚,美国哥伦比亚号航天飞机失事,新浪网在接到通讯社消息后将新闻登载在网页上,并在两分钟后将相关的新闻信息以手机短信的形式发送给订阅用户。而在传统媒体方面,直到2月1日晚11时50分,中央一套才播出了相关新闻,比短信晚了一个多小时。纸质媒体要等到第二天才刊发了这条新闻。短信和网页几乎同时发布了相关的新闻,速度明显快于传统媒体。此外,相较于电脑端的网页新闻,短信传播具有更明显的分散性特点,受众能更大程度地摆脱传播媒介在时空上的束缚与制约,在接受信息的过程中获得较大的自由①。

对此次事件的报道凸显了手机作为媒体平台的角色,短信的新闻传播功能也让商业门户网站找到了新的盈利方式。据媒体报道②,通过对美国哥伦比亚号航天飞机失事事件的报道,新浪新闻短信的新增订用户有近10万人,如果按每月30元的包月费用计算,仅此条新闻就给新浪带来了近300万元的进账。2003年后,"新闻冲浪"和"彩信新闻"等短信新闻产品陆续被推出,传统媒体也积极地开发手机短信的新闻服务功能。

三、短信开创公众参与的新模式

传统线性的大众传播模式缺乏稳定的受众反馈机制,受众在新闻传播的整体环节中往往处于被动接收者的地位。而手机这种移动端媒体的普及,激发了信息接收者的能动性,"受众"的内涵逐渐向"用户"转移。发短信不仅使用户可以积极地参与大众媒体信息传播的部分环节,而且可以更方

---

① 罗翔宇:《手机短信的传播学分析》,《现代传播(中国传媒大学学报)》2003年第1期,第32页。
② 《"哥伦比亚"号失事引发新闻战 短信突围而出》,2003年2月8日,新浪网,https://tech.sina.com.cn/it/t/2003-02-08/1038164237.shtml,最后浏览日期:2022年9月15日。

便地参与社会重大事件的讨论和相关行动。

　　自从手机被国人广泛使用之后,电视、广播等传统媒体在很多方面尝试通过短信让观众参与节目流程。例如,2002年之后,中央电视台举办的"3·15"晚会与中国联通、中国移动合作,消费者可以通过短信实现与晚会的互动,参与包括提供侵犯消费者权益的线索、为晚会提出建议、晚会现场调查、现场捐款等活动。"人手一机""人人皆可随时发声"也意味着每位手机用户都具备通过手机短信参与公共事务的潜力。

　　短信作为公共事务讨论与决策工具的尝试较早地出现在电视娱乐节目中。2003年后,大热的选秀类音乐节目非常仰赖粉丝型公众的存在,通过全民投票来选出晋级或获胜者成为激发观众参与互动、维持和提高节目热度的重要环节。2003年,美国选秀类电视节目《美国偶像》与赞助商AT&T公司合作推出有奖活动,用户可以通过短信的形式对节目进行投票。该节目在播出10周之内就收到超过100万条的短信。湖南卫视在2004年推出了歌唱选秀类节目《超级女声》,观众的短信投票可以直接决定选手的去留,这使中国观众拥有了在大众媒体上发出自己声音的通道。2005年的第二届《超级女声》决赛,有超过300万人通过手机短信的方式参与比赛投票。

　　以往大众媒体中的歌唱比赛类节目都带有明显的精英色彩,具有专业性和封闭性的特点。但是,《超级女声》通过手机短信实现了节目与普通观众的对话,原本作为旁观者的观众被纳入节目,成为对节目进程和选手去留具有一定决定权的主角。在每期节目中,每个手机号码最多可以投15票,得票较高的选手可以继续比赛,每次比赛结束后,选手票数清零。除了通过短信、网络进行热烈的交流,粉丝型观众还会在线下举行拉票活动,动员路人为自己喜欢的选手投票。在2005年8月26日《超级女声》决赛前,大量粉丝聚集在湖南省长沙市的比赛现场门口为选手拉票,其中许多人是从外地赶来的。决赛当晚,选手李宇春以超过350万张的选票最终成为2005年《超级女声》的冠军(图2-2)。

　　《超级女声》让粉丝自由地选择喜欢的对象,能动地参与投票活动,打破了以往被动旁观的状态,有了更强的参与性、交互性和自主性,逐步由分散的个体形成了社群。

第二章 2G时代:手机与互联网重塑媒体格局

图2-3 2005年8月26日,湖南卫视超级女声决赛节目现场

四、传统媒体涉足手机报

虽然手机媒体在新闻传播与公共参与上呈现出巨大潜能,但总体来说,此时的手机还主要是用于人际交流,其设置公共议程、引导社会舆论的能力尚不及传统媒体与电脑端互联网媒体。但是,随着手机用户数量的不断增长,其日益庞大的用户基数和潜在的盈利空间还是引起了传统媒体的重视。从2003年起,传统媒体开始积极地探索手机终端的使用,最初的一种形式就是手机报(图2-3)。手机报在3G时代"两微一端"到来之前,一直是手机端新闻内容的最主要载体。

手机报是将纸质报纸的新闻内容、通过移动通信技术平台传播,使用户能通过手机阅读到报纸内容的一种信息传播业务[1]。手机报是纸媒与手机媒体的第一种融合形式,主要特点是将原来登载于报纸的内容转移到手机媒体,便于用户收取和查阅。手机报最初是通过手机彩信业务进行传播的,即通过电信运营商将新闻以彩信的方式发送到用户的手机上。2009年2月,CNNIC发布了《2008—2009年中国手机媒体研究报告》,通过对北京、

---

[1] 匡文波:《手机媒体:新媒体中的新革命》,华夏出版社2010年版,第94页。

图2-3 3G时代的手机报

上海、广州、深圳四个城市的调查,分析了国内手机媒体的主要应用形式与特点。报告指出,手机报业务在国内的用户普及率很高,在调研的四个城市中,普及率已经达到39.6%,并且是手机媒体业务中普及率最高的一项。

2003年9月1日,《扬子晚报》在江苏移动和江苏联通两个运营商平台上开通了《扬子晚报·手机版》,这份手机报是我国手机报的雏形。第一份真正意义上的手机报是2004年7月18日开通的《中国妇女报·彩信版》,该报采用用户包月订购的销售方式,手机报的编辑每天会精编和重新排版纸媒的内容,订阅的用户每天都会收到五个版面的手机报。《中国妇女报·彩信版》将纸媒的版面内容几乎全部整合到手机版上,编辑需要根据手机的特点重新编排内容和设计版面。这有别于之前发送单条新闻信息的手机报业务,使手机报在生产流程上具有了一些专属的特点,更像一张"报纸"。

《中国妇女报·彩信版》开通以后,全国性的媒体和地方媒体都纷纷开通手机报业务,全国范围内迅速掀起了手机报热潮。2006年4月25日,《北京科技报》推出了全国首家具有独立WAP(wireless applicatian protocal,无线应用协议)网站域名的手机报,这是与彩信版手机报完全不同的手机报类型。《北京科技报》在 WAP 网络中开设了手机新闻频道,用户可以像在电脑上打开网页一样在手机上浏览新闻,相较于彩信,WAP 手机报业务赋予用户更多的自主权。2007 年 2 月 28 日,《人民日报》面向全国正式发行了彩信版手机报。至此,中国最大的综合性平面媒体加入了手机报业务的竞争。2007 年 10 月,在党的十七大会议期间,人民网、新华网等媒体第一次以手机报的形式报道了与党代会有关的新闻。2007 年 7 月 17 日,中国移动推出了奥运会历史上的第一个手机网站——北京奥运手机官方网站。2008 年,中国移动又进一步推出奥运手机报,首次通过手机报向公众传播奥运知识和奥运理念。2008 年 2 月,《中国日报》正式推出了全国第一份中英文双语手机报,主要内容均有中英文双语对照。2008 年汶川地震发生后,新华网推出了《抗震救灾手机报》,以每天一到两期的频率向四川地震灾区的手机用户发送手机报,通报最新灾情、抗震救灾部署,传播防震防疫知识,在灾区新闻网络瘫痪的情况下开通了一条生命信道。

从传播方式看,手机报主要有三种技术类型:彩信手机报、WAP 网页手机报和 IVR(interactive voice response,互动式语音应答)语音手机报。在实际应用中,前两类是手机报的主要类型。彩信,即多媒体手机短信服务(multimedia messaging service)是手机报出现时采用的第一种技术方案。在文本短信服务基础上发展起来的彩信,最大的特点就是支持多媒体传送,包括文字、图片、音频、视频,手机终端接收到彩信后可以保存,并支持离线阅读。

彩信成为我国手机报业务的首选技术模式与彩信本身的发展是分不开的。在彩信之前,手机短信业务只能发送文字,中国移动在 2002 年 10 月开通了彩信业务,到 2004 年时用户已经超过千万,这为手机报的开通奠定了深厚的用户基础。彩信业务按条收费,彩信手机报一般按照包月制收费。WAP 网页手机报是继短信手机报之后推出的第二种类型的手机报,是一种在移动通信终端之间用以建立网络连接的无线应用标准协议。WAP 网页手机报是一种通过手机直接访问专门设置的 WAP 新闻站点实现在线浏览信息的新闻传播方式。彩信的信息容量设有上限,限制了新闻内容的编辑,而 WAP 则没有这方面的限制。但是,WAP 的局限性也非常明显。查阅

中国互联网新闻发展史

WAP网页手机报一般都是在线浏览,需要终端始终保持网线网络的连接状态,而且网络的传输速度会对浏览体验产生直接影响。在WAP网页手机报刚出现时,手机上网的速度较慢,为了能有更快速的体验,WAP网页手机报的版面设计比较简单,内容也不多,而且以文字为主。受制于网络传输速度,WAP网页的无限空间没能发挥优势。WAP网页手机版采用的是GPRS(general packet radio service,通用分组无线业务)流量计费方式,与彩信手机报相比费用略高;IVR语音手机报是不常用的一种手机报类型,用户可以通过拨打指定号码收听新闻资讯。IVR语音手机报采用收取通话费的方式,费用偏高。此外,由于用户在收听信息时只能线性地接受,没有太多的自主性,所以语音手机报没有得到普及。

第二节 新闻生产进入泛社会化模式

进入21世纪,随着互联网普及率的不断提高和各类社会化媒体的不断涌现,广大网民开始成为新闻传播领域的全新主体。他们不断突破旧有的大众传播模式,改变了新闻业的传统格局。这些数量庞大的"新新闻人"不只是分享自己的衣食住行和日常琐事,还通过目击突发性事件或公布社会新闻线索,开始成为报道者。此外,网民会对传统媒体的某些报道进行补充和评论,或对某些不实报道提出质疑。还有一部分普通网民摇身一变,化身半专业的新闻人,定时、定量地发布新闻时政类消息及评论,成为具有较高网络影响力的自媒体新闻人。传播主体的多元化不仅丰富了媒体人的概念,也使新闻传播的格局进一步复杂化,新闻生产开始向泛社会化的方向发展。在这一时期,旧有的新闻生产机制开始受到网络的冲击,专业媒体开始重视网民提供的新闻线索,并且在新闻采写、编辑、发布的整体过程中更多地受到网络意见气候的影响。与此同时,泛社会化的传播模式使原本的专业机制不再适用,各类传播失范现象层出不穷,网络谣言四起,对新闻业的健康发展和社会的稳定产生了一定的负面影响。

一、新闻生产主体的多元化

20世纪90年代后,随着互联网的发展,主流媒体之外的各类互联网传播主体不断涌现,普通民众通过互联网发布新闻、影响传统媒体议程建构并产生广泛社会影响的事例大量涌现。

在我国,20世纪90年代末民营门户网站的崛起已经对中国原有的媒体和新闻话语权结构产生了一定程度的冲击。在互联网到来之前,报纸、电视、广播三大传统媒体在我国的新闻报道领域具有绝对的主导地位,专业的新闻工作者是新闻内容的主要生产者和控制信息流动的"守门人"。20世纪90年代以后,互联网逐渐打破传统媒体的地位,成为具备强大新闻传播能力的"第四媒体"。在我国互联网发展的初期,各项登载规范尚不明晰,各大商业门户网站在新闻采写方面具有较大的活动空间,如新浪网对科索沃战争的24小时滚动报道开创了民营网络媒体时政新闻报道的先河。2000年,国务院新闻办公室、信息产业部发布了《互联网站从事登载新闻业务管理暂行规定》,规定互联网新闻发布单位应经国务院新闻办公室审批备案,非新闻单位不得登载自行采写的新闻。在此背景下,各大商业门户网站纷纷放弃严肃的社会时政新闻的自主采写,改用转载的形式,民营门户网站的新闻传播能力一定程度上受到了抑制。

随着互联网普及率的进一步提高,以及各类社会化媒体平台的发展和繁荣,普通网民发布新闻信息的意愿不断增强,机会不断增加,更为广泛、非专业的新闻内容生产主体开始出现。21世纪初,我国网民基数不断增加,2001—2007年,我国互联网使用人数保持着每年近2 000万人的增速[1],互联网发布主体的数量也呈现激增的状态。到2007年,我国网民数量达到2.1亿人,其中65.7%的网民在网上发过帖子或上传过内容,31.8%的网民上传过图片,17.5%的网民上传过影视节目或其他视频内容[2]。在这些五

---

[1] 数据来源:2002—2008年CNNIC发布的《中国互联网络发展状况统计报告》。
[2] 数据来源:2008年CNNIC发布的《第21次中国互联网络发展状况统计报告》。

花八门的网民自主生产的内容中,有大量信息具有社会时政新闻的色彩,一定程度上具备满足公众信息需求、深化公共事务讨论、形塑公共舆论等以往只属于主流媒体的功能。

如果说当时民营的门户新闻网站还是在一个专业化的生产流程和大众传播模式中开展新闻业务的话,网民在各类互联网平台发布的新闻信息就明显带有个性化和非专业化的特点,并且形成了双向互动、网状化的信息传播模式,这对于传统新闻传播的线性模式来说具有突破性和颠覆性①。

2005年11月26日8时50分左右,江西省九江市发生了5.7级地震,最早的消息由震感明显的武汉网民和江西网民在博客中发布,第一时间向外界报告了地震消息。武汉网友"寻找东海岸"在9时04分发出了"武汉地震了"的消息:"2005年11月26日9时整武汉发生地震,有较强震感。"9时12分,江西南昌的网民"王津"在自己的博客"我的快乐时代"上发出了题为《地震!!!》的博文。网民发布的信息都是简单的句子,却是最及时的信息,都先于传统媒体向全社会发出了声音。

除了因目击突发事件而临时在网络上发布新闻消息的网民,还有一部分网民通过网络社交媒体平台,以自己个人或小团队的力量生产更为细致、具有深度的内容,通过互联网提供新闻线索、抛出新闻话题或持续跟进特定新闻事件。

例如,2006年9月,北京大学的教师周忆军在个人博客上发表了一篇名为《一个北大副教授的全部工资收入清单》的文章,公布了自己的工资单,表示"工资低得不足以养家糊口",不得已只能靠兼职赚"外快"。此文在网络上传播后,得到了全国各类媒体的广泛关注,各方观点不一,并且各自开展了相关的深度报道,一时间掀起了对"北大教授工资事件"的讨论热潮。又如,2007年初,"李燕呼吁'安乐死'立法"事件通过博客引发公众的关注。一位自幼就被确诊绝症的女孩,利用博客向全国"两会"提交与"安乐死"有关的立法建议,希望能让自己摆脱病痛的折磨。这一事件引起中央电视台、

---

① 参见[美]丹·吉摩尔:《草根媒体》,陈建勋译,南京大学出版社2010年版。

凤凰卫视、《北京青年报》等各大媒体的关注和报道,在全国引发了一场"安乐死是否应该合法化"的讨论。

传统媒体往往因受到各种因素的限制,报道视角和模式较为单一,并且受众无法及时与发布者交换信息和感受。网络论坛、博客恰好弥补了这一不足,更多的事件亲历者有机会讲述自己的切身体会,让新闻报道更真实可感,进而引起更强烈的共鸣。2008年"汶川大地震"期间,博主们不仅提供了一手的地震信息,还针对感兴趣的话题(如卫生、教育等)进行了探讨,还提供了重要的专业知识与新闻信息,为灾区抢救和灾后重建工作拓宽了信息来源。

与传统媒体相比,网络论坛、博客等自媒体更便捷,传播效率更高,在新闻报道中占据了一席之地。在21世纪的第一个十年,众多用户通过自媒体平台提供了在传统媒体的报道中看不到的关于中国社会的更多景象,为人们了解社会、参与社会事务打开了全新的窗口。除了个人新闻博客,论坛、SNS(social networking services,社交网络服务)、手机短信的用户也都是各类社会新闻事件的报道者,这些依托新兴媒体形态而存在的报道者,通过发布自主编写的新闻信息,使之得到一定范围的传播,颠覆了传统媒体的线性模式,打破了专业媒体人的新闻"垄断权"。

二、新闻传播过程的社会化

随着互联网传播主体的泛化,人们接收信息的习惯也悄然发生了改变,专业的传统媒体不再是受众接收新闻信息的唯一渠道,新闻生产的过程也不再由专业媒体人士在大众媒体的生产机制下完成。在全新的新闻生产场域中,网民往往是主要的信息来源和追问者,以都市报为代表的传统媒体则是事件的扩散者、权威调查者,两者相互配合,共同推进了新闻内容的产生。这种全新的新闻生产模式使新闻生产由原本封闭的系统转变为开放的过程,其中的不确定因素也大大增加。

在这一时期,新闻生产的信源结构发生了重大变化,传统媒体已不再独占信息源,许多对热点舆情事件的报道出现了"网民爆料、媒体跟进"的典型特征。一方面,网民在许多突发性社会事件中成为曝光者,引起关注后由专业记者展开详细的调查报道;另一方面,网民通过发帖,率先揭示了一些被遮蔽的社会问题。专业记者通过 BBS、个人博客、公民新闻网站等网络平台寻找有价值的新闻报道线索已成为常态,许多重大事件的新闻报道都得益于此。2005 年 7 月 7 日,伦敦发生了震惊世界的"7·7"爆炸事件,"基地"组织的恐怖分子在英国伦敦地铁等公共交通空间内引爆炸弹,造成 50 多人遇难,700 多人受伤。现场众多民众用手机进行拍照,并通过互联网对爆炸现场和相关信息进行第一时间的报道和传播(图 2-4)。据报道,爆炸案的第一张新闻图片就是由一位名叫亚当·斯塔西(Adam Stacey)的伦敦市民用手机拍摄的,这张照片立即成为互联网上点击率最高的图片,并被各大主流媒体采用。从此以后,"记者还在路上,新闻传遍全球"便成为常态,许多重大突发性新闻事件都由网民率先曝光。

图 2-4　伦敦爆炸案目击者用手机拍下现场照片①

除了作为传统媒体的信息源,网民还通过挖掘主流媒体的信息进行二次报道和讨论,从而产生更大的影响力和关注度。多数主流媒体受到地区的限制,影响力范围往往仅局限在地方,而网络的开放性、全球性使很多地方性事件得以在全国范围内引发关注。在 2007 年震惊全国的"黑砖窑"事

---

① 转引自许燕:《移动新闻实务教程》,复旦大学出版社 2021 年版,第 132 页。

件中,网络论坛发挥了关键的作用。河南电视台都市频道早在 2007 年 5 月 19 日就播出了专题新闻片《罪恶的黑人之路》,但因地域的限制,节目播出后并未引发全国关注;6 月 5 日,河南日报报业集团主办的大河论坛上出现了一篇题为《400 位父亲泣血呼救:谁来救救我们的孩子?》的帖子;随后,《天涯杂谈》也有相关的帖子出现,论坛编辑将其推荐到《天涯聚焦》,短短几天内就获得了数十万的访问量。其他地区的都市报也以网络信息为线索,主动寻找被解救的民工并进行实地采访。在《南方都市报》和《新京报》的报道之后,此事件得以轰动全国。党和国家领导人对这一事件作出重要批示,国务院向山西派出了联合工作组,并召开常务会议听取事件汇报,要求彻底查清,严肃处理。

在这个全新的新闻生产机制中,主流媒体依然发挥着重要的作用。一方面,传统媒体是网友提供的新闻线索的放大器和延伸;另一方面,"由于主流媒体的专业素养和权威性,主流媒体又反过来成为博客的重要信息来源,两者是相辅相成,互相依托"①。

三、非线性模式下的传播失范

在大众传播模式下,专业的新闻机构和工作者是信息的生产者和把关人,只有符合特定规范与价值标准的内容才被允许进入传播渠道。然而,在泛社会化传播时代,手机与网络用户的数量以亿计,每个人都可能是信息的生产者与传播者,任何信息都有流入传播渠道的可能,内容监管面临巨大的挑战。在手机与互联网普及的初期,监管制度尚不健全,由各类假新闻和谣言引发的社会问题层出不穷,对社会稳定造成了一定的负面影响。

以手机短信为例,由于它具有群发功能且用户众多,谣言可以在很短的时间内跨地域以几何倍数蔓延。在 2003 年与"非典事件"有关的各类谣言风波中,手机短信起到了推波助澜的作用。"非典事件"期间,一些好事者和

---

① 张羽、赵俊峰:《从伦敦和埃及大爆炸 看市民记者的兴起》,《新闻知识》2005 年第 12 期,第 33 页。

图 2-5 2003 年 4 月底，一则谣言通过短信大面积传播，导致海南香蕉价格暴跌

不法分子，以当地卫生局、公安局的名义群发短信，故意散布谣言（图 2-5），如某海南籍罗姓男子群发了"中国卫生部告知……五一节放假一天，您把此消息转发 10 位用户，您的账户将加上 188 元话费"的消息，很快在手机用户中传开，不少人信以为真。据统计，2003 年 4—5 月中旬，全国公安机关共依法查处利用手机短信息造谣惑众、扰乱社会秩序、违法犯罪案件 107 起，依法刑事拘留 12 人，治安拘留 33 人[①]。

"非典事件"期间，各类谣言通过短信得到大面积的传播，表明当时的信息管理机制出现真空，凸显出泛社会化传播模式下把关人缺失的问题。在手机短信的传播过程中，最有可能起到把关人作用的是电信服务商，但由于短信传播主体的海量和商业公司的能力限制，电信公司的把关工作对于短信传播网络中日益增长的谣言、黄色信息、诈骗信息所起到的管制力度并不大。2003 年后，互联网与手机平台的违法信息问题日益突出，非线性传播模式下的内容监管成为我国网络治理工作的重要主题。

第三节 社交媒体空前活跃

进入 21 世纪，我国互联网空间中的各类社交媒体飞速发展、空前活跃。以博客、论坛、SNS 等为代表的新兴社交媒体形态登上了人类新闻媒介史的主舞台。社交媒体的繁荣带来了话语渠道的多样化、便利化，公共话语得到充分展示，网络公共讨论及其产生的舆情事件激增。

---

① 《造谣扰乱社会制造恐慌 短信转发非典谣言也违法》，2003 年 5 月 19 日，新浪网，http://news.sohu.com/95/91/news209349195.shtml，最后浏览日期：2022 年 9 月 15 日。

一、网络论坛打造公共话语空间

网络论坛的前身是 BBS,也是最早的基于计算机的一种信息交流平台。BBS 根据用户讨论议题的差异形成不同的话题组,网民可以在这个网络公共区域内阅读和发布信息。1994 年,国家智能计算机研究开发中心开通曙光 BBS 站,我国最早的社交媒体由此诞生,一批具有计算机学习背景的科研人员和高校学生成为中国最早的网络论坛用户。随着电脑和互联网普及率的不断提高,论坛的用户构成开始多元化,再加上网络论坛与生俱来的开放性特点,网络论坛空间的话语呈现出多元化的特征。21 世纪最初的七八年被视作我国网络论坛发展的黄金期。对于新闻传播业来说,网络论坛是这一时期网络新闻舆论的重要策源地,是诸多舆情事件发生、发酵的重要场所。

(一) 校园 BBS 嵌入大学生公共生活

校园论坛是由大学生为参与主体,以校园内部事务讨论为主要功能的论坛形态,是我国最早的一种论坛形式。1995 年后,国内的许多院校都建立了自己的 BBS,如清华大学的水木清华、北京大学的未名 BBS、上海交通大学的饮水思源等。大学生思想活跃且关注国家大事和社会民生议题,因而在公共话题的讨论中往往容易形成开放和热烈的氛围。

2003 年,清华大学的一项调查显示,56%的学生认为"校园网络媒介是大学生获取信息的主要来源渠道"[①],可见校园网络论坛在当时对于在校学生来说已经起到了重要的新闻传播功能。由于校园论坛是相对封闭的网络空间,一些具有普遍心理基础的观点容易在学生群体中被放大,触发学生的强烈情绪,形成偏激的校园舆论。2005 年,教育部下发文件,要求各高校的校园论坛必须实行实名制,并提出校园论坛应从公开平台向内部交流平台转变的要求。

---

① 张瑜、洪波、刘涛雄、向波涛:《"校园网络亚传播圈"现象实证研究》,《青年研究》2005 年第 1 期,第 23—24 页。

（二）网络论坛催生爱国集体行动

互联网为情感表达与群体对话提供了共同在场的可能性，使得以共识为基础的共同体想象有了便捷沟通的空间与渠道①。进入21世纪，我国网络空间中的爱国集体行动日益频繁，而网络论坛正是催生此类事件的重要平台。自1999年起，人民网强国社区中的强国论坛等网络论坛逐渐成为爱国言论的重要聚集地与相关舆情事件的策源地。

1999年5月，中国驻南斯拉夫大使馆遭北约轰炸，引发我国网民的大规模集体申讨（图2-6）。5月8日，人民网专门开设了强烈抗议北约暴行论坛，成为国内最早的时事新闻类论坛。据网友回忆，"抗议论坛成为世界上最大的演讲厅，尽管当时还是拨号上网，成本'高昂'，但是很多人整天坐在计算机旁，敲打着键盘。网上舆论是一边倒的抗议和谴责"②。当年6月，这个为抗议而专门设立的论坛更名为"强国论坛"，并逐渐成为最具影响力的一个中文时事论坛。

图2-6　北京的大学生们抗议北约轰炸中国驻南联盟大使馆

21世纪初，爱国者同盟网、918爱国网、铁血社区相继建立。这些网络

---

① 尹佳：《承认·对话·延伸：网络民族主义话语与知识生产——基于强国论坛"中国制造"话题的考察》，四川外国语大学2019年博士学位论文，第1页。

② 王威：《制约网络民主参政发展的因素及对策》，《中外企业家》2013年第5期，第270页。

论坛与强国论坛一道,在涉及民族尊严、国家利益、国际争端等议题时展现出凝聚国民共识、引发网络集体行动的能力。2008年上半年,中国先后经历了雪灾、"3·14拉萨打砸抢烧暴力犯罪"、"奥运火炬传递遭干扰"、"5·12汶川地震"等事件。面对涉及民族尊严的争议事件,各类网络论坛发挥集体动员能力,开展了由网民自发组织的爱国行动。2008年4月7日,当北京奥运会圣火抵达巴黎后,"藏独"分子抢夺坐在轮椅上的我国残疾运动员金晶的火炬,并冲击圣火传递队伍。法国主流媒体在报道中使用了《火炬在巴黎惨败》《给中国一记耳光》等标题,这让国内民众对法国的不满情绪不断高涨。同年4月9日开始,数十家网站论坛相继出现呼吁抵制法国商品的帖子(图2-7),其中涉嫌给"藏独"组织捐款的家乐福的母公司成为网民重点呼吁抵制的对象,一些地方甚至发生了冲击当地门店的事件。

图2-7 2008年4月,"抵制法国货"的抗议活动在我国多地发生

(三)民营商业化论坛孕育网络公共话语场

20世纪末,猫扑大杂烩(1997年)、西祠胡同(1998年)、天涯社区(1999年)等大型民营商业化论坛陆续上线,成为综合性虚拟社区和大型网络社交平台。这些论坛不仅作为各类传统媒体倚重的新闻源,也成为广大网民积极投入的公共话语场。天涯论坛和西祠胡同成为国内最有影响力的两个社区型网站。其中,天涯社区成立于1999年3月,最初以原创文学而知名,其《关天茶社》栏目成为国内重要的时政网络论坛。天涯论坛在几年内迅速成长为中国最重要的网络论坛,一度拥有《广州的报纸,湖南的电视,海南的网络》这样的盛名。

天涯社区以其开放、包容的氛围和相对精英化的参与群体,在某些公共议题的讨论过程中呈现出"网络公共话语场"的特征。其中,颇具代表性的就是2007年陕西省的"华南虎事件"(图2-8)。2007年10月12日,有媒体报道了陕西省镇坪县村民周正龙拍到的一组老虎照片,省林业厅组织专家

图2-8 2008年6月29日,陕西省政府新闻办举行新闻发布会,认定"华南虎"造假

对照片作了初步鉴定后,认为照片中的老虎是华南虎,这是1964年以来陕西对野生华南虎的首次记录,将有力地证明该物种并未灭绝。随后,有网友把这条消息和图片发布到天涯论坛,请求具有一定专业背景的网友鉴定照片是否造假。这条帖子引发了众多网友的围观和讨论,并引发传统媒体的关注和报道,最终促使国家林业局介入调查。在此次"华南虎事件"的发展过程中,天涯论坛上的网民围绕照片真伪这一焦点问题所展开的大讨论起到了关键性的作用。

二、博客开创新闻传播新方式

博客(Blog)脱胎于个人网站,是一种托管性的个人网页,网民可以通过注册获得使用资格,在个人网页中发表信息内容并供其他网友浏览。博客最早诞生于美国,在1998年,美国已有近30个博客站点,德拉吉率先报道"拉链门事件"对于个人网站或博客概念的普及起到了积极的推动作用。2002年8月,方兴东和王俊秀一同创建了博客中国网站,推动了我国博客概念的启蒙和实践。2003年,网名为"木子美"的博主因发表网络日志《遗情书》而引发热议和围观,博客由此进一步走入公众视野。2005年,包括新浪网在内的各大门户网站相继开通博客,掀起了博客在中国的发展热潮,博客的使用群体也从精英向普通民众转移。2006年开始,"两会"委员、记者相继开通新闻博客,进一步推动博客的功能向新闻传播领域拓展。

网络博客为使用者提供了相对独立的信息发布空间,也让博主可以与读者互动,进而形成交际网络。在博客中,博主是中心,他们通过发布内容表达个人观点,彰显个人价值,读者出于对博客内容的喜爱而关注博主,成为博主的粉丝。由于这种关系,博主在新闻信息的传递过程中往往可以扮演"意见领袖"的角色。许多博主在网络博客上发布日志,传播第一手新闻素材,表达对公共事务的看法和态度。相较于传统媒体,博客在设置议程和建构内容的过程中更加自由,网络博客通过互动性的信息共享过程,积极地参与公共事务,实现了博客从私领域向公领域的延伸。2003—2008年,博客在我国新闻传播领域发挥了重要的作用,让人们对网络新闻传播的意义有了新的认识。

(一)博客深度介入新闻事件的报道过程

在国外,博客在"拉链门事件"、伦敦地铁爆炸、伊拉克战争等新闻事件中发挥的作用已展露无遗。一方面,博主可以作为第一手新闻信息的提供者;另一方面,博主可以通过博客与网友互动,获得更多资讯,丰富新闻作品的内容。

2004年6月,李新德在个人博客网站中国舆论监督网上发表了一篇题为《下跪的副市长——山东省济宁市副市长李信丑行录》的文章,详细揭露了济宁市副市长李信涉嫌贪污、受贿等多种违法乱纪行为,文中还插入了数张该副市长下跪请求爆料者不要举报的照片。这篇文章在网络上火速流传,《南方周末》迅速跟进调查,并于7月22日刊出《副市长跪向深渊》一文。此事引起了山东省委的重视,李信遭到查处。通过这一事件,博客在新闻传播领域发挥的功能得到了更多人的重视。这一事件改变了人们原先认为博客只能在小范围内传播信息的看法,博客传播进入了更广泛的受众群体的视野,博客的影响力日益扩大。

与此同时,专业记者也通过自己的博客开始实现更大范围内的社会支持,扩充新闻线索的来源。以2006年《21世纪经济报道》报道"汉芯造假事件"[①]为例,记者杨琳桦表示自己在博客和论坛的帮助下,调查工作的范围得到了极大的延伸。她在发出与"汉芯造假事件"相关的第一篇报道后,由于找不到调查工作所需的知情人而陷入僵局。这时,她主动将个人博客改造成主动求助的平台,并在博客上发布了报道原文,公开个人的联系方式,

---

① 2006年1月17日,在清华大学校园论坛水木清华BBS上,有学生公开指出上海交通大学微电子学院院长陈进发明的"汉芯一号"造假,引发网络热议和主流媒体的跟进调查报道。

呼吁"汉芯造假事件"的知情人与她联系。不久,杨琳桦的博客浏览量快速增长,她的求助启事被大量转发到其他网络平台。不久之后,博客留言和主动联系她的知情人士提供的信息对她的调查方向起到了关键作用,使得她的后续采访取得了突破性的进展。

(二)博客具有个性化新闻呈现方式

主流媒体新闻的议题建构与话语呈现方式往往会表现出精英化、专业化、同一化的风格;博客则开创了个性化的话语空间,由博主发布的新闻往往没有传统媒体的样式,而是表现出多维度、多视角、多形式的特征。独特的报道视角、个性化的新闻表达方式使得人们有机会从主流媒体的话语框架之外来理解新闻、理解世界。

周轶君曾是新华社驻中东站的记者,她的"战地博客"吸引了为数众多的中文读者,让人们听到了来自阿拉法特、沙龙、亚辛等的真实声音,使这些遥远的名字变得更加有血有肉(图2-9)。周轶君的新闻富有较高的叙事与文学价值,她以近似日记的形式记录了巴以冲突最为激烈的时候,她在加沙驻守700多天的见闻和思考,通过在现场第一时间发出的照片,向人们呈现出鲜活的现场感。可以说,博客大大提高了纪实文学在新闻报道中的分量和地位。此外,博客还为博主与读者提供了一种具有亲近性的关系纽带。周轶君通过在博客上报平安,让关心她的读者可以及时地获知她的近况,并一起体验战地冒险,与千里之外的国内读者保持着亲密的情感联结。2005

图2-9 周轶君在战地采访

年4月,她的战地博客结集成书——《离上帝最近:女记者的中东故事》(文汇出版社出版),使博客文学更加受人关注。

(三) 博客为公民新闻评论提供表现舞台

博客还为广大民众提供了自由发表新闻评论的机会,这是博客在新闻传播领域的另一项重要功能。不同于主流媒体中只能由特定的专业人士在有限的版面内发表观点,博客让网民可以随时针对新闻事件和社会问题发表感想。

第四节 网络监督助力公共事务决策

进入21世纪之后,各类网络社交媒体快速发展,为人们参与公共事务提供了一个全新的环境。通过互联网参与公共生活,一方面为人们提供了吐露心声的机会,弥补了传统政治参与模式的不足;另一方面也为政府和各职能部门提供了一扇了解民心、倾听民意的窗口,为它们在决策过程中更充分地反映民意提供帮助。2003年以后,网络民意已成为政府在公共政策的制定、公布、执行过程中考量的重要因素。

一、互联网为社会治理提供了全新的窗口

互联网相对自由的讨论环境为普通人提供了难得的机会,"互联网成为民意涌流的巨大管道,成为网民介入现实政治生活的神兵利器"[①]。2008年8月1日,据山西省太原市娄烦县媒体报道,当地一座铁矿山发生了山体滑坡事故,11人被埋。随后,该事故被当地政府认定为自然灾害。但是,在当年9月14日,记者孙春龙在博客上发表了一篇名为《致山西省代省长王君一封信》的博文,对通报的死亡人数表示怀疑,呼吁能够重启调查。

---

① 李永刚:《我们的防火墙:网络时代的表达与监管》,广西师范大学出版社2009年版,第2页。

2008年9月17日，时任国务院总理温家宝对此作出重要批示，要求山西省人民政府和当事矿业公司对该事件进行重新调查。经过调查组的实地调查，实际已确认死亡的人数为44人，该事件属于重大责任事故，当地政府存在瞒报、谎报的行为。

互联网赋予了人们在网络空间中发声的权利，任何人都有机会在网络上反映政策执行过程中存在的问题，发表对某些公共政策的建议或意见。当然，这些声音一旦产生广泛的共鸣，就有可能引发舆情事件。面对日益增强的网络监督力量，政府开始更加重视网民的意见，对于一些涉及民生的重大决策和工作事项，政府会有意识地及时公开发布官方信息，并征集网民建议。可以说，互联网成为政府倾听民意的重要渠道和展现亲民姿态的重要空间。

二、互联网助力民众的公共参与

对于一些公共决策的执行方案，政府开设了网络民意论坛，尊重民众的意见，以此作为决策的基础。厦门市政府于2007年12月宣布将环境评测报告在厦门市委主办的网站上公开发布，关于是否停止建设PX项目，网站提供了若干选择方案，市民可通过电话、邮件和座谈会等方式表态。当年12月8日，厦门网上开通了投票平台，明确列出"支持"或"反对"PX项目的选项，还设置了专门的论坛，供网民发表自己的观点。投票的最终结果显示，有超过5.5万张反对票，表示支持的只有3000余票。最终，福建省决定将PX项目迁离厦门。可见，政府在制定改革方案时充分吸纳了群众的意见，最大范围地凝聚了改革共识。政府在制定改革方案时绝不能"闭门造车"，必须通过建立社会参与机制，反复听取群众意见和建议，反映群众的要求和呼声①。

2007年之后，许多由官方建立的民意表达渠道出现在网络上。2007

---

① 《让群众成为改革的参与者》，2014年6月6日，中国共产党新闻网，http://dangjian.people.com.cn/n/2014/0606/c117092-25114736.html，最后浏览日期：2023年8月10日。

年,山东省在全国范围内首先推行了"行政立法草案意见征集系统",网民可以在山东政府法制网上对即将出台的法律法规草案发表自己的看法。2008年,江苏省内多家具有官方背景的网络媒体开设了《我为江苏科学发展建言献策》的专栏,广泛征集网民的意见和建议。2008年1月,杭州市政府门户网站上展示了《政府工作报告》的征求意见稿,并公示为期一周的时间。其间,杭州市民可以通过电子邮件或在政府网站上发表意见。公示结束后,杭州市政府根据公示中接收到的意见和建议,对报告进行修改后方才提交市人民代表大会审议。

三、互联网打开政府与人民对话的大门

2003年以后,政府面对积极参与的网民及其声音,开始以多种形式与普通网民直接对话。网民通过网络发声甚至有可能引发高层关注,获得与权力机构、政府官员进行对话的机会。

2003年初,账户名为"我为伊狂"的深圳网民呙中校发表了一篇两万字长文——《深圳,你被谁抛弃?》,深刻地分析了深圳存在的现实问题。该文在"强国论坛"和新华网上刊登后迅速被各大网络平台转载,新浪网还为之制作了专题。深圳政府获知这一消息后,专门组织各级官员细细研读。在《南方都市报》跟进报道后,呙中校通过电子邮件联系上该报,表示愿与市长见面。记者随后将这一信息反馈给当时的深圳市市长,后者答应与呙中校直接对话。2003年1月19日,两人见面并对话两个多小时。这次会面可以说开创了我国行政官员与网上批评者直接当面交流的先河。对于城市的宏观决策,以往只有体制内的精英才有机会参与商议,而呙中校作为一个极其普通的网民,凭借网络的力量获得了与高层对话的机会,凸显了互联网在推动官民对话的过程中所具有的独特意义。

该事件之后,行政官员与网民直接对话的活动日益增多。2003年12月,时任外交部部长李肇星通过外交部网站"中国外交论坛"和新华网"发展论坛"与网友进行在线交流。2007年2月,时任湖南省省委书记张春贤在红网论坛用实名注册,发帖向网友拜年,引发大量网民跟帖。2008年2月,

时任广东省省委书记汪洋给广东网民写信,欢迎网民为广东的发展"灌水""拍砖"。2008 年 4 月,汪洋又召开座谈会直接会见网友。上述这些互动和会面表明我国政府肯定了网络民意在公共决策中的重要作用,互联网作为一种实现公民有序参政的合理形式得到了认可。

此外,随着博客等网络形式的出现,一些有机会参与公共决策的专业人士也通过在线交流听取网民意见,进而作为其参政的民意依据。2006 年 1 月 13 日,正值浙江省"两会"开幕前夕,政协委员肖锋在浙江在线上开设了自己的博客。1 月 15 日,肖锋利用午休时间写了《我看到的政协开幕式盛况》,13 点 32 分就发到了自己的博客上。肖锋就此成为我国首个开通"两会博客"的代表。随后,十余名浙江的"两会"代表在该网站上开通了自己的博客。在紧接着召开的全国"两会"上,人民网的强国博客于 3 月 1 日开通了"两会博客"服务,召集部分代表委员在"两会博客"上发文。"两会博客"开通不到一天,就发表 250 多篇文章,网民评论 400 多条,访问量突破 10 万次①。一名网友把自己所写的《关于加强历史村镇文化遗产保护的思考建议》通过博客传达给参与"两会"的委员张虎生,希望他能转交大会秘书处。该"建议"阐述了历史村镇文化遗产保护的重要性和紧迫性,并提出了对策与建议。这些博客的开通使得代表委员的形象更加有亲和力,拉近了他们与民众的距离。

四、互联网为高品质的民间言论提供平台

这一时期,"受制于网络带宽和上网成本的制约,互联网的核心适用人群依然是高学历、高收入的知识精英,这一人群同时也是支撑传媒业话语权的关键受众"②。互联网为各界的优秀人才提供了通过互联网参与公共讨

---

① 《今年两会新看点 代表委员人民网上开"两会博客"》,2006 年 3 月 6 日,搜狐网,http://news.sohu.com/20060305/n242131264.shtml,最后浏览日期:2023 年 8 月 1 日。

② 李良荣、辛艳艳:《从 2G 到 5G:技术驱动下的中国传媒业变革》,《新闻大学》2020 年第 7 期,第 53—54 页。

论的机会,也使这一时期的诸多网络事件在整体上呈现出理性、平和的特征。

博客、论坛等平台的文字往往是以"长文"的形式发表,这种写作本身需要较高的文化和写作水平。前文所述的《深圳,你被谁抛弃?》一文之所以引爆市民的集体情绪,得到网民的推崇和行政官员的讨论,关键在于该文资料详实、分析细致、思想深刻。作者通过收集与分析信息,用简洁明快的文字理性地对深圳市的行政效率、治安、交通、城市管理、外来人口、生活压力等多方面提出批评,把每个人都深有觉察但并不明晰的问题充分地呈现了出来。

2005年在天涯论坛有关"华南虎事件"的讨论中,具有专业知识的人士发挥了重要的作用。在讨论的前期,理工科专家运用技术手段对老虎照片进行了鉴别,如网友"黑猩猩"和"桑丘"分别用线性代数和计算机视觉技术的方法证明老虎是"平面的"。这两位网友分别是北京市政府的IT工程师和上海交通大学机械制造自动化专业的博士。这些具有专业技术背景的知识分子以理性和科学的分析方式论证了自己的观点,他们科学严谨的论述方式赢得了广大网友的信服。随着事态的发展,讨论该事件的焦点由技术层面转移到人文层面,诸多人文社科专业的知识分子纷纷参与事件的讨论。虽然这些人的学科背景不同,观点不一,但他们都保持着理性,发言不盲从、不偏激。此外,具有专业媒体背景的记者同样发挥了重要作用。这些以知识分子为主力的,具有理性批判意识的公众在本次事件中的理性讨论发挥了巨大的作用,引导着舆论向理性、平和的方向发展。

第三章

3G 时代：全面融通与深度变革的时代

2009年1月7日，工业和信息化部批准中国移动、中国电信、中国联通三大电信运营商的第三代移动通信（3G）业务经营许可，标志着中国移动互联网全面进入3G时代。相较于2G网络，3G的传输速度更快、传播范围更广，并且具备支持多媒体业务的能力。同时，网络终端在3G时代也更加智能化，智能手机的大规模普及将网络应用带入移动互联网时代。信息技术的每一次跨越式发展都会促成信息传播格局的巨大变化，并将信息传播变革产生的影响带入深层的社会肌理，涉及政治、经济、社会、文化多个层面，深刻地改变了一个阶段社会生活的基本面貌。3G移动网络的部署和智能手机的普及重塑了人们传播信息的方式，也重构了社会生态，并引发了新闻和舆论从生产到传播、从内容到形式的全面变革，开启了网络新闻舆论发展的新篇章。

第一节 技术领域风云变化

智能手机重新定义了人机交互方式，终端触控时代到来，操作系统和应用软件生态成为媒介竞争的主战场，技术创新在软件、硬件两个方面同步进行。智能手机的便携性进一步突破了信息传播的时空限制，移动上网促成了新的传播图景。

一、智能手机替代功能手机

智能手机登上历史舞台,功能手机逐步退出市场。智能手机指可以安装和卸载第三方程序,拥有独立的操作系统,通过移动通信网络进行网络接入的手机。它最大的特点就是可以像电脑一样订制应用软件,从而实现应用功能的拓展,满足用户的个性化需求。

美国苹果公司于 2007 年 6 月推出了 iPhone 手机,被视作智能手机时代的开山之作。这款手机设计了以触摸屏为操作方式的用户界面(user interface,简称 UI),加载了电脑常用的 Web 浏览器和电子邮件功能,用户可以像使用电脑一样使用它。几个月后,美国谷歌公司于 2007 年 11 月上线了智能手机操作系统安卓(Android)。微软在看到智能手机的广阔前景后,也进入智能手机操作系统领域,并于 2009 年 2 月面向普通消费者推出了"Windows Mobile 6.5"和"Windows Phone 7"系统。

智能手机的出现改变了终端设备的多场景应用拓展,更重要的是它重新定义了人机交互方式。在功能手机时代,屏幕仅用于视觉感知,智能手机的屏幕具有触控功能,人机交互的屏幕触控时代到来,屏幕取代了按键,改变了用户使用指端的方式,触控方式逐步成为各类终端的标配。

从功能手机到智能手机的发展重塑了手机产业的格局:苹果迅速成长为手机巨头,以三星为代表的搭载安卓系统的手机制造商纷纷崛起,诺基亚、摩托罗拉等传统手机厂商未能把握住手机迭代的趋势,逐步退出市场。随着手机厂商之间的竞争加剧,搭载安卓系统的智能手机不断下探价格,推动了智能手机的大规模普及。与此同时,在智能手机操作系统层面逐步形成了安卓与 iOS 分庭抗礼的局面。在智能手机发展早期,市场上有多个操作系统争夺市场份额,比较有市场竞争力的有诺基亚的塞班系统、诺基亚与微软联合研发的 WP(Windows Phone)系统、谷歌的安卓系统、苹果的 iOS 系统。但是,塞班和 WP 没有构筑起软件生态,快速出局,安卓和 iOS 实力相当,最终分割市场。

二、定点上网转变为移动用网

在智能手机出现之前,人们主要是通过电脑终端上网,电脑上网也以有线网络为主。随着移动通信技术的迅猛发展和智能手机的快速普及,人们的上网方式发生了巨大变化,即由固定方式转变为移动方式。

手机应用软件大规模上线在实现移动用网方式的转变上起到了重要的推动作用。在苹果公司和安卓公司推出的两款智能手机操作系统之后,各大互联网公司纷纷将业务重点从 PC 端转向手机端,开发适用于两大操作系统的各种应用软件,抢占智能手机的应用市场。从 2008 年开始,百度、腾讯、360 等互联网公司相继推出手机浏览器,优酷、土豆等互联网公司则尝试与手机硬件厂商合作,将各种应用预安装在手机中,软件公司的全面加入促使软件生态的建立。软件生态逐步成为智能手机竞争的主战场,生态的完善和便利化让用户越来越依赖智能手机,手机开始"器官化"。手机 OTT (over the top,即互联网公司越过运营商)应用的竞争在短期内就进入白热化阶段,催生出多个超级应用软件。以腾讯公司的微信和阿里巴巴旗下的支付宝为代表的超级软件为中心,形成了操作系统上的次级软件生态。这些超级软件整合了多种应用场景,向日常生活的各个领域不断渗透,逐渐发展成为数据枢纽。

智能手机的普及使移动互联网迅猛发展,用户在任何时间、任何地点都可以收发信息,随之而来的是信息传播的碎片化,深度阅读和系统化认知被侵蚀,沉浸式的手机使用体验开始改变现实中的社会交往。与此同时,人们生活和工作的节奏不断加快,休息与学习、工作之间的边界越来越模糊。

三、PC 开始让位于手机

在 3G 时代,智能手机在与电脑的竞争中大获全胜。不过,这个过程是逐步和分阶段进行的,人们将注意力转移到手机上至少经历了三个步骤。第一步是智能手机通信软件替代了同功能的电脑软件。这个过程主要借助

QQ 与微信完成的。第二步是手机购物打败电脑购物。手机支付功能逐步完善后,购物流程都能通过手机完成。同时,手机具备物流实时跟踪和线上即时比价的功能,相较于电脑端,手机的优势越发明显,淘宝"双十一"购物节助推了这一进程。第三步是手机娱乐战胜电脑娱乐,小说、音乐、视频、游戏等娱乐软件搭载智能手机,为用户提供了良好的视听体验,随身娱乐的便利性不断挤压网民使用电脑的时间。在 3G 时代,通信技术和智能手机软硬件的同步发展使智能手机全方位地超越了电脑,以社交和娱乐两个方面最为突出。

智能手机的深度使用让用户日益习惯通过小屏幕获取信息,相较于电影、电视、电脑等多人分享的大屏幕,小屏幕构建起一种单人与手机的人机互动关系。同时,网络使用场景从公共场域向私人领域的变迁导致智能手机的使用更加私密化。

四、新的传播图景逐步生成

以 3G 技术和智能手机为代表的新传播技术重构了信息传播图景,交互是新传播图景的最显著特征。移动互联网技术逐渐模糊了人们建立起来的关于人际传播、群体传播、大众传播等不同传播类型的概念和界限,以往通过不同渠道获知的信息都被整合在一台终端机器里。通过软件传输,手机甚至促成了"对话式"的人际传播与"独白式"的大众传播的真正汇流。网络上点对点、点对多、多对多、多对点的传播结构在 3G 时代变得更加便捷。但是,对于用户来说,智能手机是所有传播结构的出口,用户与手机建立的信息传输关系更多是一种人际传播的体验。3G 手机具有出色的便携性,用户可以随时随地进行语音通话、视频通话,音频、视频的高质量即时传输让仿真交流成为可能。随着人工智能的发展,网络服务的界面不断拟人化,信息需求定位更加精准,人机交互也开始具备人际互动的特征,交互体验取代单向的被动接受体验成为用户习惯的信息传播关系。

第二节　网络社会的解构与重构

在3G时代,网络用户在数量和结构上都有了根本性的改变,并完成了中国互联网使用的"大飞跃",基本实现了网络的普及。具体表现为,带着草根标签的普通人代替社会精英分子,成为主要的网络用户,网络媒体的地位也从信息传播工具跃升为基本生活工具。

一、网民数量激增

CNNIC在2009年1月发布的报告显示,截至2008年底,中国网民规模达到2.98亿人(图3-1),对比2007年有较大幅度的增长。这一年,互联网普及率达到22.6%,略高于全球平均水平(21.9%)。在2008年6月发布的报告显示,中国的网民规模已经超过美国,跃升为全球第一①。

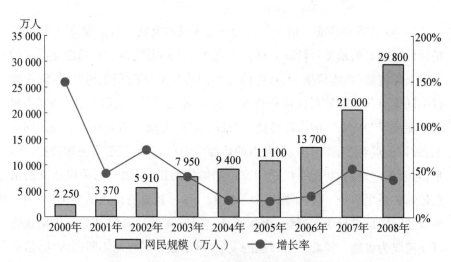

图3-1　2000—2008年我国网民规模的变化情况

---

①　数据来源:2009年CNNIC发布的《第23次中国互联网络发展状况调查统计报告》。

手机上网从 2008 年开始步入持续上升的通道,根据《第 23 次中国互联网络发展状况调查统计报告》,截至 2008 年,使用手机上网的网民达到 1.176 亿人,较 2007 年增长一倍多,手机网民占整体网民的比例达到 39.5%[①]。但是,手机网民的比例在 2009 年末时直接跃升到 60.8%。2009 年是手机上网爆发式增长的一年,5 年后,这个数据又稳步增长了 20% 多(图 3-2)。

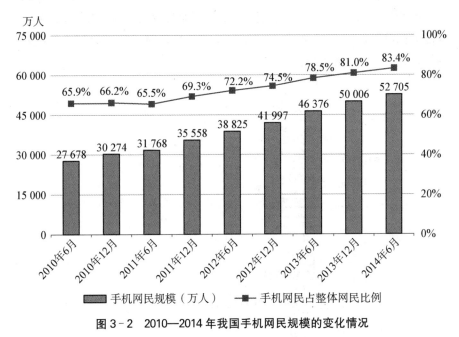

图 3-2 2010—2014 年我国手机网民规模的变化情况

二、普通用户涌入网络

在 3G 时代,终端设备价格和用网成本不断下降,为了方便更多的用户使用,智能手机的操作也越来越便利,网络逐渐成为人们日常生活的一部分。网络使用门槛的下降使普通人成为网络用户的主体人群,普通用户代

---

① 数据来源:2009 年 CNNIC 发布的《第 23 次中国互联网络发展状况调查统计报告》。

替精英人群,成为这一时期网民群体的显著标签。与此同时,网络内容也开始走向通俗化。

2008—2014年,我国网民的总体特征表现为"三低",即低龄、低学历、低收入。2008年与网民职业有关的统计数据显示,学生是网络的主要用户,当年新增网民的数量中,44.1%是学生(图3-3)①。到2014年,学生占网民整体的比例下降了近20%,为24.9%,个体户/自由职业者和企业/公司一般职员的占比有所上升,个体户/自由职业者成为继学生之后的第二大网民群体(图3-4)②。在3G时代,学生一直都是网络的主要用户,这也是网民总体年龄偏低的原因。

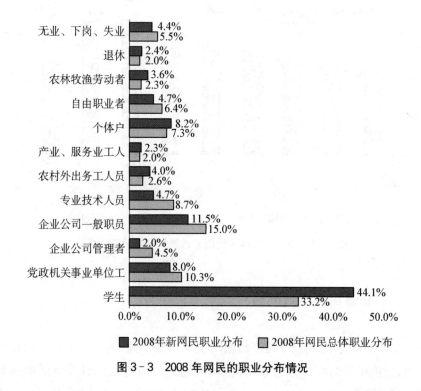

图3-3 2008年网民的职业分布情况

---

① 数据来源:2009年CNNIC发布的《2008—2009中国新网民上网行为调查报告》。

② 数据来源:2014年CNNIC发布的《2013—2014年中国移动互联网调查研究报告》。

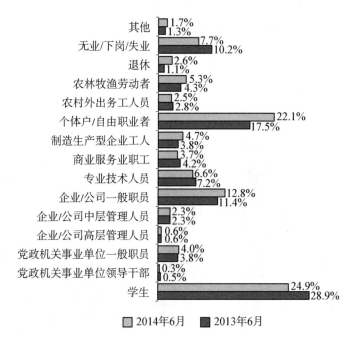

图3-4　2013年6月、2014年6月我国手机网民职业结构

从学历分布来看,在2008年,80.6%的新网民仅有初中和高中学历,反映出在社会网络用户的非学生网民中,初中和高中/中专/技校学历的群体占比较高(表3-1)①。

表3-1　2008年新网民中学生和非学生群体的学历分布情况

学历	学生新网民	非学生新网民	新网民总体
小学及以下	9.4%	3.8%	6.2%
初中	51.2%	39.4%	44.5%
高中/中专/技校	31.4%	39.8%	36.1%
大专	3.8%	12.2%	8.5%
大学本科	4.3%	4.7%	4.5%
硕士及以上	0.0%	0.1%	0.1%
合计	100.0%	100.0%	100.0%

---

① 数据来源:2009年CNNIC发布的《2008—2009中国新网民上网行为调查报告》。

到 2014 年,网民群体学历水平偏低的状况没有太大变化。初中学历和高中/中专/技校学历的手机网民占比为 67.4%,虽然大专及以上学历人群占比有所增加,但网民总体的学历水平依然偏低(图 3-5)①。

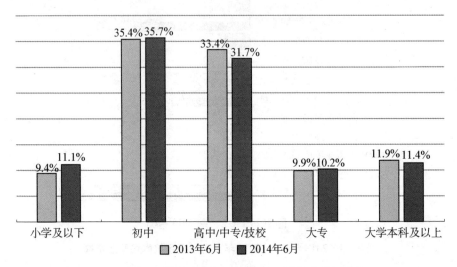

图 3-5　2013 年 6 月、2014 年 6 月手机网民学历结构

从收入情况看,大多数网民都是中低收入人群。2008 年的新网民中,有 41.3% 的网民月收入在 500 元以下;在总体网民中,500 元以下收入的人群占比为 26%,而且新网民的收入水平整体上低于全国网民总体的收入水平(图 3-6)。

到 2014 年,我国手机网民中月收入在 3 000 元以上的人群占比达 34%,低收入群体的占比大幅降低,与 3G 刚起步的 2008 年相比,网民整体的收入明显提高,主要网民群体从 500 元以下收入提高到 3 000 元以上(图 3-7)。虽然主要群体的收入有了大幅增加,但高收入网民的比例仍然较低。这一数据表明,在 3G 时代,低收入群体依然是主流人群,不过也反映出 4G 时代正迎来迅速崛起的中产阶级。

---

　①　数据来源:2014 年 CNNIC 发布的《2013—2014 年中国移动互联网调查研究报告》。

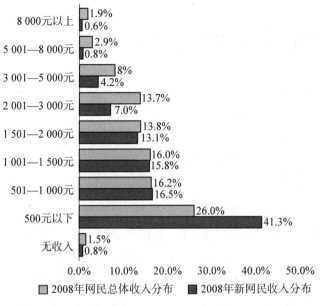

图 3-6　2008 年网民收入情况①

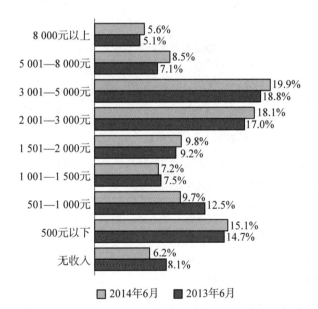

图 3-7　2013 年 6 月、2014 年 6 月网民收入分布情况②

---

① 数据来源：2009 年 CNNIC 发布的《2008—2009 中国新网民上网行为调查报告》
② 数据来源：2014 年 CNNIC 发布的《2013—2014 年中国移动互联网调查研究报告》。

三、网络由生活工具变为生活本体

在 3G 网络时代,网民花费越来越多的时间栖息在网络中,智能手机的功能不断整合增强,手机上网已经成为人们生活中不可分割的一部分,网络从媒体变成一种生活方式。以智能手机为主要终端的移动网络开始逐渐渗透和影响人们生活中的各个领域,并且重塑着个人、家庭、社区、社会等多个层面的生活方式。

2008 年,CNNIC 就新网民和总体网民使用网络后对生活形态的感受进行了调查,从调查结果看,新网民和总体网民主要将网络定义为社交工具,说明智能手机在介入网民生活时首先推动了人际交往。生活助手是网民赋予网络的第二种形象,仅次于交往工具。从网民的感受来看,网络还是作为辅助工具出现在人们的生活中,网民对网络的依赖程度还不严重(表 3－2)[①]。

表 3－2 2008 年网民对互联网的印象

分类	语句	新网民认同度	总体网民认同度
生活助手	离了互联网,我无法工作学习	35.7%	39.0%
	没有互联网,我的娱乐生活会很单调	53.2%	59.1%
	网上办事减少了我很多亲临实地的麻烦	62.4%	69.3%
信息渠道	重大新闻我一般都首先从互联网上看到	57.1%	61.8%
	遇到问题时,我首先会去网上找答案	60.7%	64.6%
交往工具	通过互联网我认识了很多新朋友	70.2%	65.4%
	互联网加强了我与朋友的联系	82.6%	82.5%
社会隔离	互联网时代,我感觉更孤单	21.7%	19.9%
	互联网减少了我与家人相处的时间	28.7%	29.0%

---

① 数据来源:2009 年 CNNIC 发布的《2008—2009 中国新网民上网行为调查报告》。

续 表

分类	语句	新网民认同度	总体网民认同度
网络信任与安全	我在互联网上填写注册信息是真实的	43.8%	47.5%
	在网上进行交易是安全的	21.4%	27.6%
社会参与	互联网是我发表意见的主要渠道	42.9%	41.9%
	上网以后,我比以前更加关注社会事件	77.7%	76.9%

到2014年,网民对手机上网的依赖程度已经有了质的变化。根据调查,2014年,有36.4%的手机网民属于每天上网4个小时以上的重度用户。具体而言,每天实时在线的极重度手机用户比例为21.8%,每天至少使用手机上网一次的手机用户比例达到87.8%,还有66.1%的手机用户每天多次使用手机上网。除了深度使用手机上网外,智能手机对人们生活的影响面也不断扩大。得益于应用软件不断丰富,社会生活的各个方面都被搬到移动网络上(表3-3)①。手机通信、手机娱乐、手机支付、手机餐饮、手机旅游等网络应用将各种类型的生活细分场景通过手机终端实现了线上与线下的连接,手机成为解决各种事务的综合窗口,用户对手机的依赖度不断提高。

表3-3 2013—2014年网络应用图景

应用	2014年6月		2013年6月		年增长率
	用户规模(万人)	网民使用率	用户规模(万人)	网民使用率	
手机即时通信	45 921	87.1%	39 735	85.7%	15.6%
手机搜索	40 583	77.0%	32 431	69.9%	25.1%
手机网络新闻	39 087	74.2%	31 356	67.6%	24.7%
手机网络音乐	35 462	67.3%	24 388	52.6%	45.4%

① 数据来源:2014年CNNIC发布的《2013—2014年中国移动互联网调查研究报告》。

续表

应用	2014年6月 用户规模（万人）	网民使用率	2013年6月 用户规模（万人）	网民使用率	年增长率
手机网络视频	29 378	55.7%	15 961	34.4%	84.1%
手机网络游戏	25 182	47.8%	16 128	34.8%	56.0%
手机网络文学	22 211	42.1%	20 370	43.9%	9.0%
手机网上支付	20 509	38.9%	7 911	17.1%	159.2%
手机网络购物	20 499	38.9%	7 636	16.5%	168.5%
手机微博	18 851	35.8%	22 951	49.5%	−17.9%
手机网上银行	18 316	34.8%	7 236	15.6%	153.1%
手机邮件	14 827	28.1%	12 641	27.3%	17.3%
手机社交网站	13 387	25.4%	19 565	42.2%	−31.6%
手机团购	10 220	19.4%	3 131	6.8%	226.4%
手机旅行预订	7 537	14.3%	3 493	7.5%	115.8%

四、网络公共参与的深化

在3G网络时代，中国互联网进入一个新的历史发展阶段，移动互联网让个体网民真正成了一手信源。尤其是视频的普及和应用，使网络媒体对社会舆论的影响上升到一个新台阶，民众开始深度参与社会治理，这个过程是自上而下和自下而上两种力量共同作用的结果。

一方面，领导人对网络意见高度关注，网络成为反映民情民意的重要通道。2008年6月20日上午，时任中共中央总书记、国家主席、中央军委主席的胡锦涛来到人民网，与网友"零距离接触"。这是中国最高领导人第一次直接与网民对话。胡锦涛明确表示，"我们强调以人为本、执政为民，因此做事情、做决策，都需要广泛听取人民群众的意见，集中人民群众的智慧。通过互联网来了解民情、汇聚民智,也是一个重要的渠道"①。党和国家最高领导人与网民进行线上交流的做法充分说明网络已经成为汇聚群众意见的场域,国家的高度重视使网络从信息传播渠道升格为国家治理渠道。

另一方面,移动互联网使网民的意见受到比以往程度更高的重视,网民通过网络积极主动地参与社会事务,网络成为民众表达声音的扩音器。

在新浪于2009年推出微博之后,普通网民可以更直接地参与公共事件的讨论。例如,在2013年初公安部颁发的新交通法规中,"加大对黄灯的处罚力度"的相关内容引起了网民的热议。在微博平台上,新浪官方发起了"闯黄灯暂不罚"的话题,截至2013年1月2日晚,转发与回复数量竟高达6 101 574条。对于此项规定,网民们在微博上各抒己见,一些网民质疑"闯红灯扣六分"的规定是否与法律相抵触,也有网民指出该规定可能会"导致司机难以及时刹车"。在微博引发热议之后,包括《新京报》在内的主流媒体纷纷跟进报道。2013年1月3日,公安部公开表示,在修订后的《机动车驾驶证申领和使用规定》实施期间会认真听取群众的合理建议,加快交通信号灯设置的进度,加强对不规范现象的整改力度。

以微博为代表的移动互联网平台的出现让网民可以更加便捷地了解各方面的信息,也让网民可以随时随地地分享自己的想法与观点,政府部门对网络热点的重视程度也大大提升。

第三节 新闻业态发生变化

在3G时代,新闻领域的格局发生了深刻的改变,自媒体介入新闻生产和注意力日渐稀缺的情况下,新闻消费主义悄然抬头,并对新闻专业理念产生了冲击。新闻消费主义以受众需求为导向进行新闻生产,主要表现为"硬新闻"软化、新闻娱乐化等。

---

① 《中国最高领导人首次同网民在线交流》,2008年6月20日,中国新闻网,http://www.chinanews.com/gn/news/2008/06-20/1287910.shtml,最后浏览日期:2022年9月15日。

一、硬新闻"软化"

"硬新闻"与"软新闻"是新闻学中的一组基础概念,包含对理念和实践的总体认识,针对这两个相对的概念,学界和业界的观点并不相同。通常而言,硬新闻指题材比较严肃,对内容要求比较严谨的新闻,这类新闻强调思想和内容的权威性,对于受众来说,阅读此类新闻的主要报偿是获取信息。政治议题、突发事件等报道方式一般都属于硬新闻。软新闻指不以通告信息为主要目的,偏向迎合受众兴趣的新闻。软新闻往往选择社会新闻作为报道对象,在写作上往往采用非虚构叙事的手法,擅长情感调动。

李良荣教授给硬新闻和软新闻作了如下定义:硬新闻是关系国计民生和人们切身利益的新闻,典型的硬新闻包括时政新闻、经济新闻和一些重大的社会新闻,如疾病流行、重大灾难事故等;软新闻是富有人情味、纯知识、纯趣味的新闻,它与人们的切身利益并无直接关系①。由此可见,利益关切程度是衡量一条新闻是否为硬新闻的一个重要标准。在传统新闻生产领域,新闻工作者对硬新闻和软新闻的界限是有明确划分的,但在3G时代,大量未受过职业教育的普通网民得到技术赋权参与新闻内容的生产,传统媒体的优势不复存在,新闻生产权力不断被消解。网民在传播新闻时总是依据个人的喜好选择题材,而不是根据事件对于社会的利益关切程度,大多数网民并不具备大众媒体的"俯视效应"②。而且,网民通过个性化的风格来呈现新闻,会导致新闻的客观性和严肃性不断降低。在3G时代,硬新闻和软新闻的界限越来越模糊,硬新闻开始表现出软化的趋势。

硬新闻软化的动力来自普通网民的冲击,但这个现象并非局限于自媒体,它是这一阶段新闻领域中出现的普遍趋势。自媒体发布的新闻在真实性和接近性方面比大众媒体更有优势。首先,网民的信息很多都是来自第一现场,信息的内容也没有太多加工痕迹。对于受众来说,这样的新闻更加

---

① 李良荣:《新闻学概论》(第七版),复旦大学出版社2021年版,第34页。
② 大众媒体的从业人员在对社会的感知方面高于受众的平均水平,媒体选择新闻是能够站在更宏观的层面判断新闻事件的价值,保证更有价值的信息进入传播通道。

"原生态"、更可信。其次,网民都是从普通人的个人视角出发,作为普通大众中的个体,他们更了解普通人关心的问题,更熟悉普通人的心态,传播的信息更容易与受众产生共鸣和共情的效应。普通网民的报道方式逐渐改变了普通受众接受新闻的习惯和喜好,对于大众媒体来说,它们不得不被动地适应受众的这种变化。这也导致硬新闻软化的实践从自媒体传导到大众媒体层面,继而成为新闻生产领域的总体特征。

在大众媒体层面,"新闻脱口秀"类节目的出现可被视作硬新闻软化的主要形式。自 2010 年开始,幽默评论风格与严肃话题相结合的脱口秀节目陆续在国内各大电视台上播出。"秀"成为这类电视节目最显著的标签,演播厅在音乐、灯光的配合下被打造成一个风格更活泼的秀场,主持人在着装、表情、姿势、语言、语调等方面也进行了大幅度改变,总体趋势就是新闻评论类节目融入了更多的主观色彩。其中,比较有代表性的节目有福州一套于 2011 年播出的《聊斋夜话》(图 3-8)等。

图 3-8 聊斋夜话

新闻脱口秀节目在硬新闻和软新闻之间找到了一种平衡,采用受众喜欢的故事化、情感化的手段,将重大的政治、经济、社会议题传达给受众,通过个性化的方式传播主流的价值判断,既吸引了受众的注意力,也传递了信息。

不过,硬新闻的软化本身就是以"眼球经济"为导向的,很容易走向极端。在新闻实践中,一些新闻媒体片面地追求经济利益,不遗余力地"吸睛",刻意从严肃话题中寻找娱乐价值,主持人的风格也被塑造得过度个性化,不少新闻节目已经脱离了新闻的范畴,反而带来了负面影响。

二、新闻出现过度娱乐化的倾向

在西方理论界,娱乐是大众传媒的一个功能,娱乐新闻与新闻的娱乐化也是大众媒介普遍存在的现象。娱乐新闻和新闻的娱乐化是两个完全不同的概念,前者是一种新闻类型,后者反映出新闻理念的一种变化。从现有的定义看,娱乐新闻指报道舞台、银幕各种娱乐活动的内容或行为的新闻,它是文化报道的组成部分,有较强的可读性、趣味性,客观上起着引导人民娱乐和通过娱乐影响人们文化素质的作用[①]。从这个定义可见,人们常说的娱乐新闻专门指以娱乐界为报道对象的新闻;新闻的娱乐化可以理解为"在新闻生产的部分或全部环节中,娱乐元素被尽可能引入或突出的一种运作手段、内容呈现和发展趋势"[②],是新闻事实的娱乐化报道方式。娱乐新闻是一种特殊题材的新闻类别,新闻娱乐化则是一种趋势,人们通常会认为是新闻的娱乐化给新闻带来了负面作用。

我国的新闻娱乐化现象出现于20世纪80年代,在改革开放的大背景下,新闻媒体的体制有所改革,传媒被推向了市场。面对激烈的竞争,媒体开始从受众的视角出发进行新闻生产,报业首先出现了新闻娱乐化的趋势。其中,都市报最为明显,"三俗"新闻也随之出现。在3G时代,媒体的娱乐化趋势在深度和广度上较之以往都有了进一步的发展,新闻媒体在注意力经济的驱动下,新闻娱乐化成为新闻传播中的普遍现象。

在这一时期,新闻的娱乐化已经全面渗透到各种类型的新闻报道中,而且表现出过度娱乐化的趋势,甚至"两会"报道、社会新闻等严肃的新闻都可以通过娱乐化的方式呈现,媒体在报道时也刻意追求戏剧化的夸张效果。

一则有典型意义的过度娱乐化新闻是2013年发生在美国的"加拿大籍华裔蓝可儿在美离奇死亡案件",当事人蓝可儿在电梯闭路摄像镜头中的一系列怪异行为引发了网民的关注和讨论。

2013年1月31日,加拿大籍华裔蓝可儿在美国洛杉矶市失踪,失踪前她入住市中心贫民区旁的塞西尔酒店。事件发生后,当地媒体公布了美国警方提供的蓝可儿失踪前一天在入住酒店电梯内的监控视频。视频显示,

---

① 冯健:《中国新闻实用大辞典》,新华出版社1996年版,第52页。
② 罗亚:《制造快乐:走向娱乐的新闻技巧——对中国传媒新闻娱乐化的实证研究》,复旦大学2005年博士学位论文,第8页。

蓝可儿在电梯中做出了一系列非常诡异的举动。该事件的"离奇性"导致视频一经发布就引来广泛关注。2月19日,蓝可儿的尸体被发现在她所住酒店顶楼的水箱中。2013年6月20日,警方对外宣称,蓝可儿系意外溺亡。但是,警察的调查结论并没有终结网络热议。这个事件之所以能引起网民的大讨论,主要是因为视频中蓝可儿的诡异行为。闭路电视显示,蓝可儿进入酒店电梯后将全部楼层的按钮都按了一次,随后躲在电梯外不容易被看见的角落处,约10秒后,蓝可儿将头伸出电梯查看,并走出电梯;随后,她在电梯外站了大约30秒,双手抱头又进入电梯,然后又将楼层按钮全部按了一遍,最后走出电梯,消失在监控镜头里。

蓝可儿失踪事件从发生后就一直霸占美国话题榜,新闻媒体也进行了大篇幅的报道,"诡异""离奇""灵异"等字眼出现在媒体报道的标题和内容中。可见,各路媒体的报道在有意地迎合网民对该事件的看法,短时间内,网民和媒体合作上演了一出"灵异"闹剧。

新闻娱乐化惯于使用感官刺激来满足受众的窥私、猎奇等不良心理,带来的负面影响表现在两个方面:其一是导致严肃新闻的庸俗化和浅薄化,受众只顾满足一时的心理快感,忽视新闻反映的深层社会问题,最终会严重影响社会的治理和受众的精神追求;其二是促使大众媒体的新闻生产进一步异化,形成"万事皆可娱"的风气,导致新闻媒体将经济效益放在第一位,带偏整个内容生产的导向。

针对新闻过度娱乐化的现象,我国相关部门加大了治理力度。国家广电总局于2011年7月专门召开了"关于防止部分广播电视节目过度娱乐化座谈会",并于同年10月下旬下发《关于进一步加强电视上星综合频道节目管理的意见》,提出自2012年1月1日起,对部分类型节目的播出实施调控,以防止过度娱乐化。

三、反转新闻大量出现

在新闻娱乐化的大背景下,新闻的"反转"频现,成为业界和学界共同关注的问题。反转新闻指一条新闻报道刚出现时,在事实的基础上引导舆论形成强势意见,但随着更多事件信息的披露,新闻事件的真实状况与最初新闻报道的情况出现较大的偏差,导致公众舆论态度发生反转的现象。在反转新闻中,同一个事件在不同时间段所呈现的情况不一样,经常是后续报道的新闻事实与首发报道的新闻事实存在较大差距,而且首发报道存在误报、漏报、瞒报的情况。

反转新闻出现的主要原因是首发报道失真。导致这一问题的原因是多方面的:有的是信息源头的人为造假,事件当事人出于各种目的捏造事实、编造谎言,而自媒体和主流媒体为了抢时间,便在未经证实的情况下发布消息;有的是事件本身造成的,当前的新闻讲究实时报道,自媒体和记者接触的新闻事件大多处在发展过程中,本身信息就有限,基于已有的信息难以还原真实情况;还有的是媒体根据有限的事实片段,通过所谓的"合理想象"导致的报道失实。总体来说,首发报道失实是激烈竞争下的产物,媒体为了吸引网民注意力,只求在第一时间发布报道而无暇求证真伪。反转新闻经常发生在与社会热点议题有关的新闻报道中,这些热点议题是大众普遍关心的问题,往往带有冲突性和争议性,如性别议题下的女司机话题、动物保护议题下的城市宠物话题等。反转新闻本身只是新闻报道的纠偏,我们讨论反转新闻更多是关注它所带来的舆论风向的变化。在反转新闻中,舆论总是从具有争议性的一个立场转向相对应的另一个立场,舆论转向前后的立场都有一定的意见基础。因此,从深层次来看,反转新闻的出现不单纯是媒体报道的问题,也反映了社会转型期的结构性矛盾和不同利益群体之间的冲突。

2013年12月3日,一则题为《老外街头扶摔倒大妈遭讹1800元》的新闻在网络媒体平台疯传,报道了2013年12月2日发生在北京街头的一起交通事故。文章称上午10点半,在北京朝阳区香河园路与左家庄东街路口,一名骑摩托车的外籍男子和一位过马路的中年妇女发生碰撞,事件中操东北口音的大妈在"经过一个骑车老外时突然摔倒,随即瘫软倒地不起",并称外国小伙搀扶被讹,还配有一张图片(图3-9)。消息一上网,就引发了讨论,不少网民展开了针对北京大妈的辱骂攻势。3日晚,北京市公安局官方微博"@平安北京"回应此事,否认了网上流传的"大妈讹人说",指出外籍男子确实存在过失,所谓的 1 800 元也是在警方调解下支付的,包括医药费和急救车费。随后,网络舆情出现了反转,网民将矛头指向消息的发布者。4 日,误传大妈讹诈的"当事摄影师"发表道歉信,向大妈和网友公开道歉。

这次反转新闻的源头就是拍照的"当事摄影师"在不了解前因后果的情况下,靠抓拍猜测"剧情",发布了不实消息,而且相关媒体未经核实就跟随报道。这件小事之所以能够引起广泛的关注,与事件中出现的"讹人""碰瓷"这些敏感因素有关,进一步说明反转新闻总是与老百姓普遍关心的热点话题相关。

图3-9 "北京老外撞大妈"的网传图片

在新闻事件反转中,主流媒体存在的报道失范问题是大家关心的焦点,毕竟主流媒体是守住新闻真实的最后一道防线。虽然反转新闻通常始于社交媒体上的自媒体发帖,但只有经过专业媒体的跟踪报道才能引起广泛的关注,所以媒体失范对反转新闻的出现负有不可推卸的责任。媒体失范的主要表现是未经核实就发布虚假消息和未经核实就转载虚假消息,有时媒体是受限于客观条件没办法在短时间内核实新闻,但仍有一些媒体只要有热点话题出现,不论真实与否都会跟风炒作。不论是何种情况,媒体的失范都会导致公信力下降,会给社会信息传播体系带来负面影响。

澄清事实进而推动新闻反转的力量一般是政府或职能部门、官方媒体、公众和当事方。当前情况下,政府或职能部门是澄清不实报道的主要力量,绝大多数反转事件都是在政府或职能部门介入之后发生逆转。其中,公安部门的通告最具权威性。此外,公众逐渐成为一股不可忽视的反转力量,智能终端的普及使手机拍摄成为普通人面对新闻事件时的条件反射,当某个事件成为热点之后,在现场了解来龙去脉甚至拍摄了完整视频的公众就会出面提供更多的信息。

四、鱼龙混杂的新闻状态

在3G时代,新闻生产已经完全突破新闻采编单位的资格门槛,普通网民成为发布新闻的主体。在突发事件中,在场的网民具有得天独厚的目击优势,所发布的新闻消息能够做到零延迟。同时,刚刚获得技术赋权的普通网民在新闻评论方面保持着高度的热情,针对新闻事件发表的个人言论呈爆炸式增长。大量非专业、非职业的新闻生产者涌入新闻生产和传播的各个环节,网络上真真假假、半真半假的新闻混合在一起。传统的主流媒体面对互联网带来的变化还没有完全适应,为虚假新闻和网络谣言提供了传播空间,加之普通民众网络媒介素养普遍较低,缺乏辨识真假新闻的能力,加剧了这一时期新闻信息的混杂状态。

2011年3月11日,日本发生9.0级大地震并引发特大海啸,导致福岛核电站发生泄漏。我国国内对这一事件高度敏感,并滋生大量网络谣言。有人在网络上散布虚假信息,一时之间,"核辐射会污染海水导致海盐无法食用""含碘的食用盐可防核辐射"等言论迅速蔓延。自2011年3月16日起,浙江、江苏、山东等沿海省份开始出现大规模的购盐潮,并在短时间内扩展到全国,掀起了一场全民抢盐的闹剧(图3-10)。多地超市的食盐被抢购一空,盐价也从每袋几元飙升至数十元。食盐一扫而空,各大超市相继挂出"免战牌",大家便将视线转至酱油。后来,"食盐污染"的说法被官方否定。2011年3月17日,国家发改委发布紧急通知,中国盐业总公司启动应急机制,盐恢复供应,价格也回归正常;3月19日,人们的恐慌情绪渐趋平稳,各地又纷纷上演各式各样的退

图3-10 群众抢购食盐

盐闹剧,引发网友争议。

"抢盐风波"虽然只持续了短短几天的时间,却展示了网络谣言的巨大力量,网民常识缺失和虚假新闻免疫力不足的问题暴露了出来。"核辐射污染食盐""加碘食盐可以防辐射"等信息的广为传播说明普通民众对核辐射的认识几乎是空白的,对于食盐也缺乏必要的认知,暴露出国民科学素养普遍较低的情况。网民对于虚假新闻的免疫力低下使社会风险显示出多点频发的态势。网络加快了新闻信息的流动,新闻数量呈指数级增长,而且微博、微信等移动社交媒体的普及推动新闻阅读出现了"伴随性"。普通网民随时随地都面临着大量新闻信息的冲击,辨识能力的匮乏导致个体在新闻信息的洪流面前无所适从,对于虚假新闻毫无招架之力。

在3G时代,网络空间已经逐步成为社会治理的重要领域,"抢盐风波"将这一议题进一步推向了前台,网络新闻传播的乱象作为网络治理的一个症结被凸显,并在各方之间达成共识。3G时代鱼龙混杂的网络新闻状态是普通民众大量涌入网络的必然结果,它对传统媒体的新闻生产和政府相关职能部门的工作都提出了新的要求,通过社会互信不足带来的情绪焦虑彰显了媒体和政府公信力在网络新闻生产和网络舆论引导方面的基石作用,给网络治理提供了方向。

第四节　新闻内容形态的嬗变

信息技术使媒体能够运用多媒体生产和传播新闻信息,文字的主导地位逐步被图像取代,新闻的"读图时代"来临。同时,以图像为中心的观念重构了新闻的采编逻辑,可视化的大数据作为一种特殊的图像崭露头角。

一、从固态走向液态

在3G时代,新闻的液态特征日益明显,主要表现为:职业记者和社会公众共同参与新闻生产;新闻传播的速度不断加快;新闻生产和传播几乎同步进行;对事件的报道呈现出滚动渐进的过程;相关信息的披露不再有时间上的终点,即使新闻的热度会降温,但当相关或相似的事件出现时,发生过的事件具有再次走热的可能。总体来说,新闻事件永远处在"进行时",即使内容生产会告一段落,但相关的讨论很难终止。

"液态化"不只是新闻领域的特殊现象,英国社会学家齐格蒙特·鲍曼认为现代社会的最大特征就是"液态化"。他对"液态化"的观察和思考是深入和系统的,并先后出版了《液态现代性》《液态时代》等著作来阐释现代社会的这个特征。鲍曼认为,当前的社会结构正在发生变化,以往的社会关系是坚固和沉重的,当前的社会关系则呈现出流动和轻盈的状态。鲍曼将"液态"置于对时间和空间的讨论中,认为液态的根源是现代社会中时间与空间的分离,网络突破了信息传播的时空限制,移动互联网在接收端让每个人都能获取超越自身所在时空的其他时空的信息。他将这种情况看作时空的压缩,即以往每个人都生活在各自的时间和空间之中,不同时空的信息交流需要过程,而现在每个人都生活在所有的时空之中,不同时空似乎重叠起来。

新闻传播领域的"液态化"主要表现在新闻文本微缩化、新闻生产协作化、受众阅读浅表化等方面。微博、微信等自媒体重新定义了单条信息的长度,前者将文本限定在140字以内,后者的用户在发布朋友圈状态时常常是一句话、一个词、一个字、一张图片。可见,快节奏的生活和瞬时出现的情感表达意愿没有给用户留出更多的思考和组织文字的时间,使用最贴切和精辟的语言符号表达最丰富、最深刻的意义成为网络用户的新追求。液态新闻最重要的表现形式就是单一生产到协作生产的转变,即新闻的生产已经不再由一个人独立完成。新闻常常会经历网络自媒体披露事件、提供线索—主流媒体全面、深度还原—网民补充、讨论的三段式过程。在信息接受层面,碎片化导致人们的浅阅读成为常态,大多数受众追求信息接受中单纯的感官体验,对信息的观察呈现出扫描式的浏览,喜欢一目了然地获取信息,对于需要消耗时间和精力的信息缺乏耐心。浅阅读的结果是导致图片新闻、视频新闻快速发展的一个原因,长期的浅阅读容易引起人们辨别和反思能力的下降。

二、读图时代来临

3G 网络推动着视觉时代的到来,读图成为信息传播中的主导性接受方式。图像相对于文字来说具有直观、生动、信息量大的优势,受限于技术,图片在新闻传播中一直难以成为主流,3G 时代的网络传播速度和以触屏为主要交互方式的智能终端设备的大规模普及加速了图像的应用。长期以来文字都是人们主要的阅读载体,但在这一阶段,图像开始超越文字,成为更受欢迎的信息表现形式。

读图时代的出现主要有三个方面的原因。第一,电子信息技术为图像的传播提供了条件,智能手机搭载了照相机和摄像机功能,使每个手机用户都具备随时拍摄高质量图片和影像的能力。同时,3G 通信技术进一步实现了大文件的长距离、快速传播,从拍到传的过程更快、更方便。第二,图像更能适应当前人们的快速阅读需求。随着生活节奏不断加快,人们获取信息的时间越来越碎片化,对短时间的信息获取数量提出了更高的要求。图像具有整合和浓缩信息的能力,对信息之间的结构关系也有更好的表达方案,能够满足快速且信息量大的阅读需求。第三,图像降低了人们获取和传播有效信息的门槛。在文字主导的时代,对用户的识字率和视力条件都有一定的要求,尤其是对老年人而言,智能手机的小屏幕对视力很不友好。在信息传播中,智能手机的文字输入方式让不能熟练掌握输入法的中老年用户在编辑文字信息时非常吃力,而图像则解决了这个难题。

3G 时代,图像已经成为网络信息传播的主要载体,也成为新闻事件中网民注意力的焦点。2010 年的热点新闻"舟曲泥石流"就是在网络图片大面积传播后,引发了社会的广泛关注,进而引起传统媒体注意并展开深度报道的。2010 年 8 月 8 日凌晨,一位名为"Kayne"的网友在微博上发出了一张内容呈现为黑暗中亮起烛火的图片,并配上记述舟曲泥石流的文字信息:"水灾 停电 几乎一幢楼的人们都围在这烛火旁"(图 3-11)这样一条简单的图文结合的信息,一经发出就立即引起关心灾区人民安危的广大网友的扩散和传播。在随后的很多天里,大量网友等待"Kayne"更新微博,希望

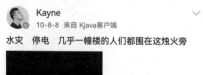

图3-11 网友"Kayne"发布的图文信息

能了解当地居民的最新情况和抗灾的后续进展。这位名为"Kayne"的网友在当时成为公众甚至是媒体了解灾情的重要信息源。

图像在信息传播中的地位使人们开始重视图像的叙事功能。在视觉时代,图像在很多情况下需要单独承担叙事的功能。在文字主导的时代,图片的作用是辅助说明,叙事的任务由文字来完成。在这样的功能定位下,图像对于自身承载的信息量并没有什么特别的要求。但是,在读图时代,人们希望图像能够提供更多的信息,既能反映事件的总体面貌,也可以突出重点。这时,人们对图片的态度从"看"图转到了"读"图,即图像不仅要满足人们在视觉上对于醒目和审美的要求,还要提供关键信息,因为对于新闻图片来说,承载信息的能力是第一位的。

读图时代的降临并不意味着文字的完全没落,在新闻传播中,文字与图像的关系是密不可分的。在大多数时候,图像以更加直观的优势起着吸引大家关注、便于快速传播和记忆的作用,而文字则可以在收获读者注意力之后更加系统和完整地呈现新闻事实。此时,图像和文字优势互补,相互融合。

三、数据新闻初见端倪

大约从2009年始,"大数据"逐渐进入公众视野并成为流行词汇。2011年,全球知名咨询公司麦肯锡发布了题为《海量数据,创新、竞争和提高生成率的下一个新领域》的研究报告,首次公开提出"大数据时代已经到来"的论断。报告指出,随着数据量的持续积累,大数据已经成为一种资源,对于数据资源的开发和利用将成为新的经济增长点。2012年,联合国发表大数据政务白皮书《大数据促发展:挑战与机遇》,EMC、IBM、Oracle等跨国巨头纷纷发布大数据战略及产品。一时之间，几乎所有世界级的互联网企业都将业务触角延伸至大数据产业[①]。2013年，"大数据"登上新闻传播学研究新鲜话题榜的第一位，并被认为将改变现有的新闻理念，改变未来媒体的信息生产与呈现方式，使更加精确的"数据新闻"成为可能[②]。在3G网络时代的后半段，基于大数据的数据新闻成为新闻传播学领域中炙手可热的研究对象。

当数据与新闻刚耦合时，大家对于数据新闻的概念还比较模糊，但对于数据新闻基本特征的认识能达成一致，如数据处理和可视化等。数据新闻是在对数据进行抓取、筛选、分析的基础上形成的新的新闻报道方式。数据在新闻报道中是核心和叙事主体，数据处理是数据新闻的基本内涵，使其区别于同样使用数据的数字新闻（数据在数字新闻中仅是一种可被忽略的辅助手段）。数据新闻的另外一个显著特征是数据的可视化，静态和动态的图表成为展示数据的主要形式。数据新闻使用的数据大多体量巨大且结构复杂，用文字很难梳理数据关系和推导数据结论。其中，图表具有呈现数据状态、展现变动趋势、突出关键要点、揭示关系结构等表达功能，在某种意义上说，适切的呈现手段造就了数据新闻的崛起，数据可视化也适应了人们在读图时代的阅读需求，所以数据新闻一出现的时候就大放异彩。

第五节 渠道生态重构

在3G时代，传统媒体遭受了更大的冲击，开始逐步适应移动网络的传播特点和规律，与手机媒体深度融合，催生出多种基于智能手机的新闻应用形态，指引了未来的新闻传播方向。同时，手机从单纯的通信工具转变为复杂的信息终端。

[①] 唐绪军：《中国新媒体发展报告 No.4(2013)》，社会科学文献出版社2013年版，第63页。

[②] 陈力丹、廖金英：《2013年中国新闻传播学研究的十个新鲜话题》，《当代传播》2014年第1期，第4—8页。

一、报纸、杂志大幅萎缩

在 3G 时代,网络媒体①以全面的优势超越了传统印刷媒体,大量报纸和杂志相继停办停刊。中国互联网络信息中心的数据显示,在 3G 网络时代开启的 2008 年,网络已经成为人们关注重大事件的信息传输渠道。据调查,汶川地震期间,有 74.7% 的网民将互联网作为获取信息的第一渠道,86.9% 的网民认为互联网上的信息是在电视和报纸上看不到的,65.8% 的网民认为互联网的信息是可信的(图 3-12)②。在对重大突发事件的报道中,互联网信息传播的速度优势得到了充分的彰显,使其成为民众获取信息的重要渠道。2008 年之后,智能手机的大规模普及进一步强化了网络作为

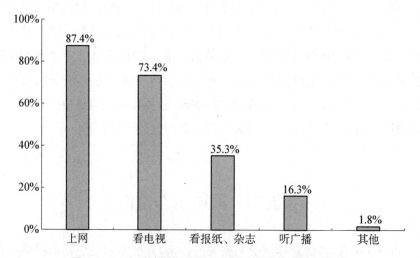

图 3-12 汶川地震期间网民获取信息的媒体选择情况

---

① 依据国务院新闻办和信息产业部 2005 年颁布的《互联网新闻信息服务管理规定》,互联网新闻信息服务单位分为三类:一是由新闻单位设立,可登载超出本单位已刊登播发的新闻信息、提供时政类电子公告服务、向公众发送时政类通讯信息;二是由非新闻单位设立,可转载新闻信息、提供时政类电子公告服务、向公众发送时政类通讯信息;三是由新闻单位设立,可登载本单位已刊登播发的新闻信息。这三类"互联网新闻信息服务单位"即通常所说的"网络媒体"。

② 数据来源:2009 年 CNNIC 发布的《社会大事件与网络媒体影响力研究报告》。

新媒体的优势。同时,手机媒体给传统媒体带来的冲击更为直接、强烈,并逐步改变了整个传媒生态。

互联网的即时性和交互性已经给传统印刷媒体带来了危机感,但彼时纸媒相对于只能使用电脑定点上网的互联网来说依然能够在便携性上保持一定程度的优势。然而,随着手机媒体的崛起,印刷媒体的优势不复存在。手机媒体不仅融合了网络媒体快速响应、随时查询、互动性强的特点,而且更加便携,长久以来制约信息传播的时间和空间限制被彻底打破。随着手机功能的多元整合,人们对手机的依赖程度与日俱增,有限的注意力基本上都锁定在手机媒体上,印刷媒体开始遭遇空前的生存危机。

除了信息传播的优势,手机媒体给印刷媒体带来的最直接的冲击是对企业广告营销费用的抢占,这也成为压垮印刷媒体的最后一根稻草。手机被视作第五种媒介,能够轻松地定位目标客户,实现精准传播,而且手机广告可计算、可追踪,也便于测量广告效果。这些优势都是传统媒体无法比拟的,非常好地满足了广告传播的要求,解决了以往广告只能大面积、无差别投放和难以精准管理的痛点。随着手机媒体的用户越来越多,广告商将更多的预算从传统媒体迁移到了手机媒体,导致传统媒体特别是印刷媒体的盈利水平出现了下降。

中国传媒大学广告主研究所的调查显示,2008年新媒体获得的广告投入费用首次超过报纸,成为仅次于电视的第二大广告媒体,并且获得了更好的发展预期,报纸在广告投放中的地位开始下滑(图3-13)[1]。从调查结果来看,包括报纸、杂志、直邮等在内的纸质媒体在企业的广告投放排序上都开始后移。

二、智能手机媒体形态:客户端新闻

2007年9月1日,《南方周末》联合北京乐视阳光正式推出了基于Java

---

[1] 黄升民、杜国清、邵华冬等:《中国广告主营销传播趋势报告No.4》,社会科学文献出版社2009年版,第48页。

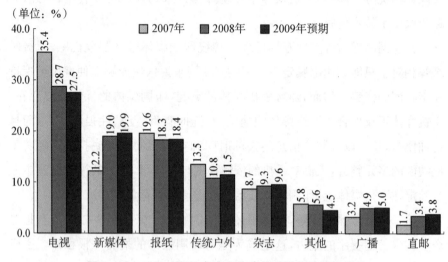

图 3-13　2007—2009 年企业广告投放媒体的选择情况

技术开发的手机报纸。用户在手机上下载一个客户端阅读器后,即可通过它阅读最新一期的《南方周末》。该手机报开通后每月的信息费为 10 元,每期的数据流量控制在 2M 以内。《南方周末》推出的手机报是我国最早的客户端型的新闻形态。2010 年 10 月,"腾讯新闻客户端"的首发版本在苹果软件商店上架,成为国内最早推出客户端的新闻门户网站之一。腾讯新闻客户端是一种门户客户端,能将各类媒体的信息整合起来,其功能远超单一媒体的自有客户端。新闻客户端具有登录入口方便简单、信息汇总整合能力强、独享用户注意力等优势。

在 3G 时代,网络通信的容量扩大,手机新闻突破了 WAP 网页版的局限,移动新闻客户端成为主要的新闻形态。在激烈的竞争中,客户端走向了差异化的发展方向,逐步形成三种主流模式。第一种是新闻媒体自建客户端。在新闻客户端发展的前期,不少媒体都采用这种方式,对于用户忠诚度比较高的媒体来说,客户端能进一步锁定用户。但是,此类客户端存在耗资巨大、后续维护困难等问题,经过一段时间之后,只有全国性媒体和省级媒体的新闻客户端还能维持运行,很多单一报刊的新闻客户端都下架了。第二种是门户客户端。此类客户端是腾讯、新浪、搜狐等传统互联网门户网站推出的移动端产品。与门户网站一样,门户客户端的新闻内容以转载为主。也有客户端衍生出平台功能,吸引新闻媒体进驻,如搜狐的新闻客户端就有《人民日报》进驻。不过,为了体现出差异性,不同的门户客户端在内容上都有各自的侧重点。第三种是搜索引擎客户端。百度新闻于 2011 年推出的百度新闻客户端是该类模式的代表。百度新闻客户端最大的特点和优势就是"搜新闻",基于全球最大的中文新闻搜索平台的海量数据,用户可以在客户端上通过一键搜索功能浏览感兴趣的内容。搜索引擎客户端的平台属性已经强于单纯的新闻入口,对于信息的检索也具备了算法新闻的雏形。

三、微博成为重要的信息源和传播渠道

自 2009 年上线之后,微博在短短几年内迅速成长为移动互联网上最热门的应用之一。随着用户人数的增多,微博培育了一支非常庞大的信息生产队伍。每天都有难以计数的消息和观点汇聚在微博中,它已然成为网民收发信息的首选载体。根据 CNNIC 的调查,微博是 2011、2012 年连续两年使用率涨幅最大的手机应用。大量新闻事件信息的最早披露地都是微博,特别是在突发事件中,微博的发声速度让传统新闻媒体望尘莫及。

微博本身并不是一款新闻软件,它实质上是一个基于"关注"机制搭建起来的社交网络平台。但是,微博的新闻传播能力并不亚于专门的新闻客户端,最主要的原因是微博生成了具有较大影响力的"网络舆论领袖"。微博采用名人效应来吸引用户注册,逐渐形成了拥有百万甚至千万粉丝的网络"大V"。这些"大V"是微博社交网络上的信息枢纽,很多信息经过他们的转发能够迅速成为热点,很多"大V"的影响力远超一般的新闻媒体。随着用户数量的增多,微博开始具备设置公众议程的能力。

媒体大量进驻微博使社交媒体的舆论场进一步多元化。自 2012 年开始,媒体纷纷进驻微博开通账户。2012 年 7 月,《人民日报》官方微博"@人民日报"的开通是一个里程碑事件,表明官方对微博的重视和认可(图 3-14)。同年 9 月 14 日,时任中共中央政治局常委李长春在人民日报

社调研时强调,主流媒体要积极进军微博领域。随后,中央级媒体相继开通微博账号,"@人民日报""@新华视点""@央视新闻"组成了媒体微博的"国家队",各级电视、报纸、广播、杂志等传统媒体也纷纷进军微博,媒体微博账号成为重要的信息源头。同时,具有专业性、客观性、权威性的媒体信息也更容易获得网民的转载,媒体微博账号的开通成了微博新闻信息传播的"定海神针"。在"人人都是麦克风"的社交媒体上,媒体微博在引导舆论、澄清谬误等方面发挥了非常重要的作用,媒体也成为微博中仅次于个人的第二大信息源。

图3-14 2022年7月,人民日报官方微博发文纪念上线十周年

微博渐渐发展成最大的网络社区,人流、信息流、观点流都汇聚在这里,促使微博的功能更加多样化。其中,微博的政务功能让政府继普通网民、媒体公众号之后成为第三种最有影响力的原创信息源头,政务微博在民众和政府之间搭起了沟通的桥梁。2009年,湖南省桃源县人民政府在新浪微博开通认证账号"桃园网",成为最早开通微博的政府部门。到2011年,政务微博迎来了井喷式发展。这一年,在新浪微博、腾讯微博、人民微博、新华微博四大微博网站上密集注册了数万个政务微博账号。2012年1月18日,国家对政务微博明确表示支持,时任国务院新闻办公室主任和国家互联网信息办公室主任王晨在国新办新闻发布会上表达了支持党政机关开设政务微博的立场。同年9月初,国家互联网信息办公室专门在深圳召开会议,总结政府部门运用社交网络服务社会、联系群众、引导舆论等方面的工作经验,王晨在会议上再次发表讲话,并明确提出要积极发展政务微博。在此次会议上,官方披露我国当时政务微博账号认证的总量有近8万个。随后,各

级政府和各个部门都开通了微博账号。新浪微博在2012年底发文称,新浪微博平台已经形成了公安、宣传、交警、交通、共青团、旅游、司法、气象、工商税务和医疗卫生十大政务微博的垂直方阵。

四、微信打造强关系链社区

2011年1月21日,腾讯公司推出了一款集文字、图片、语音、视频等多种交互形式为一体的实时社交媒体软件,并命名为"微信"(WeChat)。除了基本的交流功能,微信还开辟了新的陌生人社交和熟人社交模式。通过"摇一摇""附近的人"等功能,微信搭建了陌生用户之间的多种关系桥梁。微信上提供的各种类型的小游戏丰富了熟人之间的社交方式,增强了软件的用户黏性。在微信的众多功能中,"朋友圈"功能赋予了微信核心竞争力。朋友圈搭建了一个网络社区,有别于微博空间的公共属性,它是在相互认识的网民之间形成的强关系网络,有比较强的圈层属性,用户更容易在这个空间中找到归属和认同。

微信是继微博之后的第二款现象级手机软件。微信推出433天后,其用户数量就突破1亿人。2013年1月15日,微信高调宣布用户数量突破3亿人,一举成为全球下载量和用户量最多的通信软件。2013年7月25日,微信的国内用户达到4亿人;8月15日,微信海外版的注册用户也突破了1亿人。

微信是作为一款社交软件走向成功的。从信息传播来看,微信具有很多特点和显著的优势。首先,微信实现了多媒体通信,超越了手机只能语音通话的限制。相较于QQ和微博,用户在微信上可以运用几乎所有的传播符号进行立体化的沟通。其次,微信的交流方式具有很强的私密性。微信在建立群组时更加灵活,用户在利用朋友圈展示个人状态时有更多的自主权去设定信息的传输范围,微信的设计满足了多层次的社交需求。但是,微信的成功并不仅来源于社交功能上的优势,反而是微信的商业化提供了更为重要的支撑。2014年3月,微信开放了支付功能,这是微信从社交媒体走向生活服务平台的转折点。

中国互联网新闻发展史

微信空间的相对封闭性使其不具备成为新闻策源地的条件,但当热点新闻事件出现时,微信成为网民表达意见的主要场所之一,微信上形成的圈层传播关系在形成网络意见方面也具有不可低估的作用。更为关键的是,这些在微信群和朋友圈内传播的信息无法在初期被媒体感知,只有形成较强的意见合流时才会突破私密圈层,进入公众的视野,导致网络舆论一出现就是爆发状态,难以提前预判和引导,给虚假新闻和失实报道提供了滋生和蔓延的空间。

第六节 网络舆论全面介入现实

在3G时代,网络传播的速度、深度、广度都获得了进一步提升,网络舆情在这个阶段空前活跃,其影响力已经完全超出了网络的范围,具有更多的社会推动意义。与此同时,网络舆情的发生无法被预判,也难以进行有效的管控,社会的每一个角落都有可能爆发一场极具影响力的舆情事件。面对高发的舆情态势,政府部门和相关各方高度重视。2008年奥运会前,人民网创办了国内首个舆情专业频道,业界和学界也将网络舆情作为重点课题加以研究。2009年以来,《中国社会舆情年度报告》《中国网络舆情报告》《中国社会舆情与危机管理报告》等与网络舆情相关的年度报告也连续出版。

一、网络舆论掀起反腐热潮

2003年,最高人民检察院设立了网络举报平台,标志着网络媒体正式与中国官方的反腐工作协同。同时,网友被赋予了反腐权力,逐渐成为一股重要的反腐力量。网络反腐的地位得到官方认可以后,网民通过网络揭发官员腐败问题越来越频繁,网络成为广大人民群众开展舆论监督的利器。从2008年开始,网络通信技术发展到了3G,网络反腐的力度也空前加强。2008年被网民称为"网络反腐年",得到了网民的充分肯定。2009年5月,人民网推出大型网络互动平台"反腐总动员",党媒设立了专门的平台收集网络上的腐败线索。2009年10月28日,中央纪委监察部开通了全国统一的纪检监察举报网站,网民提供的腐败线索能够直接提交至国家反腐的最高机关。

虽然官方媒体和国家相关部门都开通了网络举报渠道,但网上公开爆料仍然是大多数网民采取的主要网络反腐形式。在各种网络媒体中,微博是爆料最多的反腐阵地。据媒体统计,2008—2012年,在39起知名的网络反腐案件中,有11起是源自微博爆料,有的举报材料曾在其他网站发布,但最后也都是通过微博才引发了关注①。

在微博反腐如火如荼之际,网络上涌现出一大批民间反腐网站,上演了一出网络反腐闹剧。很多民间网站假借国家机关的名义,以"反腐"为名招摇撞骗。2012年6月,国家互联网信息办公室通报,对包括"中国反腐败网""全国网络反腐中心""中国反腐败调查中心""中国预防腐败网"等在内的47家非法运营的网站予以关闭处理。虽然网络反腐总是伴随着丛生的乱象,但网络反腐作为一种舆论监督行为,其反腐成效和对现实的介入程度不断增强,官方的态度也由警惕到接纳。发展到今天,网络舆论反腐已经成为中国反腐败长效机制的重要一环。

二、网络"舆论审判"显示出极化倾向

网络"舆论审判"指在有较大社会影响面的诉讼案件中,网络舆论会形成对涉案当事人的一致性评价,从而影响司法机关的正常办案,严重的甚至会导致法院无法依据法律与客观事实进行公正判决。"舆论审判"在互联网之前的传统媒体时代就存在,主要表现为"媒体审判",即在电视、报纸为主导的时代,媒体会对案件进行带有明显倾向性的报道,引导舆论形成强势意见,进而影响法院的判决。在网络时代,每个人都可以发表言论,"舆论审

---

① 《网络反腐5年爆39案》,2012年12月12日,人民网,http://fanfu.people.com.cn/BIG5/n/2012/1212/c64371-19867539.html,最后浏览日期:2022年9月15日。

判"的主导者变成广大的网民。其中,意见领袖在促成一致意见形成的过程中具有举足轻重的作用。网络"舆论审判"往往在相关事件发生之后就开始了。在网络"舆论审判"中,情感和道德是依据和准绳,法律往往被网民排斥在外。

大多数的网络"舆论审判"都是非理性的,有时这种审判并非仅仅局限在网络言论的范围内,很多被"舆论审判"的对象都会遭遇线上、线下的网络暴力,给当事人造成不必要的困扰和伤害。由于网络"舆论审判"的主流舆论具有非常强的群众基础,并且通常都站在道德的制高点,所以对实际办案的司法工作人员会产生特殊的影响,从而左右他们的判断。

在我国为数众多的网络"舆论审判"案件中,有很多具有关键节点意义的案件。网络舆论对司法审判产生重大影响的首例案件是2003年的"刘涌案"。不过,具有全网号召力并让网络"舆论审判"成为全社会共同关注和思考的话题的事件当属2010年的"药家鑫案"。

2010年10月20日,西安音乐学院在读学生药家鑫驾车撞人后不仅没有第一时间施救,反而用随身携带的水果刀连刺伤者数刀,最终导致受害者当场死亡。该事件在网络上引起了轩然大波,药家鑫毫无人性和底线的行为激怒了网民。2011年4月22日,西安市中级人民法院作出一审判决,以故意杀人罪判处药家鑫死刑。药家鑫撞人事件发生之后,有关药家鑫身份背景的话题就一直是网络热议的焦点,而原告代理律师张显也多次在微博上爆料明里暗里地表示药家鑫是"官二代",并且有深厚的背景。这些信息主动迎合了网民的心理预期,判药家鑫死刑的呼声日益高涨。一审判决后,中央电视台就此案进行了报道,李玫瑾教授在电视节目中提出"钢琴杀人"的说法,认为药家鑫可能存在激情犯罪。该言论被网民认为是对药家鑫行为的辩解,进一步显示了其特殊的家庭背景。一审后药家鑫不服提出上诉,2011年5月20日,陕西省高院驳回了药家鑫的上诉,维持一审原判。在"药家鑫案"审理期间,原告律师张显的爆料推动了网络舆论。案件终结后,药家鑫的父母将张显告上法庭,认为其侵犯了药家鑫的名誉权。事后,张显也曾公开表示,关于药家鑫身份的言论有虚构的成分。

三、网络水军影响舆情生态

网络水军(简称"水军")指在网络营销过程中以制造话题为主要手段影响网络舆论动态的一类特殊公关人群。网络水军是网民中一类比较特殊的职业群体,"水军"通常受雇在网络上发表言论,具有资本驱动性。同时,网络水军的行为是有组织的,一般来说是群体"作战",群体中的个体有明确的分工和协作模式。"水军"在发表言论时都是隐藏在普通网民中,具有非常强的隐蔽性。由于网络水军对网络言论的引导是有动力、有目的、有组织、有步骤的,所以很容易左右网络舆论。2009年12月19日,中央电视台《经济半小时》深度报道了网络水军,揭开了网络公关公司雇佣专人来为客户发帖、回帖、造势的背后产业链。2011年3月2日,在全国政协十一届四次会议新闻发布会上,大会新闻发言人赵启正也谈到了网络水军。他指出,有些网民受资本的驱使,隐身在普通网民中间,通过发帖、留言等行为左右舆论、误导受众,甚至影响政府决策。

网络水军受雇于网络公关公司,早期的业务分为"推"和"打"两个方面:"推"指帮助客户推广业务,简单来说就是在社交媒体上以普通人的视角打广告;"打"的作用刚好相反,"水军"受雇在网络上打压和抹黑客户的竞争对手。除了常规业务,有些网络公关公司还会承担"清网"业务,就是专门为客户删除网络上的负面信息。网络水军的人数众多,混在普通网民中间不容易被识别,他们有意识地汇聚意见,能在短时间内改变舆论风向。

网络水军的业务流程通常分为网络测试、意见强化、引出爆点三个步骤。第一步是网络测试阶段,网络水军会根据不同类型的话题选择信息发布平台,一般是主流的网站论坛。选定平台后"水军"便会发布事先准备好的帖子,观察网民的反应,如果能够顺利引起大家的关注就会进入下一步。由于第一步很重要,所以水军在准备帖子时都会考虑网民关注的热点。第二步是意见强化阶段,这个阶段又分为观察和利用。首先要观察网民的自然反应,总结网民的固有心态和意见倾向,提炼出符合网民心理诉求的观点,然后在此基础上设计新的网络文章,在迎合网民意见的外衣下引导网民趋近水军预先设计好的意见。第三步是待机引爆。当网民的意见已经形成较强的主流意见之后,要通过特定的爆点来拨动网络情绪。这些报道通常都是与道德、情感和切身利益有关的事件或信息。2010年8月的"金龙鱼事件"就是在网络水军的助推下引爆的。

2010年9月15日,一篇题为《金龙鱼,一条祸国殃民的鱼》的文章被发布在天涯等网站论坛和个人QQ博客上。该文的内容直指金龙鱼使用转基因原料,宣称金龙鱼祸国殃民。转基因本来就是敏感话题,又有道德方面的加持,使这篇网文引起了广泛的关注。有了初步效果之后,该文在网络推手的操作下进一步扩散,金龙鱼被贴上"毒害民众身体"的标签,蒙受了巨大损失。事情发酵后,金龙鱼将发帖者郭成林告上了法庭,最终郭成林以损害商品声誉罪被判处有期徒刑一年,并处罚金人民币一万元。然而,真实的情况是,2010年8月,鲁花集团拿出180万元委托北京赞伯营销管理咨询有限公司进行鲁花坚果调和油营销整合服务。赞伯公司在接到该项目后指派其营销总监郭成林负责实施,郭成林设计了以打压主要竞争对手为策略的营销推广方案,以鲁花竞争对手金龙鱼使用转基因原料为切入点,撰写文章,编写出"转基因影响生育能力""化学浸出法残留致癌物质"等言论,并组织网络水军助攻。

"水军"在网上发布的帖子都带有强烈的感情色彩,在非理性的网络传播环境下,具有很强的传播效力。网络水军不论是极力美化还是刻意贬损某事,都破坏了网络舆论生成和传播的自然规律,使网络舆情丧失了反映广大网民真实意见的功能,造成网络舆情监测的失真。

第四章

4G 时代：融合背景下的传媒业

2013年12月，工业与信息化部向三大运营商，即中国移动、中国电信、中国联通颁发了第四代数字蜂窝移动通信业务（4G）的经营许可证，4G网络、终端和业务正式进入商用阶段，4G时代到来。在智能手机进一步普及、移动网络资费大幅下调的情况下，以微博、微信和新闻客户端为代表的手机端新媒体正式取代传统媒体，成为新闻发布和接收的主平台。传统媒体在感受寒冬之际纷纷以"移动优先"为战略，加紧转型进程。与此同时，随着最新的智能技术的兴起，新闻媒体在生产、分发与接收端发生了重大变革，以算法推荐为主要分发机制的聚合新闻平台崛起，个性化阅读成为潮流。在这一时期，各类短视频平台崛起，高质量的短视频成为信息内容的主要形态。此外，由于人工智能技术在传媒业的推广应用，机器在诸多层面取代人脑，新闻业出现了全新的生产与传播机制。

第一节 算法机制重塑新闻生态

4G时代得到了"大数据算法"的技术加持，一些不设置采编团队但专注于信息个性化推荐的平台型媒体出现了。以"今日头条"为代表，这些新闻平台将网民的个人特征信息和媒体使用行为作为分析基础，利用相关性匹配、协同过滤等机制定位用户的信息偏好，对海量资讯进行筛选，为每个用户推荐定制化内容。这种"千人千报"的信息获取模式逐渐成为网民接收信息的一种主流范式,数以千计的从事生产内容的媒体单位纷纷加入此类平台,同台竞争用户的注意力资源。

著名的未来学家尼葛洛庞帝曾在20世纪末预言,后信息时代(post-information age)是一个"信息极端个人化"的时代,媒体提供的不再是同质化、一对多的信息服务,而是使信息传播日趋"窄化",直到只针对单个人①。在4G时代,这一预言正变成现实,互联网媒体越来越关注个体的不同需求,为他们量身定制个性化、多样化的信息服务。依托先进的智能科技,互联网媒体得以有效地识别用户爱好,并实现个性化信息的精准投放。在这种媒介生态中,每个人接触的信息都有所不同,人们仿佛各自生活在只属于自己的那个世界里。

一、"聚合新闻"理念的变迁

虽然客户端形态的聚合新闻在2010年后才逐渐进入主流视野,但"新闻聚合"的理念与实践在20世纪90年代末就已初步显现,十多年来,其含义也发生了重大的转变。

聚合新闻采用的技术最早可以追溯到20世纪90年代中期的RSS(really simple syndication)。RSS是简易信息聚合的缩写,指互联网用户针对自己感兴趣的话题或新闻进行订阅的新闻形态。用户通过在RSS媒体订阅相关的网络资源,从海量的网络信息中聚合自己喜欢的资讯,实现个性化的版面定制。通过RSS媒体,用户无须打开各种不同的网站就可以浏览实时更新的新闻信息。在大数据技术成形之前,RSS一直是新闻聚合的最佳形态,美国的Yahoo News、Google News是RSS媒体发展初期的典型代表。但是,RSS要求用户根据自己的喜好主动挑选并订阅各类网络频道,这种模式对于使用者的能动性和自主性有较高的要求。因此,RSS用户较多是受过良好教育并有较高新闻素养的人士。这也是RSS用户基数与影响

---

① 参见[美]尼古拉·尼葛洛庞帝:《数字化生存》,胡泳、范海燕译,海南出版社1997年版。

力有限的一个原因。

2010年以后,随着云计算等技术的发展,新闻聚合中的个性化推荐机制逐渐成熟。有了尽可能大的整体样本和大数据算法技术,各平台就可以对信息最佳的分配方式进行预测。平台可以通过爬虫技术将海量信息聚合,并根据算法将聚合起来的信息内容进行个性化区分,进而匹配到特定的用户。新闻聚合平台此时不再只是一个被动的搜集器,而是成为一个全能的内容服务商,通过对用户数据信息的收集、整理和分析进行关联性设置,精准预测用户喜好,向他们推送个性化的新闻内容。"千人千报"的新闻生产和阅读模式不仅有利于提高新闻内容的利用率和用户黏性,也使阅读变得"傻瓜化",即用户不用动什么脑筋就可以接收到自己喜欢的新闻信息。

依托算法技术的新闻聚合App最早兴起于美国,最有代表性的是2010年7月诞生于美国加州的Flipboard(中文名是红板报)。Flipboard不同于传统的RSS媒体,它构建了新颖的内容搜集模式,通过从社交网站和其他网络媒体抓取信息,形成特定板块,为用户提供个性化的阅读服务。

2012年起,中国新闻聚合App也逐渐兴起,除了最具代表性的今日头条,许多互联网公司也都先后涉足聚合新闻客户端领域,依托各自强大的数据处理能力,颠覆了网络媒体的生态格局,也影响了人们阅读新闻的方式。可以说,中国的新闻聚合App兴起于4G时代,它们的一般特征是以智能手机端作为主要平台,以用户的社交媒体使用行为作为数据基础,运用各种类型的算法机制,发现用户的信息需求,并为他们提供个性化的新闻内容。

在智能手机全面普及的4G时代,新闻聚合App成为践行个性化阅读理念的最佳载体,在市场规模、用户活跃度上逐渐超越门户类新闻App和传统聚合新闻网站。由于这一时期的网络自媒体账号已经成为重要的信息生产与发布的主体,新闻聚合App汇集起来的信息不局限于专业媒体制作发布的内容,更多自媒体账号的内容得以通过算法机制被更广泛的受众接触。

除了聚合类App,百度新闻、360新闻等网页版新闻平台和各类新兴短视频平台都采用算法推荐技术。一时间,"千人千报"的个性化阅读模式在互联网空间蔚然成风,传统媒体、自媒体单位纷纷在这些使用算法机制的平台上建立账号,同台竞争。过去的新闻信息来源和传播渠道由传统媒体垄断,实行"自产自销",如今聚合平台分离了内容生产和分发,使传统新闻媒体隐退到幕后,成为"内容供应商"。

二、聚合新闻平台崛起的时代背景

2012年以来,今日头条、一点资讯、天天快报等一系列主打个性化阅读的新闻聚合App迅速崛起。其中,最有代表性的今日头条在短短几年时间内就完成了高达数十亿美元的融资,逐步超越传统门户App,成为炙手可热的个性化新闻阅读平台。聚合新闻平台在短时间内迅速崛起,积累了大量用户,是技术推陈出新、受众需求变化与资本力量加持等多方面因素共同作用的结果。

一方面,在4G时代到来之时,互联网与智能手机在我国的普及率正处于直线上升的态势。截至2013年12月,中国网民规模达6.18亿人,全年共计新增网民5358万人;手机网民规模达5亿人,较2012年底增加8009万人,网民中使用手机上网的人群占比提升至81.0%[1]。在此条件下,手机客户端已成为普通民众接收与发布新闻信息的重要载体,获得更好的新闻阅读体验成为手机网民的普遍需求。

另一方面,随着大数据、云计算等技术的成熟,社交媒体、传感器、定位系统等不同场景中的海量网络信息得以被收集与整合。根据社交媒体使用记录与位置信息,用户的兴趣、习惯、时间、搜索等内容转化成可以被分析的数据,并与新闻客户端后台的数据库进行智能匹配。移动互联网的普及使现实世界与虚拟空间越来越同步,移动终端可以采集更丰富的数据信息。海量、全面的个体化数据和相应分析工具的完善使精准预测与分发成为可能。

此外,资本市场十分看好个性化新闻阅读领域。在4G时代,中国媒体环境的急速变化和网络新闻行业的政策利好促使社会资本加大了对具有媒体属性的移动互联网平台的投入,在传媒领域掀起新一轮的资本大战。2014年,今日头条获得红杉资本和新浪微博的C轮融资,一点资讯获得凤

---

[1] 数据来源:2014年CNNIC发布的《第33次中国互联网络发展状况统计报告》。

凰新媒体的 A 轮融资。资本、技术和人才不断向新媒体行业倾斜,得到充分注资的科技公司强势进军媒体领域,再造了新闻生产的各个环节。在此大环境下,自媒体和传统媒体机构纷纷进驻新兴的聚合新闻平台,平台新闻空前繁荣。

三、"算法"铸就今日头条奇迹

聚合新闻 App 一般是指在 4G 时代涌现的,通过海量互联网信息挖掘、整合多方新闻资源,针对用户相关数据信息进行计算分析,实现个性化分发的移动端媒体平台应用软件。2012 年 3 月,北京字节跳动科技有限公司推出了基于数据挖掘和信息推荐的聚合新闻 App——今日头条。依靠强大的数据分析技术,今日头条能根据受众的点击、停留时长、点赞、评论等行为状况精准地分析受众的新闻偏好,从而实现有针对性的新闻信息的定制化推送。算法推送使得每位用户都有一份专属的新闻"菜单",而且往往都是自己喜欢的新闻内容。这样的新闻阅读模式迅速赢得了广大网民的青睐。字节跳动的创始人张一鸣在 2016 年世界互联网大会上透露,今日头条已累计有 6 亿的激活用户,1.4 亿月活跃用户,超 6600 万日活跃用户,人均使用时长超过 76 分钟[1]。今日头条在随后几年稳步发展,到 2019 年 6 月,今日头条的月活跃用户已达 2.6 亿人,日活跃用户达 1.2 亿人,用户人均单日使用次数达到 12 次,领跑我国全行业同类 App[2]。

今日头条能够在短短几年内获得巨大成功,仰赖于其始终坚持并不断优化的算法推送机制。今日头条通过爬虫技术获得大量的互联网文章,机器通过对关键字、标签等学习机制细分海量的信息。同时,机器观察用户的评论、收藏等行为,结合用户的所在地、年龄、性别、职业等特征,分析用户对

---

[1] 《今日头条 CEO 张一鸣世界互联网大会演讲实录》,2014 年 11 月 19 日,站长之家,https://www.chinaz.com/news/2014/1119/374580.shtml,最后浏览日期:2022 年 9 月 15 日。

[2] 《用户都在头条看什么?〈今日头条内容价值报告〉解密》,2019 年 8 月 8 日,腾讯网,https://new.qq.com/omn/20190808/20190808A0NRFZ00.html?pc,最后浏览日期:2022 年 9 月 15 日。

特定类型资讯的兴趣度,判断并记忆用户的兴趣点,有针对性地向他们推荐信息。在这样的技术条件下,每个用户的界面都是不同的,呈现出"千人千面"的特征。

图4-1 今日头条曾以"你关心的才是头条"为宣传语

今日头条最初的团队只有技术人员,没有内容采编人员,专注于从广阔的互联网空间中汇聚信息资源。面对因自身不生产内容带来的版权争议,2013年,今日头条推出"头条号"(图4-1),开放各类媒体进驻平台,并主动邀请各类内容生产者加盟。在算法机制面前,草根自媒体有机会与新闻专业团队同台竞争,收获内容的点击量和账号的关注度,从而获得经济利益。这极大地激发了各类自媒体单位和个人的参与热情。经过几年的发展,头条号成为今日头条新闻客户端的主要新闻来源。此外,今日头条不仅是内容分发平台,它旗下也成功地培植了西瓜视频、抖音等一系列知名产品,成为一个集文章、短视频、图片、问答等多媒体类型为一体的大型内容平台。

四、聚合新闻平台的伦理争议

特殊的信息生产与发布机制虽然获得了巨大的成功,却也隐含产生各类伦理问题的风险。以今日头条为例,在凭借算法机制获得巨大成功的同时,也出现了大量伦理失范问题,各类侵权和侵犯隐私的指责声不断。2017年9月—2018年4月,国家网信办、国家广电总局相继指出今日头条在算法推荐、内容规范、广告投放标准等方面存在严重的问题,责令其进行整改。中央级媒体也陆续发文,对今日头条提出批评性意见。

(一)推荐机制造成"信息茧房"

新闻聚合平台最关注的是能否把收集和细分后的海量新闻内容精准地与相应的用户人群匹配,传统媒体强调的由专业人士主导的"守门人"机制与新闻价值判断变得无足轻重,新闻内容的社会性、公共性理念受到强烈冲击。与此同时,个性化阅读会将用户的视野局限在一个由兴趣构筑而成的"信息茧房"中,用户预先存在的观点会被无限地加固与放大,催生一个狭隘的、圈层化的非理性信息空间。在这个空间中,由于同质化的信息和观点"抱团取暖",给极端、偏激的观点,肤浅的信息或误导性谣言以广阔的生存空间。

《人民日报》在2017年9月连发三篇评论文章批评今日头条的算法推荐,引发了社会层面对由算法机制引起的"回音室""过滤气泡"等问题的批判性思考。2017年12月29日,国家网信办指导北京市网信办针对今日头条平台因缺乏人工审核机制而持续产生的低俗信息泛滥等问题,约谈今日头条负责人,责令其完善人工审核机制、整改平台中违规的内容。

为了增强对平台内容的把控,今日头条在2018年开始大规模招聘内容质量审核人员,力求强化人工编辑的"把关人"职能。今日头条在2018年元旦被约谈之后,称会增加2000个人工审核的岗位,以加强对平台内容的监管工作①,并24小时全天候审核平台上的内容,优化内容的审核流程和质量。

(二)"搬运工"机制引发版权争议

今日头条没有自己的专业采编团队,高度依赖其他媒体生产的内容,因而曾被戏称为"新闻的搬运工",版权争议问题相伴而生。2014年开始,今日头条与多家媒体发生版权纠纷,迫使其调整内容来源策略,不断拓展更多元的信息渠道。

早在2014年6月,搜狐就对今日头条的侵权行为提起诉讼,要求其停止侵犯著作权的行为。随后,国家版权局对今日头条进行立案调查。2017年4月,腾讯以涉嫌侵犯其平台作品的信息网络传播权为由,将今日头条告到北京市海淀区人民法院。两个月后,今日头条被判须向腾讯网赔偿27万余元。同年5月,《南方日报》也发布反侵权公告,矛头直指今日头条。《南方日报》称,今日头条未经允许擅自转载南方日报社版权作品近2000条,对

---

① 《招聘2000人审核编辑之后 今日头条重拳打击谣言》,2018年1月11日,人民网,http://m.people.cn/n4/2018/0111/c163-10385589.html,最后浏览日期:2022年9月15日。

其构成侵权①。

面对日益频繁的版权争议,今日头条建立了侵权投诉渠道,仅2017年,今日头条通过24小时投诉渠道累计处罚抄袭11 253次,封禁抄袭账号2 056个,平均处理时间不到1小时。同时,今日头条还与中国版权保护中心等维权单位合作,帮助原创者维权。2017年,全网累计确认侵权内容有22万篇以上,成功维权的超过16万篇②。今日头条为从根本上解决内容来源渠道的问题,不断鼓励各类从事内容生产的媒体单位加入平台,一方面与传统媒体进行优质内容上的合作,另一方面也推出"青云计划"等鼓励自媒体内容生产者。面对今日头条积累的庞大用户数量,众多内容来源方也主动融入平台,建立内容授权使用机制。

(三)大数据收集触及隐私安全

个性化推荐机制建立在收集和分析用户行为数据的基础上,用户在平台中的每一次页面停留、链接点击、评论转发都将被后台记录和收集,与地点定位、手机号码、社交媒体信息一起构成数据矩阵,最终刻画出用户肖像。与此同时,掌握大量用户数据资源的平台所面临的数据隐私、数据安全挑战也更加艰巨。

2018年1月11日,工信部就侵犯用户个人隐私的问题约谈今日头条,要求其依据充分保障用户知情权和选择权的原则进行整改。2018年2月9日,一位用户将今日头条告至北京市海淀法院。原告在起诉书中申明,自己在安装今日头条时明确拒绝其读取手机通讯录,但在使用该软件时却发现在"推荐"频道下依然可见自己手机通讯录中的联系人账号,表明今日头条在未经允许的情况下获取了自己的联系人信息。原告认为,根据《网络安全法》第四十一条的规定,"网络运营者手机、使用个人信息,应当遵循合法、正当、必要的原则",故认为今日头条的行为属于严重侵犯

---

① 《〈南方日报〉称今日头条侵权转载作品近2 000条》,2017年5月2日,凤凰网,https://tech.ifeng.com/a/20170502/44581580_0.shtmll,最后浏览日期:2022年9月15日。

② 《今日头条用5大技术保护创作者版权》,2017年12月22日,DoNews,https://www.donews.com/news/detail/1/2980678.html,最后浏览日期:2022年9月15日。

个人隐私①。

大数据时代的隐私问题在聚合新闻平台中更集中地表现出来,算法机制在给用户带来个性化阅读体验的同时,也带来了因自身隐私信息被窥视、分析、利用而产生的各类负面影响,如何有效地保护个人隐私、保障信息安全成为社会各界关注的焦点。

第二节　短视频成为主流信息形态

由于4G时代的移动互联网具有低价、高速的特点,视频内容可以在手机端快速地生产、发布并被收看。在此条件下,视频成为最受欢迎的媒体形态,尤其在移动端媒体时间碎片化的使用场景下,短视频格外受到青睐,通过短视频平台获取新闻资讯成为新趋势。在科技、政策与资本的多方加持之下,各大短视频媒体平台兴起。短视频媒体独有的感官体验结合平台强大的算法推荐机制,使得以抖音为代表的短视频软件迅速占领市场,并在新闻传播领域日益发挥重要作用,其传播形态在参与性、临场感和娱乐性等方面展现出强大的优势。

一、短视频平台崛起

截至2016年6月,我国手机网民达6.56亿人,网络视频用户达5.14亿人。其中,手机端网络视频用户为4.4亿人,占比85.7%,手机已成为用户获取短视频信息的主要终端②。在4G时代,通过短视频浏览新闻成为国人的又一生活习惯。

2016年被称为"短视频元年",在移动网络技术发展的基础上,网络接

---

① 《今日头条遭用户起诉涉嫌侵犯隐私权:索赔1元并道歉》,2018年3月1日,新浪网,http://tech.sina.com.cn/i/2018-03-01/doc-ifwnpcns7768135.shtml,最后浏览日期:2022年9月15日。

② 数据来源:2016年CNNIC发布的《第38次中国互联网络发展状况统计报告》。

入成本大大降低①。短视频市场基本成形。2017年,短视频平台火热发展,用户规模的增长和广告主的关注带动整体市场规模快速成长。2017年,短视频市场规模已达57.3亿元,同比增长达183.9%②。截至2018年底,中国拥有各类短视频平台300多家。2017年后,市场中的短视频平台数量众多,但是抖音和快手基本形成了二分天下的局面,稳定地占据着市场份额。

北京快手科技有限公司早在2011年就推出了用来制作、分享动图的App"GIF快手"。2013年7月,"GIF快手"从工具性应用转变为内容分享应用"快手"。截至2018年8月,其活跃用户达2.2亿人,位居同类应用的榜首③。2016年9月,今日头条旗下的抖音App上线,于2017年10月开始走红,并成为迄今为止最受欢迎的一款短视频App。

抖音App是字节跳动旗下今日头条创立的短视频社交软件,以"记录美好生活"为宣传口号。该平台主要采用用户自主生产的内容模式,用户可以拍摄并上传短视频,并在应用内进行编辑,选择音乐、滤镜等功能制作个性化视频。抖音App的成功也得益于母公司今日头条采用的算法推荐模型,它根据每个用户的喜好推送视频内容,实现每个用户的个性化观看。抖音在上线后不到两年的时间里就实现了单日播放量超10亿次的"奇迹"。

随着抖音在市场上的成功和短视频新闻形态的繁荣,从2018年6月开始,包括央视新闻(图4-2)、

图4-2 "央视新闻"的抖音账号拥有高达1.5亿名粉丝(截至2023年7月16日)

---

① 据统计,2016年,我国月户均移动互联网接入流量达到772M/月·户,比2015年同比增长98%。

② 《2017年中国短视频行业研究报告》,2017年12月29日,艾瑞咨询网,https://report.iresearch.cn/wx/report.aspx?id=3118,最后浏览日期:2022年9月15日。

③ 《2018年8月短视频平台活跃用户数排行榜TOP10》,2018年9月20日,中商情报网百家号,https://baijiahao.baidu.com/s?id=1612123185282762724&wfr=spider&for=pc,最后浏览日期:2022年9月15日。

《人民日报》等中央级媒体纷纷入驻抖音 App，使其不再只是普通民众记录、分享生活场景的娱乐平台，而是具有强大新闻传播功能的视频信息中心。

二、抖音获得国际影响力

2017 年 5 月，抖音海外版"TikTok"上线，在短短几年时间内风靡日韩、东南亚和欧美市场，并逐渐成为最具国际影响力的中国媒体平台之一，在一定程度上实现了对外的文化输出。但同时，它在国际社会中的发展也常遇到困境，在内容监管、文化风俗、数据安全等方面引起了一些争议。

TikTok 在短短一年的时间内在北美市场获得了巨大成功，2018 年 10 月，TikTok 成为美国月度下载量最高的应用（图 4-3）。根据市场应用机构 Sensor Tower 发布的数据显示，TikTok 在 2018 年 10 月的下载量超过了美国本土的大型社交类媒体 Facebook、Instagram、Snapchat 和 YouTube①。

图 4-3　TikTok 成为深受国外年轻人喜爱的社交媒体平台

---

① 《TikTok 成美国下载量最高的应用》，2018 年 11 月 7 日，金羊网，http://money.ycwb.com/2018-11/07/content_30127800.htm，最后浏览日期：2022 年 9 月 15 日。

TikTok 用户主导内容生产的特性使其内容类型广泛,很多视频涉及违反当地国家的法律、风俗文化等问题。2019 年 1 月,印度市场就以"色情内容"泛滥为由要求 TikTok 整改,甚至有当地议员以"TikTok 存在过多负面信息"为由要求封杀 TikTok。

在特朗普执政后期,TikTok 在美国面临严峻挑战。2020 年 8 月,时任美国总统特朗普以"TikTok 是中国企业,会把数据资料传到中国并给中国官方,影响美国的国家安全"为由,用行政命令的手段强制 TikTok 停止在美国的一切业务,并要求其将业务卖给美国本土企业。由于这项禁令面临一系列法律困难,因此从未真正生效。2021 年 6 月 9 日,继任的美国总统拜登撤销了特朗普政府对中国社交软件 TikTok 等的禁令。不过,TikTok 在美国的发展态势并未减缓,反而越来越受当地年轻人的追捧。这在一定程度上引起了美国政府更大的恐慌。2023 年 3 月 1 日,美国政府以"危害国家安全"为名再次要求全面禁止安装使用 TikTok,引发数以亿计的当地用户的强烈反对①。

三、短视频新闻的特点与争议

在 4G 时代,用户信息接收习惯变化的一个重要趋势就是"视频转向",这也对新闻媒体产生了深刻的影响。近年来,国内新闻报道的可视化趋势显现,短视频作为其中重要的形态,成为传统媒体适应媒体转型的关键抓手。

传统的视频新闻制作需要在专业设备上完成剪辑和上传,会耗费大量时间精力,这也降低了视频的传播效率,在突发性事件新闻报道中无法凸显时效性的要求。但是,移动短视频在生产、制作、传播上相对简易,媒体单位或普通用户在事件现场就可以通过智能手机迅速完成视频的制作和发布。与文字、图片形态相比,短视频具有生动性、临场感的优势,而且信息量十分

---

① 《环球视线|美西方同时"出招"封禁,他们为何惧怕 TikTok?》,2023 年 3 月 1 日,搜狐网,https://www.sohu.com/a/648048837_120546417,最后浏览日期:2023 年 8 月 10 日。

丰富,冲击力强,这为新闻报道提供了新的方向。2015年8月12日,天津滨海新区发生危险品物流仓库爆炸事故,现场升起蘑菇云,数十千米内有震感。事发后,多位附近居民将拍下的爆炸画面发布在各类网络平台,让人们在第一时间以直观的方式体验新闻事件。

在新闻短视频受到人们追捧的同时,受限于内容特性与平台的运作机制,一些原本需要深入调查、严肃讨论的新闻事件也呈现出煽情化、片面化和娱乐化的特征。短视频新闻为了抓住网友零散的注意力,满足其碎片化的阅读习惯,往往呈现出标题和配乐煽情化、叙事方式简单化、暴力血腥镜头泛滥等"黄色新闻"的特征。

例如,2018年10月5日,网络上出现的题为《为了当网红,中山情侣拿麻将买车被揍》(图4-4)的短视频新闻引发关注和热议。在短短58秒的视频中,展现了销售人员与当事人互相殴打的场面,字幕上出现"情侣在和汽车销售人员经过长时间讨价

图4-4

还价,拿出了麻将付款,销售人员暴怒"的信息。但一天后,中山市公安局官方微博"@平安中山发布"称,经调查,该视频的拍摄地并非中山,后经专业记者核实,该事件其实发生在武汉国际会展中心的车展现场。武汉当地民警表示,该事件实际上是一对母子因买车问题与销售人员发生矛盾,与"网红""麻将"无关。在这则短视频新闻中,由于缺少近距离镜头,母子被误认为情侣。同时,拍摄人员没有向相关人员询问事件的真实情况,而是以暴力的殴打场面、煽动性的标题和夸张的字幕解说杜撰了内容。在没有权威消息公布前,缺乏媒介素养的受众往往不会思考消息来源的可靠性,在被误导之后发表了大量关于这对"情侣"的负面言论。这一事件表明,非专业的普通人虽然被赋予了通过视频拍摄、传播新闻事件的权力,但有可能因为缺乏专业性和严谨性而导致新闻失真、失实。对于另一些媒体账号来说,如果一味地打造"爆款"新闻短视频,忽略事实呈现的准确性和全面性,必然会削弱媒体的公信力,打击受众参与公共讨论的热情。

第三节 "微时代"的传播生态

据统计，2014年，我国手机网络新闻使用人数已达 4.1 亿人①，到 2020年，这一数值上升到 7.26 亿人②。可以说，4G 时代也是国人习惯于用手机看新闻的时代。这一时期，国人的新闻阅读方式发生了颠覆性的变化，移动端媒体基本取代传统媒体，成为人们接收新闻的最为主流的渠道。微博、微信、客户端等移动端新媒体依托智能手机平台，发展出各具特色的信息传播方式，成为人们获取新闻信息的主要渠道，并深刻地改变了公共舆论生态的样貌。

一、"两微一端"成为新闻传播主阵地

2014年是微博、微信、新闻客户端等移动端媒体迅速发展的一年。"两微一端"中简讯式、短视频化的新闻内容颠覆了传统媒体新闻内容形态，在易读性和时效性等方面凸显优势，抓住了广大新闻受众的注意力。其中，微信、微博作为社交媒体，其新闻传播形态带有强烈的社会化属性，新闻接收与社会交往活动同步进行。新闻客户端也凭借即时信息推送功能、算法推荐机制和精致化的新闻栏目，成为网络新闻传播领域的重要组成部分。

微博在这一时期依旧保持着较强的新闻传播与舆论影响力，截至 2020年 10 月，微博用户总人数突破 5 亿人大关，日活跃用户数达到 2.24 亿人③。已在 3G 时代大放异彩的微博，在 4G 时代利用更多元的微传播手段传递信息，如推出 3 分钟微视频、30 分钟微电影等视频内容形态。值得一提的是，

---

① 数据来源：2015 年 CNNIC 发布的《第 35 次中国互联网络发展状况统计报告》。
② 数据来源：2020 年 CNNIC 发布的《第 45 次中国互联网络发展状况统计报告》。
③ 《微博发布 2020 年第三季度财报》，2020 年 12 月 28 日，新浪财经百家号，https://baijiahao.baidu.com/s?id=1687317446517845386&wfr=spider&for=pc，最后浏览日期：2022 年 9 月 15 日。

微博的热搜功能使其在舆论场中保持着强大的影响力,为网民设置议程的同时,也成为诸多社会舆论事件的策源地和发酵场。2013年是中国微博发展的转折之年,用户规模和使用率较2012年均有所下降①。虽然受到盈利能力不佳和同类产品的冲击,但微博的影响力并未消退,突出表现在对公共议题和重大突发事件的报道上,如2014年上海外滩踩踏事件、2015年的东方之星沉船事件等,重大新闻的首发和后续舆论的发酵都发生在微博平台。与此同时,包括《人民日报》、中央电视台在内的由主流媒体开设的微博账号成为这一时期重大社会事件发展过程中的重要新闻发布主体和舆论引导工具。

微信凭借公众号功能在新闻传播领域的影响力日益提升。2012年8月,微信开通公众平台,媒体和个人可以在该平台上申请账号,发布信息内容。其中,新闻公众号多采用订阅号的形式,可向订阅用户群发新闻信息。2014年,大量专业媒体单位进驻微信平台,如中央人民广播电台、《南方都市报》等各层级的专业媒体纷纷开通微信公众号。2014年,微信成为传媒行业的热门话题,当年每月的活跃用户数量都达到5亿人②。公众号平台和朋友圈转发机制使微信已不仅是通信应用程序,更成为一个依托熟人社交圈的信息集散和观点交流中心。到了2020年,中国微信公众号数量达162万个,同比增长65.14%③。

新闻客户端指安装在智能手机上专门用于阅览新闻信息的应用软件。客户端的即时信息推送机制使用户在客户端关闭的情况下仍然可以收到即时新闻信息,这一功能极大地满足了受众对突发新闻的获知需求,也为客户端拼抢时效性提供了技术保障④。2014年后,移动新闻客户端在中国智能

---

① 数据来源:2014年CNNIC发布的《第33次中国互联网络发展状况统计报告》。
② 《2014年微信月活跃用户达5亿 同比增长51%》,2015年3月19日,人民网,http://it.people.com.cn/n/2015/0319/c1009-26716354.html,最后浏览日期:2022年9月15日。
③ 《微信向不向百度开放,内容搜索赛场的鏖战都不会停止》,2021年10月20日,36氪,https://36kr.com/p/1448156406802566l,最后浏览日期:2022年9月15日。
④ 胡晓:《浅析新闻媒体的"两微一端"之路》,《新闻研究导刊》2015年第6期,第48页。

手机用户中的渗透率开始加快,到2015年,新闻客户端在中国智能手机用户中的渗透率已达77.8%①。在4G时代,门户类、传统媒体类和聚合类三种新闻客户端分庭抗礼,凭借自身优势抢夺用户注意力资源。在3G时代,网易新闻、搜狐新闻等门户类新闻客户端已获得发展和成功。2014年后,传统媒体在新媒体生态的不断冲击下,也纷纷开发各自的新闻资讯类App,拓展自身在网络新闻舆论方面的空间。其中,2015年上海东方报业集团开办的"澎湃新闻"上线,成为网络新闻业领域的焦点话题。此外,以今日头条为代表的不设置专业采编团队、依托算法推荐技术的聚合新闻App崛起。2014年5月《今日头条》C轮融资后估值5亿美元,成为行业内的焦点事件。根据艾媒数据中心的报告,2019年,我国新闻客户端用户规模已达6.95亿人②,客户端成为国人接收新闻信息的又一主要渠道。

二、热搜机制开创公众议程设置新模式

2011年,微博开通热门搜索功能,这是一种发布在微博平台显著位置的,根据微博网民搜索关键词的热度而产生的榜单排名机制。热搜榜上的话题融合用户搜索热度、话题因素和互动因素计算出的热度值,对前50个热门词条进行排序,并定时更新。话题的搜索量越大,排名越靠前,越有机会出现在热搜榜,从而被更多人关注。热搜榜囊括网民每天在微博上关注和讨论的焦点,成为微博舆论情势的缩影,"最能够体现用户对话题的参与度、接受度和传播互动情况"③。

2014年后,微博热搜的议程设置功能和社会意义逐渐凸显,在中国的网络新闻与舆论生态中占据重要位置。

---

① 《报纸新闻客户端的发展现状及趋势》,2016年11月9日,搜狐网,https://www.sohu.com/a/118512283_162758,最后浏览日期:2022年9月15日。

② 《媒体行业数据分析:预计2020年中国新闻客户端用户规模为7.24亿人》,2020年8月11日,搜狐网,https://www.sohu.com/a/412567590_120205287,最后浏览日期:2022年9月15日。

③ 逯利萍:《新浪微博热搜议程建构研究》,西安工业大学2021年硕士学位论文,第7页。

社会事件爆发后,通过热搜榜形成的强大舆论压力会对事件的处理和发展具有强大的推动作用。2020年五六月间,微博上爆发的"陈春秀高考被顶替事件"成为热搜推动事态发展的典型案例。

2020年5月21日,陈春秀在参加完成人高考后,意外地在学信网上查到自己在山东理工大学的就读学籍和学历。随后,山东理工大学招生处的工作人员向陈春秀证实,她的学籍在当年被同县考生陈艳平顶替使用。真正该去上大学的陈春秀自2004年高中毕业后在各地打工,这令网友替陈春秀感到不平。一时间,诸如"♯山东被顶替上大学农家女发声♯""♯顶替农家女上大学者成绩比分数线低243分♯""♯还原农家女被顶替上大学16年♯""♯专访山东被顶替上大学农家女♯"(图4-5)等相关话题在微博热搜榜上此起彼伏,顶替事件持续发酵,相关的信息与讨论长期停留在公众的视野。

图4-5 "陈春秀高考被顶替事件"中的微博热搜话题

在强大的舆论压力下,山东冠县县委组织多部门对此事展开调查。2020年6月3日,山东理工大学官网发布公示:"经过资料收集、学院联络核查和学校审核,我校2004级国际经济与贸易专业学生'陈春秀'系冒名顶替入学,经学校校长办公会议研究决定,我校将按程序注销'陈春秀'学信网学历信息。"校方发布公告后,陈春秀向山东理工大学提出重新上学的请求,但对方以"无此先例"拒绝。

校方表态后,热搜"♯被顶替农家女想重新入学被拒"又在微博平台引起热议,大多数网友不满山东理工大学的态度。有网友评论"终于态度变了,为什么之前说无先例?"获得大量点赞和转发。《凤凰周刊》在微博发起投票"山东理工大学考虑帮被顶替农家女重新入学,你的想法是?","学校迫于压力而已,没看出诚意"获得了最高的1.1万票。在反对声日益高涨的情况下,校方称"将积极协调,努力帮助陈春秀实现重新到高校读书的愿望"。

校方再次表态后,话题"♯山东理工将努力帮助被顶替者陈春秀读书♯"于2020年6月23日登上微博热搜榜第二名。截至6月23日晚8时,该话题阅读量达2.3亿,评论量近1万条。

该事件表明,微博热搜令公共热门话题可以长期保持热度,促使原本有可能因媒体转移视线而迅速偃旗息鼓的社会事件在未得到妥善解决之前能长期处于公众视野。不断更新的相关热搜会给当事方造成持续性的舆论压力,推动发展和解决的进程。可以说,热搜榜对于政务公开化、透明化具有较强的推动作用,但是,热搜也会因各方力量的介入而违反原先的算法机制,存在强行设立与公共热点议题无关的话题条目的可能,干扰高品质公共领域的有序建设。

三、微信朋友圈"刷屏"事件频现

2012年后,原本仅作为即时通信工具的微信逐步拓展大众传播功能,许多信息源以公众号的形式涌入微信平台。微信的"朋友圈"因具有熟人社交的特征与一键转发的功能,使得一些由公众号发布的媒体信息往往能在个人朋友圈中形成"刷屏"之势,产生明显的聚焦效应。在4G时代,微信朋友圈已成为人们判断社会焦点议题的渠道,许多刷屏内容成为人们社会话题的重要来源。在微信平台当中,重大事件、社会求助、趣味游戏等内容最易引发朋友圈的"刷屏"现象。

突发性新闻事件,如重大灾害、政治事件、社会道德案件等发生后,相关信息往往会在微信朋友圈中实现快速、大面积的传播。例如,在2015年"8·12"天津滨海新区爆炸事故中,现场目击者、传统媒体开设的公众号、自媒体人等在事发后短短几个小时内就发布了海量的信息内容,通过转发行为在朋友圈形成了围绕该事件的"刷屏"。

除了重大新闻,求救、求助类信息也可能引发微信用户的大量转发。近年来,网络公益活动日益频繁,微信朋友圈成为寻物、寻人、求救、求助信息的重要传播平台。此类信息依托微信用户的人际关系网络快速转发,往往也会在朋友圈形成"刷屏"之势。2016年9月,深圳作家罗尔五岁的女儿罗一笑检查出患有白血病,随后罗尔开始在个人微信公众号上记录女儿患病后的经历。同年 11 月 25 日,罗尔的女儿进入重症监护室,他发布了《罗一笑,你给我站住》一文,并开通了打赏功能。许多网友纷纷在朋友圈转发此文,并配上温情话语,期待更多的人关注此事。该文最终的转发量达 54 万次,打赏金额达 260 余万元。

此外,一些参与性、互动性很强的趣味游戏也会在朋友圈形成"刷屏"现象,如《人民日报》推出的"快看呐!这是我的军装照"活动就引起了广大微信用户的跟风参与,形成热潮。2017 年 7 月底,为庆祝中国人民解放军建军九十周年,《人民日报》通过人脸识别等技术制作了互动 H5 游戏《快看呐!这是我的军装照》(图 4-6),用户可以通过它合成填充自己面容的"军装照"。活动推出当天,大量微信用户参与其中,将合成的军装照发布到朋友圈,还有不少人将自己的微信头像换成军装照,形成了强大的刷屏效应。

图 4-6 《人民日报》推出的 H5 产品《快看呐!这是我的军装照》

第四节 全 媒 触 微

在 4G 时代,移动端互联网成为新闻传播主战场,"两微一端"取代传统媒体成为信息传播和舆论形成的最重要平台,彻底改变了媒体受众获取资讯、交流信息、实现娱乐的基本方式。在报纸出现断崖式垮塌、广电媒体感受到强烈危机之际,各类传统媒体争相进入移动互联网领域,探索自身在"两微一端"中的生存空间。自 2013 年起,面对新媒体的冲击,传统报业和广电媒体的广告额急剧下滑,面临巨大的生存压力,诸多纸媒和广电媒体纷纷推出各自的移动新闻客户端,同时积极地经营微博、微信账号,形成了以"两微一端"为主要抓手的网络化转型路径。

一、传统媒体寒冬之际求变

就在"两微一端"成为传媒业新宠儿之际,传统媒体的发展开始遭遇寒冬。其中,作为传统媒体代表的报业受到的影响格外明显。我国报业在整体上面临发行量下降、广告减少、受众流失和影响力降低的问题,一些报纸开始停刊。由中国广告协会报刊分会、央视市场研究媒介智讯联合发布的《中国报纸广告市场分析报告》显示,2014年1—11月,传统媒体广告环比下降0.9%,其中报纸下降17.7%,杂志下降9.9%,广播、电视、户外的表现尚可①。2015年,传统媒体广告市场下降幅度为7.2%,报纸发行量下降35.4%,是传统媒体中下降幅度最大的,广告资源量降幅达到37.9%。2015年,广告额前20家报纸全部处于大幅下降状态,平均降幅超过三成,降幅最小的报纸也超过了两成②。截至2018年底,全国宣布停刊、休刊的报纸超过了40家,其中大多是都市报。

除了纸媒遭遇寒冬,4G媒体视频化的特质对广播电视媒体也产生了较为强烈的冲击。在4G时代,高清晰度的视听节目无线传播的技术瓶颈得到解决,信息传输速度大幅提高,高质量视频图像高速、流畅的传输为移动互联网终端继续积聚数量庞大的人群提供了便利。2013年,在我国6.18亿名网民中,手机视频用户有2.47亿人,占总体网民的40%。网民上网观看的视频以电视节目为主,其中70.5%的网民上网观看电视剧,38%的网民上网观看娱乐综艺节目,超过20%的网民在网上观看电视直播③。

2015年8月12日午夜,天津滨海新区爆炸事故发生后的第一时间,微

---

① 《2014年中国报纸广告市场调研分析》,新华网,2015年5月16日,http://www.china-consulting.cn/data/20150108/d17687.html,最后浏览日期:2022年9月15日。

② 李雪昆:《4年累计降幅超五成——报纸广告是否已触底》,《中国新闻出版广电报》2016年2月23日,第6版。

③ 数据来源:2014年CNNIC发布的《第33次中国互联网络发展状况统计报告》。

博、微信上就出现了与爆炸相关的大量信息。相比之下,主流媒体的反应迟缓:直到 8 月 13 日凌晨才有主流媒体和官方微博介入报道;天津卫视第二天还在照常播放韩剧,直到下午四点才插播报道事故情况。因此,网络中出现了"世界在看天津,天津在看韩剧"的笑谈。"两微一端"的高普及率和高信息传播效率使其成为我国网络舆情的主战场。人民网舆情监测室发布的《2014 年中国移动舆论场舆情发展报告》[1]显示,2014 年移动舆论场中超过一半的突发舆情最先都是由"两微一端"首次曝光或发酵升级的。东莞扫黄事件、马航失联事件、广东茂名 PX 事件等向人们显示了"两微一端"在滋生新闻话题方面的无限魔力。

在"两微一端"成为舆情主战场的情况下,中央把促进媒体融合发展作为巩固宣传主流思想文化、确保主流舆论传播渠道畅通的重要举措,把移动端媒发展视作媒体融合发展的重要任务和重点工作。从 2013 年召开的全国宣传思想工作会议,到党的十八届三中全会提出"整合新闻媒体资源,推动传统媒体和新兴媒体融合发展",再到《关于推动传统媒体和新兴媒体融合发展的指导意见》出台,中央多次明确要求加快传统媒体与新型媒体的一体化进程。习近平总书记在多次讲话中强调了媒体深度融合的目标,也表明了媒体深度融合对于构建新闻舆论引导新格局的重要性。

2017 年 1 月 5 日,时任中宣部部长刘奇葆在推进媒体深度融合工作座谈会上又进一步提出"移动优先"战略,必须顺应移动化大趋势,强化移动优先意识,实施移动优先战略,打造移动传播矩阵,创新移动新闻产品,紧盯移动技术前沿。同时,刘奇葆在座谈会上还进一步明确了移动新闻客户端作为重要的移动产品在媒体深度融合中的地位、价值和发展路径[2]。2017 年 1 月 15 日,中共中央办公厅、国务院办公厅发布了《关于促进移动互联网健康有序发展的意见》,提出要加强新闻媒体移动端建设,构建导向正确、协同

---

[1] 《2014 年中国社交媒体、移动舆论场舆情发展报告》,2015 年 6 月 25 日,深蓝财经,http://www.mycaijing.com.cn/news/2015/06/25/20620.html?_360safeparam=5026243,最后浏览日期:2022 年 9 月 15 日。

[2] 《刘奇葆:推进媒体深度融合 打造新型主流媒体》,2017 年 1 月 12 日,中国记协网,http://www.xinhuanet.com//zgjx/2017-01/12/c_135975745.htm,最后浏览日期:2023 年 5 月 19 日。

高效的全媒体传播体系①。

二、传统媒体抢滩登陆"两微一端"

"两微一端"成为传统媒体转型的主要抓手,在4G新媒体的冲击下,传统媒体要想走出发展困局必然要审时度势,积极实现与新媒体的融合,开拓"两微一端"的传播发展道路。

由于报纸受到的冲击最大,所以在传统媒体转型的历程中走在了最前面。它们通过开设微博、微信公众号、入驻新闻客户端、开发媒体App等形式进行移动化转型,以崭新的姿态亮相"两微一端"领域。在微博领域,部分纸媒依托粉丝基础,高效地产出专业媒体内容,在微博上形成了较强的传播力和影响力。2016年8月,在排名前200位的媒体的微博中,报纸微博占了大部分,其中《人民日报》《成都商报》《华西都市报》《环球时报》《新京报》等排名比较靠前,这些报纸开设的微博成功地扩大了母媒的影响力。随着2014年微信公众号的改版,阅读数据透明化、文章点赞等功能进一步强化了用户与媒体之间的互动性,长图文推送使媒体微信公众号更受用户青睐,纸媒发布内容的阅读量有所提升。在当时,报纸类微信公众号排名前5位的为《人民日报》《参考消息》《都市快报》《半岛晨报》和《微泰州》,总阅读量达到1亿,占总阅读量的33%。它们通过设置特定栏目对内容进行分类,以方便用户根据自身需求选择相应的内容。此外,为适应用户的快速阅读习惯,一些报纸的微信公众号会设置标签化阅读,对推送的消息按照"推读""探索""热点"等标签来筛选、整合核心信息,从而提高阅读量。2015年9月,中国社会科学院新闻与传播研究所开展了关于传统报业"两微一端"运营和管理现状的调查。数据显示,受访的媒体均已建立官方微博与微信公众号,大多数媒体拥有1—2个微信公众号、1个官方微博。

除了微博、微信,报纸的自有客户端也开始走入用户视野。人民网研

---

① 《中共中央办公厅 国务院办公厅印发〈关于促进移动互联网健康有序发展的意见〉》,2017年1月15日,中华人民共和国中央人民政府网,http://www.gov.cn/zhengce/2017-01/15/content_5160060.htm,最后浏览日期:2022年9月15日。

院发布的《2015中国媒体移动传播指数报告》显示,截至2015年底,中国内地31个省份,已有近半数推出了省级报业集团的客户端①。2014年6月,人民日报社发布了新版人民日报新闻客户端(图4-7),上线一周就获得了200多万的下载量。2014年7月22日,随着一句"我心澎湃如昨",澎湃新闻客户端正式上线。作为上海报业集团重组后重点打造的一个新媒体产品,澎湃新闻聚焦时政,上线后就推出了一系列颇具影响力的报道,在传统媒体客户端发展历程中具有重要意义。同一时期还有浙江日报报业集团的"浙江新闻"和新华社的"新华社发布",它们共同引领传统媒体新闻客户端进入一个全新的时代,使新闻客户端在2014年超越微博、微信,成为网民获取新闻资讯的首要途径。2015年是我国纸媒新闻客户端井喷式发展的一年,全国主流媒体客户端多达231个,形成了"东澎湃,南并读,西封面,北无界,中九派"的格局②。

图4-7 人民日报客户端界面

广电方面,在相关政策的支持和要求之下,各级政府和广电机构把移动新闻客户端建设作为媒体融合发展的突破口和创新点,积极发展建设广电移动新闻客户端。2015—2016年,中央出台了一系列促进广电媒体实现融

---

① 《2015中国媒体移动传播指数报告发布》,2016年3月24日,人民网,http://media.people.com.cn/n1/2016/0324/c14677-28222730.html,最后浏览日期:2022年9月15日。

② 许可:《传统媒体新闻客户端的发展现状分析》,《声屏世界》2016年第12期,第64—66页。

合转型的政策。2016年前后,中央和地方的广电媒体将移动新闻客户端建设作为主要抓手,以期提升广电主流媒体在新媒体领域的核心竞争力。国家新闻出版广电总局于2016年7月2日印发了《关于进一步加快广播电视媒体与新兴媒体融合发展的意见》,提出要以广电为主导,建设几个大型视频平台、音频平台和新闻资讯平台,大幅度提升广电在新兴媒体领域的影响力,把广电移动新闻客户端建设作为广电媒体推进新媒体领域搭建新闻资讯平台的重要抓手①。

2016年,中央级广电媒体已建成移动新闻客户端或移动新媒体矩阵,移动新闻客户端数量超过70个,地市县广电媒体移动新闻客户端有数百个②。这些广电媒体移动新闻客户端以互联网和移动互联网技术为基础,以媒体融合发展为方向,结合自身特点,创建了各具特色的各级广电媒体移动新闻客户端。例如,中央电视台的新闻客户端央视新闻、央视新闻移动网(央视新闻+)、央视财经等发挥自身的视频优势,以央视权威、独家和海量的新闻报道资源为基础,注重内容更新、用户体验、运营推广等方面的建设,为用户提供了"看得见的新闻"。截至2017年3月20日,央视新闻"两微一端"的总用户数量超过3亿人,其中央视新闻客户端的下载量达到4 552万人次,月平均活跃用户达96万人。

与此同时,各大省级广电媒体也加速发展客户端。2016年6月,上海台组建融媒体中心,通过指挥岛、资源岛和分发岛三大管理枢纽,实施统一指挥调度,使新闻生产从最初的采集到最终的审核、发布各个环节都能够协同运作,极大地提高了生产和管理效率,为新闻客户端建设提供技术支持。湖北移动政务新媒体平台长江云则致力于全省整合,构建全省共享互通的"中央厨房",实现"一次采集,多次生成,多元发布",全省各地各部门可跨站点调用最新内容,用户可跨区域进行内容订阅,有效地整合了人力、信息、渠

---

① 《总局印发〈关于进一步加快广播电视媒体与新兴媒体融合发展的意见〉的通知》,2016年7月2日,国家广播电视总局,http://www.nrta.gov.cn/art/2016/7/2/art_3592_42309.html,最后浏览日期:2022年9月15日。

② 《广电移动新闻客户端成为媒体融合重要突破口》,2017年7月8日,永州广电网,http://www.21ytv.com/folder36/folder37/2017-07-08/71683.html,最后浏览日期:2022年9月15日。

道等资源。浙江电视台"中国蓝新闻"客户端以广电新闻节目直播、点播功能为特点,强化视频优势,设计了多个板块,在各类重大事件和突发事件中承担重要的融合报道工作。浙江杭州台上线的杭州之家、杭州电视台等新闻客户端在具备母台所有节目的在线点播功能的同时,还为用户提供城市新闻资讯、新闻滚动播报等服务。

三、传统媒体创新内容与语态

为更好地适应"两微一端"的媒体环境,获得更多的用户关注和喜爱,传统媒体不断揣摩网络用户的心理,通过对母体内容的整合、拓展和再创造,打造更适合"两微一端"平台的新闻内容。与此同时,传统媒体改变了原本"说教型"的语言表达方式,创造出更适合网络环境的新闻语言表达方式。

在"两微一端"领域,曝光"第一现场"、成为"头号目击者"已不再是传统媒体的优势。但是,凭借专业团队的优势,主流媒体通过对新闻内容的深度挖掘与态度表达,依然保持着自身的影响力。例如,在2014年"导演王全安涉嫌嫖娼被拘"的报道中,《人民日报》海外版公众号侠客岛于当晚向订阅用户推送了题为《嫖娼、吸毒,娱乐圈乱象背后是怎样的人生?》的文章。该文没有局限于对新闻事实的简单呈现,而是将近年来娱乐圈的各类乱象予以整合讨论,深入探讨了公众人物该如何肩负责任,管理私人欲望。文章发布3个多小时后,阅读量就达15 000余次,这在微信公众号平台已经是极高的热度。

在"两微一端"平台,简洁活泼的优质内容往往更能吸引用户的注意力。因此,主流媒体通过多元化的表达形式、轻松的内容获取方式拉近了与用户的心理距离,一改传统媒体在大众心目中原本高高在上的"说教者"形象,在潜移默化中达到宣传目的。例如,针对"微平台"轻阅读、快节奏的阅读环境,《人民日报》在微博上发布的内容除了时政消息之外,还有软新闻、科普类、生活服务类信息。又如,《新京报》微信公众号通过《手记》栏目,以"记者手记"的形式对热点新闻事件进行二次开发,展现新闻事件背后更多的故事细节和背景材料。

为适应年轻化的网络语言风格,拉近与用户的距离,传统媒体在"两微一端"上还创造了一套特有的网络话语体系。传统媒体在"两微一端"上经常突破传统新闻的用词,用更接地气的语言呈现新闻内容。例如,在全国"两会"期间,《人民日报》在微信公众号使用了《强哥教你16个新词汇,不懂你就OUT了》这样深具网络语言风格的标题。又如,川报观察推送了名为《李克强和四川代表"私聊"都说了啥?》的文章,一个"私聊"立刻拉近了时政报道与普通受众的距离。

图4-8 朱广权被称为"央视段子手"

此外,主流媒体还特别关注年轻群体的喜好,积极探索建构"网红"主播和制造"网络热点"话题的可能性。央视新闻主播康辉在年轻人最喜爱的B站上开设了个人VLOG系列视频栏目,深受年轻网友的喜爱;央视主播朱广权(图4-8)在新闻节目中以轻松、幽默的"段子"多次登上微博热搜,他说的"地球不爆炸,我们不放假,宇宙不重启,我们不休息"更是成为网络热议的话题,受到包括B站用户在内的广大年轻网友的追捧。这些传统媒体工作者通过"网红化"的形象建构了颇具网络特色的语言表述,增强了主流媒体在年轻人心目中的好感度。

四、传统媒体重夺在移动端的影响力

在完成"两微一端"平台搭建之后,主流媒体整合传播矩阵内资源,努力构建系统的传播圈层,发挥不同平台的特长和优势,通过联动来扩大影响力。一方面,在第一时间发布重要信息,努力在热点事件中占据舆论场的先导地位;另一方面,凭借自身的专业优势,深入事件调查,深度解读信息,把握舆论方向。在政策利好和积极运作的情况下,主流媒体逐渐在以"两微一端"为主体的网络舆论场中重新夺回了主导权。

在新闻政策方面,传统媒体获得了有利于在网络空间重夺主导权的利好消息。2014年8月7日,国家互联网信息办公室发布《即时通信工具公众信息服务发展管理暂行规定》(俗称"微信十条"),对公众号进行资质审核,规定未取得相关新闻发布资质的公众号"未经批准不得发布、转载时政类新闻"。这一规定大大提升了具备新闻发布资质的传统媒体在微信公众号平台的竞争力。2014年9月,百余家媒体和自媒体联合发布了第六期"微信公众号巅峰榜",为一周内较有影响力的微信文章进行排名:在"时事"类排行榜中,10篇热点微信文章中有6篇来自传统纸媒的公众号;在"城市"类排行榜中,排名靠前的19篇文章中有14篇属于纸媒运营的公众号。可见,纸媒在微信公众号平台上的影响力已经不容忽视。

在对重大突发事件的报道中,"两微一端"上的传统媒体虽然已不具备"爆料人"的优势,但在后续调查和舆论引导方面展现出强大的能力。在2015年"8·12"天津滨海新区爆炸事故发生时,人民日报官方微博账号虽然没有在第一时间报道现场情况,但在后续的事故确认、定性追责等一系列环节中都主导了议程设置。在诸多突发性公共安全事件中,主流媒体在"两微一端"上通过专业、及时、权威的报道占领舆论高地,避免了次生舆论危机的发生,在防止谣言滋生和舆论极端化的引导过程中发挥了重要作用。

此外,相较于其他网络自媒体,主流媒体凭借采编、制作人员的专业性,在很多新闻事件的深度报道中展现出技术优势。例如,《新京报》2016年6月在微信平台发布的新闻《78死500伤!江苏龙卷风为何伤亡如此惨重?》采用3D动画的形式(图4-9)

图4-9 《新京报》通过3D模拟技术还原灾难现场

还原了江苏省阜宁县的灾难现场,深入地解释了死伤惨重的原因、龙卷风的形成机制和面对龙卷风时的合理自救方式。这些专业化的呈现手段凸显了主流媒体在网络深度报道领域的强大优势。

第五节　人工智能影响下的传媒业

　　人工智能热的兴起加速了新闻传播范式的革命,使得新闻行业发生了深刻变化。在技术、政策与资本的多方加持下,我国媒体加紧战略布局,相继推出了诸多人工智能实验室和产品。在新闻传播领域中,机器人写作、个性化推荐、语音机器人、虚拟主播等人工智能技术被日益频繁地应用于信息采集、内容生产和渠道分发等多个环节,新闻业正在逐渐向智能化方向发展。

一、人工智能技术的兴起

　　在现代信息技术快速发展的推动下,人工智能技术在许多领域体现出显著优势,也对新闻行业产生了不小的冲击。"如果新闻媒体不紧紧抓住人工智能的发展潮流,必然将会遭遇技术升级与变革所带来的市场化冲击。"[①]我国领导人充分重视人工智能在传媒领域的发展,习近平曾指出,"要探索将人工智能运用在新闻采集、生产、分发、接收、反馈中,全面提高舆论引导能力"[②]。

　　2015年5月—2017年12月,国家累计出台了12个与人工智能相关的政策和计划。2015年5月的《中国制造2025》提出,要加快推进智能制造的发展,着力发展智能装备和产品,推动生产过程智能化。2016年3月,人工智能被列入我国国民经济和社会发展"十三五"规划纲要。2017年3月,"人工智能"首次被写入《政府工作报告》。同年7月,《国务院关于印发新一

[①] 李怡然:《人工智能时代新闻生产创新模式建构研究》,暨南大学2018年硕士学位论文,第1页。

[②]《推动媒体融合向纵深发展》,2019年1月26日,新京报百家号,https://baijiahao.baidu.com/s?id=1623658297872746456&wfr=spider&for=pc,最后浏览日期:2022年9月15日。

代人工智能发展规划的通知》中提出"2020—2025—2030"三步走战略,人工智能首次上升到国家战略层面。同时,当年12月发布的《促进新一代人工智能产业发展三年行动计划(2018—2022)》在7月发布的通知基础上再进行深入的细分,对每个方向的目标和发展都作出更为详尽的量化。在国家的大力推进和重视下,各省市也陆续推出了人工智能相关政策,包括广东省、浙江省在内的诸多省市都推出了专门针对人工智能产业发展的政策。2017年10月,人工智能写入党的"十九大"报告,指出将推动互联网、大数据、人工智能和实体经济深度融合。2018年后,政府人工智能多次被写入《政府工作报告》。

除了政府导向,各国的大型科技企业也是推动人工智能发展的重要力量。在美国,谷歌、微软、Facebook等科技公司主导了人工智能的研发。在我国,以百度、阿里、腾讯为代表的各大科技巨头也早已进入该领域进行产业布局。百度早在2013年就广为招揽人工智能方面的人才,以人工智能为基础驱动力不断完善包括搜索引擎在内的已有核心业务。2017年7月,阿里巴巴在北京举行"阿里人工智能实验室2017夏季新品发布会",阿里人工智能实验室负责人在会上发布了该平台的第一款智能语音终端设备"天猫精灵X1",用户可以用自然语言对话的方式实现各项娱乐、购物生活服务等功能。腾讯于2016年成立工AI Lab(人工智能实验室),聚焦视觉、语音识别、自然语言处理等方面。科技巨头企业在人工智能领域的强势入局加剧了行业竞争,也使得大量资金涌入其中。

2016年以来,我国人工智能领域投融资规模都呈现出明显的上升趋势。2017年,该领域的市场规模达到237.4亿元,同比增长67%。截至2018年6月,全球范围内共检测到人工智能企业4 025家。其中,美国有2 028家,居世界首位;中国有1 011家,居世界第二位。值得一提的是,北京是全球人工智能企业最集中的城市[①]。中国人工智能市场增长迅速,其整体融资规模处于全球领先地位。

---

① 数据来源:2018年清华大学中国科技政策研究中心发布的《中国人工智能发展报告2018》。

二、媒体积极开发人工智能项目

在美国,各主流媒体都高度重视人工智能技术,美国联合通讯社(简称美联社)、《纽约时报》和《华盛顿邮报》三家媒体在新闻业的人工智能技术研发与应用方面处于领先地位。2014年,美联社开始使用机器人写作财务报告类新闻,是新闻业界最早使用机器人写作的一家媒体。我国新闻媒体也通过与科技企业合作的方式,加快人工智能布局,推出了诸多产品,一些由人工智能生产的新闻作品也获得了业界的认可。

2017年12月26日,新华社与阿里巴巴集团的合资公司新华智云发布了"媒体大脑",是中国第一个为媒体服务的人工智能平台。编辑室利用人工智能可以提高创作效率、减少重复工作、节省时间成本。人工智能在写稿、审稿、审查等环节都有较高的精准度和效率,信息处理和合成主播等技术降低了新闻报道的成本。2018年6月13日,新华社向全球发布了媒体大脑2.0——MAGIC智能生产平台。该平台上线后首次在俄罗斯足球世界杯的报道中得到了应用。

2017年,国内多家报纸开始建立各类实验室,以期将最新的技术引入数字报纸领域,进而研发出更好的产品和服务形式。2017年7月17日,南方都市报社"智媒体实验室"成立,主要研究机器写作、智能摘要、智能服务、文本实体识别、立场分析等,智能机器人"小南"是其首个重要成果[1]。2017年2月19日,人民日报社新媒体中心和电子科技大学合办的《人民日报》新媒体实验室正式启动,将人工智能、大数据等新一代信息技术应用于新媒体领域,形成领先的"电子信息+新媒体"的产品和服务[2]。2017年5月4日,封面传媒发起的"人工智能与未来媒体实验室"成立,由封面传媒与谷歌、百

---

[1] 《媒体实验室为融合发展探路》,2017年9月5日,人民网,http://media.people.com.cn/n1/2017/0905/c414063-29516099.html。最后浏览日期:2022年9月15日。

[2] 《全国移动直播平台上线 人民日报新媒体实验室启动》,2017年2月20日,人民网,http://media.people.com.cn/n1/2017/0220/c40606-29092221.html。最后浏览日期:2022年9月15日。

度、微软、科大讯飞等合作,主要研究人工智能与传媒技术的融合,探索"AI+移动媒体"的未来①。2018年6月11日,人民日报社推出了"人民日报创作大脑"平台。该平台借助人工智能等技术,为内容创作者提供创作工具,帮助他们进行内容生产和发布。同日,"人民号"正式上线,作为全国范围内的移动新媒体平台,一上线就吸引了2 000多个主流媒体、党政机关、高校、优质自媒体和名人入驻②。

  2017年"两会"期间,多家报纸推出了自己的机器人助手。2017年2月28日,《光明日报》融媒体中心研发的"小明AI两会"正式上线,将人工智能和大数据技术用于"两会"报道,这在国内尚属首次③。2017年3月1日,国产智能机器人"小融"进驻《人民日报》"中央厨房"大厅④。阿里云ET机器人在人民网的《每日两会热点》专栏为公众提供"语音版"播报服务。新华社的实体机器人"i思"(图4-10)还以见习记者的身份活跃在"两会"报道中,新华社还为它定制了"i思跑两会"系列节目⑤。同一时期,《广州日报》推出了机器人"阿同"和"阿乐"⑥,《深圳特区报》推出了机器人"读特"⑦。2018年3月,全国"两会"期间,新华社借助新推出的人工智能平台"媒体大脑",

---

  ① 《封面传媒联手谷歌、百度、微软等巨头 成立人工智能与未来媒体实验室》,2017年5月5日,四川在线,https://sichuan.scol.com.cn/cddt/201705/55902584.html,最后浏览日期:2022年9月15日。
  ② 《全国移动新媒体聚合平台"人民号"上线》,2018年6月12日,人民网,http://cpc.people.com.cn/n1/2018/0614/c419242-30056318.html,最后浏览日期:2022年9月15日。
  ③ 《"小明AI两会"正式上线》,《光明日报》2017年3月1日,第1版。
  ④ 《机器人小融进"中央厨房"》,2017年3月8日,人民网,http://media.people.com.cn/n1/2017/0308/c14677-29132047.html,最后浏览日期:2022年9月15日。
  ⑤ 《厉害了,我的"神器" 2017年两会报道中的智能机器人》,2017年3月15日,人民网,http://media.people.com.cn/n1/2017/0315/c14677-29146493.html,最后浏览日期:2022年9月15日。
  ⑥ 《广州日报让新闻"动起来" 人工智能首秀不只是卖萌》,2017年3月4日,搜狐网,https://www.sohu.com/a/127846195_114731,最后浏览日期:2022年9月15日。
  ⑦ 《两会新闻机器人"读特"火了》,2017年3月12日,《深圳特区报》网络版,http://sztqb.sznews.com/html/2017-03/12/content_3742889.htm,最后浏览日期:2022年9月15日。

图4-10 新华社工作人员介绍"i思"机器人记者写稿流程

只用15秒就生产并发布了一条有关"两会"的视频新闻,这是新闻史上的首次尝试。此外,新华网还使用生物传感智能机器人"Star",准确地描绘出了观众在听取《政府工作报告》时最真实的"情绪曲线"①。

2017年11月23日,新华社机器人"i思"在2017年度"王选新闻科学技术"颁奖大会上获得一等奖。该奖项是经国家科技部批准设立的全国传媒界唯一的科学技术奖,由中国新闻技术工作者联合会主办,每两年评选一次。"i思"的获奖说明人工智能机器人写作在一定程度上得到了新闻业界的肯定。"i思"机器人在2017年"两会"上得到了充分的应用,是首款实现"两会"采访的实体智能机器人。

三、新闻生产的智能化

在技术浪潮的影响下,人工智能技术已受到越来越多媒体和企业的推崇和采纳,机器人写作、个性化推荐、语音机器人等人工智能技术被日益频繁地应用于选题策划、信息采集、内容生成和渠道分发等环节,新闻生产正逐渐迈入专业化与智能化并重的时代②。人工智能技术在新闻生产中的应用正在改变传统新闻业劳动密集型的属性,实现新闻生产模式上的创新。

(一)信息采集的智能化

将人工智能应用于新闻素材的采集可以极大地丰富新闻的采集形式。随着物联网技术的快速发展,各类智能传感器终端更广泛地应用在现实生

---

① 《2018两会新媒体报道观察》,2018年3月23日,人民网,http://media.people.com.cn/n1/2018/0323/c14677-29884565.html,最后浏览日期:2022年9月15日。

② 张志安、刘杰:《人工智能与新闻业:技术驱动与价值反思》,《新闻与写作》2017年第11期,第5页。

活中,构建了现代智慧生活的新形态。GPS(global positioning system,即全球定位系统)、智能音响、智能探头和无人机等都可被视为获取新闻信息的传感器,多种传感器的综合应用可以实现新闻信息的多维度采集,通过立体式新闻采集模式消除新闻盲点,挖掘事实真相。

2015年"8·12"天津滨海新区爆炸事故的灾难现场浓烟刺鼻,并伴有许多危害性化学物质,新闻记者难以进入。新华社、搜狐新闻等媒体采用无人机深入灾难现场采集信息,避免牺牲新闻工作者健康的同时,采集到了第一手材料,及时、准确地进行了第一时间的新闻报道。

语音识别系统在新闻信息采集中的作用也逐渐凸显,这项技术能够实时将语音转化为文本,也能将文本转化为语音,为新闻工作者的视频剪辑和新闻声音录入工作带来了巨大的便利。早在2014年底,百度首席科学家吴恩达与其团队就发布了第一代端对端的深度语音识别系统"Deep Speech",即使在嘈杂的环境下也能达到94%的语音识别准确率。在2018年的"两会"报道上,人民日报新媒体中心首次引入人工智能语音识别系统。在重大会议视频的直播中,该系统能实时地无缝衔接音频和文本翻译,极大地提高了新闻发布的速度和传播效率。在2018年的十三届人大一次会议开幕式、记者会等视频直播中均使用了该语音识别系统,有效地提高了文字录入的准确率和发布速度。

(二)新闻写作的智能化

新闻机器人作为可以撰写新闻内容的人工智能产品,使人力从一部分新闻生产过程中解放的同时,还在生产速度和数量方面具有优势。基于大数据分析平台,写稿机器人可以在短时间内选出新闻点、抓取相关资料,通过学习新闻模板、填充内容完成稿件。对于数据量巨大的新闻类型,写稿机器人在准确率和时效性上都强于人类写手。

今日头条的新闻机器人"张小明"在2016年里约奥运会上24小时监测赛事状况,每天平均写作30篇赛事报道。2015年9月,腾讯财经推出了自动化新闻写作机器人"Dreamwriter",仅用时一分钟写作了第一篇报道《8月CPI同比上涨2.0%创12个月新高》。该报道抓取了国家统计局发布的CPI相关数据,同时援引了行业专家和业内人士的分析。2016年2月18

日,搜狐宣布正式推出智能股市播报系统"智能报盘",利用人工智能的自动跟踪技术及时捕捉股市动态,自动化生成并发布资讯,可以对股市大盘和个股行情盘面变化进行纯粹、客观的描述。新华社的写稿机器人"快笔小新"服务于新华社体育部、经济信息部和《中国证券报》,它可以写一句话的报盘、一段话的公司财报和快讯等。

"智能记者"无疑在时效性和数量上更具优势,但在我国新闻媒体内容生产领域中,它们的应用还处于初级阶段,大多只是进行简单的信息整合和数据处理,暂时还无法驾驭需要深度思考、调查和分析的新闻题材。

(三)新闻发布的智能化

除了在本章第一节提到的算法分发技术,在新闻分发领域,虚拟的人格化传播主体也是人工智能在我国新闻传播领域的一大亮点。

虚拟主播不仅能够存储大量的信息知识,也可以随时播报新信息,不受工作时间和条件的限制。2019年3月3日,作为全新升级的站立式AI合成主播、首个AI合成女主播——"新小萌"(图4-11)一经推出,便引发了全球媒体圈

图4-11 AI合成女主播"新小萌"

的关注。"新小萌"由新华社与搜狗公司合作开发,是人工智能与新闻采编深度融合的突破性成果。这类机器人主播可以在官方网站和各种社交媒体平台上24小时工作,以提升电视新闻的制作效率,降低制作成本,并在突发报道中快速生成新闻视频,提高报道的时效和质量。有印度媒体称,除了嘴唇动作稍显僵硬外,"新小萌"几乎可以以假乱真;路透社则认为这个AI合成女主播栩栩如生[1]。

2021年4月,采用计算机图形和人工智能技术打造的中国首位"数字

---

[1] 《中国首个AI合成女主播"新小萌"上岗 几乎可以以假乱真》,2019年3月4日,头条资讯,https://n.znds.com/article/36728.html,最后浏览日期:2022年9月15日。

记者"和全球首位数字航天员——"小诤"(图4-12)亮相，并开启太空报道之旅。这个虚拟航天员是新华社与腾讯互娱NExT Studios进行技术合作的成果，专门用于航天主题和航天场景中的新闻报道和科普信息传播。"小诤"无须经过专业的

图4-12　数字宇航员记者"小诤"

身体、心理训练，就可以在空间站等人类新闻工作者无法到达的太空场景进行新闻采写。

第五章

媒体融合:建设新型主流媒体

2014年8月18日,中央全面深化改革领导小组第四次会议审议通过了《关于推动传统媒体和新兴媒体融合发展的指导意见》,对如何推动媒体融合发展提出了明确要求。由此开始,处于困境的传统主流媒体在自上而下的行政力量的主导下开始了新一轮的媒体融合。到2021年,中央、省级、市级和县级媒体四级融合发展已初见成效,网上网下一体、内宣外宣联动的主流舆论格局初步成形,中央和省级媒体中出现了一些可圈可点的新型主流媒体。

第一节 媒体融合动力:传统主流媒体的困境

数据显示,截至2014年12月,中国网民已达6.49亿人,手机网民已达5.57亿人,网民的人均周上网时长达26.1小时[①]。面对新兴媒体不断增强的传播力和影响力,传统媒体虽不断触网,但整体来说收效不大,此时的传统媒体面临巨大压力,生存越来越困难。

一、传统主流媒体"去中心化"

报纸、广播和电视作为传统媒体是我国的主流媒体,自创办以来就是我

---

① 数据来源:2015年CNNIC发布的《第35次中国互联网络发展状况统计报告》。

国重要的信息传播载体和舆论阵地。传统媒体长期处于没有市场压力的状态,但随着新兴媒体发展速度变快,日益多样化的传播形态吸引着传统媒体的受众。因此,传统媒体的受众不断流失,市场份额不断萎缩。

(一)报业"断崖式"滑落

1978年改革开放后,经过国家的宏观调控和综合治理,截至2000年底,中国内地共出版报纸2007种,中国报业形成以党报为龙头,区域性城市类报纸、行业报等各门类报纸共同发展的格局,报纸种类齐全①。

2009年是中国报业发行市场的拐点,2010—2013年中国报业纸质发行市场呈大幅萎缩趋势;2010年是中国报纸广告市场拐点,2011—2013年中国报业广告收入逐年下滑。2013年,中国报业发行量和广告收入双双下降。中国新闻出版研究院的《2013年新闻出版产业分析报告》用"报纸出版形势严峻,多项指标明显下滑"描述2013年的中国报业,认为"数字化阅读进一步普及、信息传播与获取方式深刻改变对报纸出版的冲击进一步显现"。

2014年1月1日,上海《新闻晚报》休刊再次引发"纸媒将死"的话题。中国新闻出版研究院的《2014年新闻出版产业分析报告》用"深度下滑,经营困难加剧","面临严峻挑战"描述2014年的报业出版。其中,46家报刊出版集团主营业务收入与利润总额分别降低1.0%与16.0%,报业集团中有17家营业利润出现亏损,较2013年增加2家。

2015年,中国报业总体进入下降通道。其中,都市报广告受新兴媒体影响最大。国家新闻出版广电总局发布的《2015年新闻出版产业分析报告》显示,2015年报纸出版出现全方位下滑,面临挑战更趋严峻。其中,报纸出版总印数、总印张分别降低7.3%和19.1%,营业收入、利润总额分别降低10.3%和53.2%。43家报业集团主营业务收入与利润总额分别降低6.9%与45.1%。其中,31家报业集团营业利润出现亏损,较2014年增加14家②。报业正遭遇"断崖式"滑落,步入衰退期已不可避免(图5-1)。

---

① 陈升乾:《2000年我国各地区报纸出版数量及用纸量情况》,《西南造纸》2002年第1期,第35页。
② 国家新闻出版广电总局:《2015年新闻出版产业分析报告》,《出版参考》2016年第9期,第33—34页。

（二）广播电视业危机已显

2014年，电视广告市场发展速度开始放缓，增长率连续3年呈下降趋势。同年，网络广告市场规模超过电视，跃居媒体广告市场首位，新媒体的强大冲击力已经从纸媒延伸到电视。

清华大学传媒蓝皮书《中国传媒产业发展报告（2015）》中的文章《2015中国传媒产业发展大趋势》认为，"电视正逐渐远离其最辉煌的时代"，"电视广告市场让位于互联网的原因主要是无法与观众互动，广告投放精准度低且难以追踪，加上越来越多的人习惯通过网络收看电视节目，广告主对电视广告的热情一降再降"。广电企业必须转型，否则广电系企业多年累积的优势耗尽之后，遑论与互联网企业竞争，连生存都成问题。

图5-1 《赣州晚报》于2019年1月1日停刊

不过，该研究报告也认为，电脑终究无法完全替代电视，原因在于"人们对优秀电视节目内容的需求有增无减、中老年受众和三四线城市对传统电视认可度较高、广电系企业多年累积的客户资源和优秀人才也具有强大的造血能力"。

（三）传统媒体的困境

2014年，无论受众规模还是投资赢利规模，大多数传统媒体都呈现发展滞缓甚至衰退的趋势，此时的传统主流媒体面临重重危机，具体来说有以下两个方面。

一方面是人才流失。媒体是知识密集型行业，人才是运行的重要保障，不少传统媒体人的跳槽和独立创业令传统媒体的生存雪上加霜。2015年下半年，央视主播郎永淳、张泉灵、赵普、段暄等人密集离职。由于他们的社会知名度较高，引发了社会大众和传媒学界业界对传统媒体的生存和发展的关注。

更关键的另一方面是受众规模的收缩,赢利能力下降。传统媒体形成的"内容做出影响力,用影响力带动广告"的二次销售模式延续多年,广告成为传媒产业主要的营业收入,导致大多数传统媒体的经营都比较单一,对广告的依赖度极高。如果传统媒体的发行量和收视率一直下滑,受众规模减小,拉动广告的力度不断变弱,传统媒体的生存会受到越来越严峻的挑战。

传统媒体的受众规模不断缩减,作为党和政府宣传工具的传统媒体的传播影响力势必下降,在舆论场中,必定会给新闻宣传工作带来全方位、深层次的影响,传统媒体曾经的中心地位也受到挑战。

二、新兴媒体成为新主流媒体

新兴媒体是继报纸、广播、电视等传统媒体之后发展起来的,通过互联网传播信息的媒体。作为传播技术进步的产物,新兴媒体实现了文字、图片、声音、图像等传播符号和手段的有机结合,以巨大的信息负载能力、数字化技术、超时空传播、易复制、易检索、互动性强等优势成为媒介发展史上新的里程碑。

(一)新兴媒体发展现状

2013 年,新兴媒体对传统媒体的替代趋势越发明显。2013 年报业发行量和广告收入双双下降,2014 年电视广告市场的发展速度开始放缓,电视广告市场规模被互联网广告市场规模反超,后者跃居媒体广告市场首位。

同时,智能手机作为重要的媒体终端。截至 2014 年 6 月,我国网民上网设备中,使用手机上网的网民比例为 83.4%,手机网民规模达 5.27 亿人,相比 2013 年底上升 2.4 个百分点①,手机作为第一大上网终端设备的地位更加巩固。

"两微一端"成为重要的新闻媒体形态。艾媒咨询发布的《2015—2016 中国手机新闻客户端市场研究报告》显示,2015 年,中国手机新闻客户端在手机网民中的渗透率达 77.8%,相比 2014 年的 71.0% 明显提升。移动新

---

① 数据来源:2014 年 CNNIC 发布的《第 34 次中国互联网络发展状况统计报告》。

闻客户端成为手机网民获取新闻的主要方式,社交应用中以微博、微信使用人数最多。以2009年上线的新浪微博和2011年问世的微信为代表的社交媒体消弭了线上、线下的界限,网民在移动互联网中形成了一种"永远在线"的状态,人际传播网络也由此成为获取新闻信息的重要方式。

微博、微信深刻地改变了中国人的媒体使用习惯。截至2014年6月,我国微博用户规模为2.75亿人,占整体网民的43.6%。手机微博用户数为1.89亿人,占手机网民的35.8%①。微信团队发布的《2015微信生活白皮书》显示,2015年9月,微信平均日登录用户达5.7亿人。微信在全国的覆盖范围进一步扩大,在一线城市的渗透率达93%,即使互联网使用程度较低的五线城市,渗透率也达到28%。

手机新闻客户端的使用人数也颇为可观。艾媒咨询发布的《2013年中国手机新闻客户端市场研究报告》显示,截至2013年底,中国手机新闻客户端用户规模达到3.44亿人,手机新闻客户端在手机网民中的渗透率达到60.4%。艾媒咨询数据显示,2013年,在中国手机新闻客户端活跃用户分布方面,搜狐新闻客户端、腾讯新闻客户端、网易新闻客户端位居前三位,活跃用户占比分别为31.2%、29.4%和27.6%。

中国新兴媒体的发展充满活力,新兴媒体已经成为中国新闻事业与普通人日常生活的重要组成部分。

(二)新兴媒体影响力的构建

依托于互联网技术的新兴媒体不断发展,不仅改变了受众的媒介接触行为,而且成为人们获取新闻信息的重要途径和了解世界的重要渠道。新兴媒体的新闻传播能力不断增强,新兴媒体的特性构建了其不断增强的影响力。

1. 在满足人们信息需求方面具有独特优势

新兴媒体重新定义了人们获取信息的方式方法,其最大的特性是即时性和交互性,即每个网民不仅是信息接收者,也是发布者、传播者。新兴媒体首次实现了文字、图片、声音、视频等多种传播元素融合的传播,凭借信息

---

① 数据来源:2014年CNNIC发布的《第34次中国互联网络发展状况统计报告》。

海量、不受时间地点限制、快捷方便等优势迅速吸引了大众的眼球。此外，受众碎片化的信息接收习惯也使得新媒体颇受青睐。艾媒咨询的《2013年中国手机新闻客户端市场研究报告》显示，用户倾向于在零散的时间使用新闻客户端，有较多用户在午间休息和无聊的时候使用，阅读时间的分布较为碎片化。2013年，在中国手机新闻客户端用户中，睡觉前看新闻的用户最多，达60.3%，乘坐交通工具时看新闻的用户为57.0%。

2. 为中国政府和民众沟通交流搭建了新的桥梁

新兴媒体为人们的交流互动提供了便捷渠道，网上交流、发言日益活跃。同时，中国政府致力于通过新兴媒体推进服务型政府建设，大力推动中央和地方政府部门开设政府网站和政务微博；网络问政、网络助政改变了中国的政治生态环境，网络发言人、网络新闻发布会等政治创新层出不穷；越来越多的人通过新兴媒体就政府工作表达意见、建议，参与社会公共事务管理。

3. 互联网与人的黏性越来越强

相对于传统媒体的受众概念，互联网时代更多是使用"用户"概念。"用户"重新定义了传播双方的角色。互联网的很多商业模式专注于为用户提供服务和用户体验。相较于传统媒体对广告的高度依赖，互联网并不完全依赖广告，初步形成了信息服务、社交沟通、文化娱乐和商业服务四大形态，能使人们更为便捷地交流，并获取医疗、教育、娱乐、休闲、商务等信息，改变了人与人、人与社会的关系。

4. 在技术驱动下不断发展创新

截至2014年6月，我国网民中使用手机上网的比例达到83.4%，首次超过通过传统PC（仅包括台式机和笔记本，不包含平板电脑等新兴个人终端设备）上网的比例（80.9%）[①]。这标志着互联网平台已经从第一代通过传统PC上网进入到以智能手机、平板电脑为代表的移动终端上网的第二代。互联网的移动化带来了新兴媒体的进一步发展，同时对网络用户的阅读习惯产生了重大影响。

---

① 数据来源：2014年CNNIC发布的《第34次中国互联网络发展状况统计报告》。

1994—2014年，从最初的BBS到门户网站，再到新闻客户端、微博、微信、自媒体写作平台等，新兴媒体以不断发展的表现形式吸引了越来越多的网民。互联网技术推动新兴媒体上的报道更加精彩纷呈，新兴媒体创新传播手段的能力不可阻挡。

（三）新兴媒体挑战传统媒体的主流地位

传统媒体作为党、政府和人民的耳目喉舌，承担着政治宣传，连接党和人民的重任。在新兴媒体尚未出现时，传统媒体是民众获取信息的主要渠道，也是当之无愧的主流媒体。同时，传统媒体尤其是党委机关报、广播、电视等都由各级党委、政府直接领导，是国家管理部门认定的主流媒体。从话语角度看，这些媒体与党和国家的重大决策保持一致，承担传播主流社会正能量的责任，民众了解权威信息也主要从报刊、广播、电视中获取。

主流媒体不仅要看发行量，更要看影响力，要能在舆论场上具备引导舆论、凝聚共识的能力。当新兴媒体的一个平台就拥有几百万、几千万甚至几亿用户时，主流媒体的判断标准就变得复杂了。首先，从媒体发展格局看，传统媒体的受众规模不断缩小，市场份额逐渐下降，越来越多的人通过新兴媒体获取信息，青年一代更是将互联网作为获取信息的主要途径。其次，从舆论生态变化看，新兴媒体在话题设置、影响舆论方面的能力日渐增强，大量社会热点在网上迅速生成、发酵、扩散，传统媒体的舆论引导能力面临挑战。最后，从意识形态领域看，互联网已经成为舆论斗争的主战场，直接关系我国意识形态安全和政权安全。

新兴媒体打破了传统媒体时代报纸、广播、电视对信息的主导地位，传统媒体受到严峻挑战，已经到了一个革新图存的重要关口，它们必须寻找出路，在传播渠道、内容、手段和技术等方面重新夺回主导权。

三、2014年之前的媒体融合

一方面是传统媒体的困境，另一方面是新兴媒体的快速发展，导致传统媒体向新兴媒体靠拢、寻求新的增量空间成为必然。

(一) 媒体融合探索

自互联网诞生到2014年,我国传统媒体在融合发展上不断进行探索,经历了传统媒体建设新兴媒体、传统媒体与新兴媒体互动发展、初步探索传统媒体与新兴媒体融合发展三个发展阶段。

1. 传统媒体借力互联网,建设新兴媒体

1995年1月,第一份中文电子杂志《神州学人》创刊,拉开中国报刊电子化的序幕。1996年12月,中央电视台上网,标志着中国广播电视媒体进入网络传播领域。中国新闻媒体形成第一个上网高峰,形成了以《人民日报》的人民网(1997)、新华社的新华网(1997)、中央电视台的央视网(1996)为代表的国家级网媒,以千龙网(北京,2000)、东方网(上海,2000)、浙江在线(浙江,1999)、大洋网(广东,1995)为代表的地方网媒。

2001年底,中国移动关闭了模拟移动电话网,移动通信迎来数字时代。传统媒体与移动运营商合作试运行手机报。2004年7月18日,中国第一份手机报《中国妇女报·彩信》问世,杭州日报报业集团、浙江日报报业集团、《参考消息》、《华西都市报》等媒体纷纷推出自己的手机报。

在这一阶段,传统媒体将互联网这一媒介形态视作信息增量,借助互联网实现海量信息传输、交互和超时空传播。

2. 传统媒体与新兴媒体互动

2006年初,百度公司发起"泛媒体联盟"计划,有数十家传统媒体与百度签订"泛媒体联盟"合作协议。2006年,南方报业传媒集团投资上亿元收购了奥一网,成为报业集团新一轮融合新媒体的示范。2006年开始,传统媒体与腾讯合作,成立集新闻信息、互动社区、娱乐产品于一体的地方综合门户型网站,如《重庆商报》与腾讯联合开通腾讯·大渝网,湖北日报传媒集团与腾讯联合开通腾讯·大楚网。2014年4月,上海报业集团、《北京青年报》、《南方都市报》、重庆日报报业集团、《楚天都市报》等传统媒体与阿里巴巴合作,形成了"传统媒体+电商"的转型模式。

在这一阶段,传统媒体尝试重新理解互联网这一媒介形态,即它不是一个简单的数字化渠道,也不只是简单的媒体形式叠加。

3. 融合发展的初步探索

2010年11月12日,《光明日报》的光明云媒上线,以传统报纸版面设计、全媒体传播理念和自动化编排技术打破了传统的传播模式,将新闻的传递方式从一对多转变为多对多。光明云媒的传播模式代表了报纸杂志等的转型发展方向,代表着网络时代平面媒体新的发展方式。2014年7月1日,安徽日报社主办的安徽新媒体集团成立,拥有"中安在线"新闻网站、安徽手机报系列产品、"今日安徽"客户端、"安徽舆情参考"、"中国安徽"英文网站等媒体。

人民网研究院发布的《2013中国报刊移动传播指数报告》显示,微博、微信是传统媒体入驻最多和运营比较成熟的平台。在统计的150家报纸中,有149家开通了新浪认证微博,121家拥有微信认证的公众号。

广播和电视的融合发展步伐异常缓慢,这种局面很大程度上是源于广电行业的发展背景与特点。自改革开放以来,广电基础设施建设高速发展,有线广播电视用户数逐年递增,电视主导媒体广告市场多年,此时还没有紧迫感。

(二)媒体融合困境的产生

从整体上看,在此轮媒体融合中,报业还处于探索阶段,尚无成功经验可循。面对新兴媒体不断增强的影响力,如果传统媒体办的新兴媒体总处于落后状态,无论对媒体业界还是政府来说,都是一块"心病"。对于中国传统媒体来讲,面对困境如何行动成为一个两难的问题:不行动,只会被竞争对手超越甚至替代;贸然行动,可能拿出的方案、措施不对路,不仅浪费人力、物力,还会耽误发展机遇。

当时的传媒业界和学界流行这样一句话:"不转,等死;早转,早死。"可见,传统媒体顾虑重重,尽显无奈和不知所措。具体而言,此时传统媒体在融合发展上存在以下值得注意的问题。

1. 只是简单叠加,没有真正融合

推动传统媒体和新兴媒体融合发展必须加强战略统筹和规划引导,不能盲目做加法,今天建网站,明天推微博、微信和客户端。表面上看是传统媒体增加了新的传播渠道和平台,但从运转情况看,仅仅是增加了一个部

门,重复发布原有的新闻,并没有生产出适应受众需求的新闻产品。

关于传统媒体的服务对象,报纸和电视分别对应着读者和观众,以往是传统媒体机构提供什么,他们就读什么、看什么。而互联网面对的是用户,其传播最本质的特点是互动和共享。因此,如果传统媒体不从根本上搞清楚什么是媒体融合,就不会真正地找到突破之路。传统媒体的媒体融合成效不大,至关重要的原因是没能跳脱传统的思路,缺乏在新的传播环境下用互联网思维设计传统媒体的改革。

2. 复合型人才紧缺,引进难

媒体融合发展需要既懂新闻传播规律又懂新媒体发展规律,既懂传媒政策又懂市场运作的复合型人才。在融合发展中,传统媒体普遍面临人才紧缺的问题。一是人才结构不合理,熟悉传统媒体的人多,了解新兴媒体的人少,技术研发和经营管理人才缺乏。二是人才引进难,与互联网企业相比,传统媒体缺乏有竞争力的薪酬体系和激励政策,难以引进优秀的创意型人才。

3. 管理跟不上,网上正面声音不响亮

对于传媒和信息管理部门来说,过去管理传统媒体的法律法规、政策纪律等对于新兴媒体有些已经不适应,媒体融合过程中还会不断出现新的问题,需要管理机构转变思路,加大研究力度。长此以往,传统媒体将难以在网上发出响亮的声音。

在媒体融合的探索中,传统媒体要抛弃长期形成的媒体运行理念和经营思路并非易事,此时推动传统媒体和新兴媒体融合发展,既是战略任务,也是紧迫任务。2014年,国家针对当时传媒生态现状和信息技术革命现实适时出台了《关于推动传统媒体和新兴媒体融合发展的指导意见》,推动传统主流媒体进行媒体融合。至此,新一轮的媒体融合拉开帷幕。

第二节 2014年之后的媒体融合

媒体融合发展是2014年以来中国媒体发展的主题。这一轮的媒体融合在自上而下的行政力量主导下进行,2014—2018年是第一阶段,2019年之后进入第二阶段。

一、2014年媒体融合发展上升到国家战略高度

（一）《关于推动传统媒体和新兴媒体融合发展的指导意见》的出台

2013年,十八届三中全会公报提出,要整合新闻媒体资源,推动传统媒体和新兴媒体融合发展。

2014年初,时任中央政治局常委刘云山在全国宣传部长会议上对推进传统媒体与新兴媒体融合发展提出了明确要求;4月23日,时任中宣部部长刘奇葆在《人民日报》发表《加快推动传统媒体和新兴媒体融合发展》一文,对推动媒体融合发展作了具体部署;5月,刘奇葆听取新华社推进媒体融合发展的汇报并作出指示;6月,刘云山到人民日报社调研,专程前往人民日报法人微博运营室和移动客户端运营室。

2014年6月,新华社和《人民日报》的客户端先后正式上线,开始摆脱简单地将报纸版面搬上新媒体平台的模式。时任人民日报社社长杨振武在客户端上线时的致辞中明确表示,按照中央要求,人民日报社把加快推进传统媒体与新兴媒体融合发展作为一项战略任务和紧迫任务,专门制定了加快推进融合发展的总体规划。

2014年8月18日,习近平主持召开了中央全面深化改革领导小组第四次会议,会议审议通过了《关于推动传统媒体和新兴媒体融合发展的指导意见》,对新形势下如何推动媒体融合发展提出了明确要求,作出了具体部署。

（二）媒体融合发展上升到国家战略的高度

《关于推动传统媒体和新兴媒体融合发展的指导意见》（以下简称《意见》）阐述了媒体融合发展的工作理念、实现路径、目标任务和总体要求。《意见》指出,整合新闻媒体资源,推动传统媒体和新兴媒体融合发展,要遵循新闻传播规律和新兴媒体发展规律,强化互联网思维,坚持传统媒体和新兴媒体优势互补、一体发展,坚持以先进技术为支撑、内容建设为根本,要按照积极推进、科学发展、规范管理、确保导向的要求,推动传统媒体和新兴媒

体在内容、渠道、平台、经营、管理等方面深度融合,着力打造一批形态多样、手段先进、具有竞争力的新型主流媒体,建成几家拥有强大实力和传播力公信力影响力的新型媒体集团,形成立体多样、融合发展的现代传播体系。

《意见》是从国家层面推动传统媒体与新兴媒体融合转型的强烈信号,媒体融合发展由此上升到国家战略的高度。从传统媒体面对新兴媒体机遇和挑战并存的媒体格局深刻变化,从国家要充分运用新技术、新应用创新媒体传播方式,提升主流媒体传播力、公信力、影响力和舆论引导力,以及从有助于我国参与国际传播新秩序的构建,加强国际传播能力的角度看,《意见》适逢其时。在自上而下的行政力量的推动和主导下,新一轮的媒体融合拉开序幕,2014年因此被称为"媒体融合年"。

从2014年开始,作为媒体融合主体的传统主流媒体全面开展融合实践,融合举措频出,通过制度创新、新技术运用、内容革新、渠道优化等路径,实现了向新兴媒体的转型升级。2014—2018年的媒体融合是此轮媒体融合的第一阶段。

二、2014—2018年的媒体融合发展

在这一阶段,媒体融合发展最醒目的突破发生在内容创新领域。为了顺应互联网传播移动化、社交化、视频化的趋势,传统媒体借助先进的互联网技术驱动日常新闻报道,试图取得最佳的传播效果。

(一)对"两微一端"的建设

微博、微信、新闻客户端是此轮媒体融合传媒业打造平台的主流方向。

在微博方面,传统媒体的运营更加积极主动,除媒体内部联动外,媒体之间也展开合作。在微信方面,传统媒体推出大量主题细分、个性鲜明、"小而美"的公众号。2014年,《人民日报》海外版推出公众号"侠客岛",其独家评论和深度报道不仅在网络上广泛流传,还成为众多传统媒体的信源。

2014年,传统媒体开始纷纷推出新闻客户端。在这一时期,媒体机构更看重自有平台的建设,移动客户端无疑居于核心地位,是传统媒体寻求深度融合的重要举措。2014年,上海报业集团推出了"上海观察""澎湃新闻"

"界面"等新媒体项目。其中,"澎湃新闻"以简洁的内容架构、独特的新闻追问和新闻追踪功能为用户提供了与众不同的用户体验。

随着智能手机的不断普及和移动通信网络环境的不断完善,一大批原创手机新闻客户端在2015年竞相推出:4月,"并读新闻"上线;8月,"天天快报"上线;9月,"无界新闻""九派新闻"上线;10月,"封面新闻"上线;11月,"上游新闻""交汇点新闻""猛犸新闻"上线。2015年是手机新闻客户端的爆发年,手机新闻客户端市场群雄争霸。其中,"九派新闻"由长江报业集团打造,以"原创新闻+新闻二次开发"为主要内容;"封面传媒"是由四川日报报业集团华西都市报社与阿里巴巴集团联手打造的一个个性化定制的新型主流媒体,以新闻客户端为主打,形成了包含网站、微博、微信、视频、数据、论坛、智库等多个垂直细分领域的产品矩阵。

2014年开始,各级传统主流媒体纷纷对"两微一端"进行布局在不断试水和强力推进后,"两微一端"渐渐成为传统主流媒体的标配。

(二)打造"中央厨房"

媒体融合发展过程中的一大难点是内部组织结构重组,建立适应融合发展的统一指挥的采编流程、采编系统和采编平台。对此,《人民日报》创造出"中央厨房"式的新闻报道模式。2015年3月2日全国"两会"召开前夕,"中央厨房烹制新闻美味"的红色图标(图5-2)出现在《人民日报》的要闻四版,标志着人民日报社全媒体平台项目首次亮相。"中央厨房"试运行一年后,于2016年2月19日正式上线。

图5-2 《人民日报》率先打造"中央厨房"模式

人民日报社"中央厨房"以内容的生产传播为主线,打造媒体融合发展的业务平台、技术平台和空间平台,旨在给国内媒体行业搭建一个公共平台,从而聚拢各方资源,形成融合发展、全球传播的行业合力。具体来说,空间平台是人民日报社"中央厨房"的大厅,于2017年1月建成并投入使用,是人民日报社媒体矩阵策、采、编、发的指挥中枢和中控平台。在"中央厨房"大厅,决策层可以对报社采编资源和力量加以指挥、协调。技术平台是人民日报社"中央厨房"的技术系统,覆盖线索采集、素材制作、内容加工、投放、效果评估等整个闭环。业务平台是总编调度中心和采编联动平台。总编调度中心的主要功能是统筹报道策划、整合新闻资源、调度采访力量、协调技术支持等;采编联动平台又分设全媒体编辑中心、采访中心和技术中心。

人民日报社"中央厨房"还将新闻产品推广给全国百余家合作媒体和近200家海外媒体,实现资源的有效利用,提升了《人民日报》的传播力和影响力,扩大了报道的海外影响。人民日报社"中央厨房"推出的"中国媒体融合云"对全行业开放使用,为媒体融合提供一站式技术解决方案,包括基础支撑类、应用系统类服务和内容生产孵化服务,打造专注内容生产创新的特色工作室。"中央厨房"作为媒体深度融合的标配和龙头工程,进一步整合了传媒业内部的人力、信息、渠道、资源。

2015年7月7日,新华社新媒体中心构建的"中央厨房"式新型全媒体采编发空间揭幕,"中央厨房"通过一个"轮轴"指挥台,利用一种素材资源,同步加工生成通稿、微博、微信、客户端、集成报道等多种形态的产品,并进行多渠道分发推送,适配多种新媒体终端。2017年2月,经济日报社"中央厨房"全媒体中心启动试运行,分为策划指挥、新闻编发、值班调度、多功能会议室等功能区,做到了报社采编系统、舆情分析系统、数据库管理系统、信息服务加工系统的有机融合,真正实现了报纸、网站、"两微一端"采编业务和经济信息产品加工的全面融合。在2017年全国"两会"召开之际,具有中国青年报社特色的"中央厨房"——"融媒小厨"正式投入使用。这是中国青年报社全媒体内容制作、分发传播、整合运营的机制平台,也是全媒体网报融合的流程再造、全媒体精准的渠道连接、全媒体移动优先的精品制作和全媒体品牌拓展的服务创新。

通过采编流程再造,搭建"一次采集,多种生产,多元发布"的"中央厨房"发展模式正在被越来越多的媒体采纳,已成为新型主流媒体数字化转型升级的重要支撑。浙江日报报业集团率先研发建成融媒体智能化传播服务平台"媒立方",为媒体深度融合提供了关键支撑。该平台采用云计算、大数据等最新技术,集舆情研判、统一采集、多种生成、多元分发、效果评估于一体,统筹采访、编辑、审核、传播、评估,不仅为新闻报道、舆论引导提供有力支持,还为实现跨媒体、跨业务提供了统一平台。"媒立方"从真正意义上建立起融合纸媒、网站、App、"两微"等多种媒体形态的内容生产和传播平台,促进了团队融合、业务融合、数据融合。湖北广电集团"长江云"平台是一个采编融合、内容汇聚、多渠道传播、多终端一体化的区域新媒体运营和管理平台,可同时向多个区域媒体提供"PC站+手机网站+手机客户端+微博+微信"的新媒体产品研发和技术支撑。

随后,重庆日报报业集团、河南日报报业集团、广州日报报业集团、广西日报报业集团等纷纷建立起"中央厨房"式的全媒体发布平台,通过创新体制机制,转变发展理念和思维,改变了过去传统媒体与新媒体"单打独斗"的状况,实现了记者一次采集信息、"中央厨房"生成多种产品、多元渠道传播给用户的全媒体形态,以及24小时全天候的生产。

(三) 试水短视频

互联网技术不断发展、移动网络逐步稳定、通信资费渐趋平价、智能终端广泛普及,这些都为短视频的发展提供了基础。2016年,短视频一经面世,就以其丰富性、立体化、互动强等特点迅速地融入大众的日常生活,并深刻地影响着传播生态和媒体格局。

2016年以来,传统媒体纷纷试水短视频,开辟短视频新品牌。例如,2016年9月,《新京报》上线"我们视频"客户端;2017年1月,澎湃新闻上线"澎湃视频"频道,以严肃的新闻报道为主,覆盖时政、财经、科技、文化、新闻调查等领域。2016年,《南方周末》联手灿星文化联合投资成立广东南瓜视业文化传播有限公司,专攻视频生产。

与此同时,一些传统媒体以技术合作、入驻抖音等短视频平台的方式取得了积极成效。中国新闻史学会应用新闻传播学会发布的《媒体抖音元年:2018发展研究报告》显示,2018年,抖音上经过认证的媒体账号超过1 340个,累计发布短视频超过15万条,累计播放次数超过775.6亿,累计获赞次数超过26.3亿。

中国网络视听节目服务协会发布的《2019 中国网络视听发展研究报告》显示,截至 2018 年 12 月底,中国网络视频(含短视频)用户规模达 7.25 亿人,占整体网民的 87.5%。其中,短视频用户规模为 6.48 亿人,网民使用率为 78.2%,短视频用户使用时长占总上网时长的 11.4%,超过综合视频(8.3%),成为仅次于即时通信的第二大应用类型。短视频成为传统媒体"移动优先"转型策略的首选领域,低成本、高流量的特征促使越来越多的媒体发力短视频赛道,中央级媒体发挥品牌优势,地方媒体立足本土,在抖音平台集中发力,以短视频带动全媒体平台的发展,诞生了多个千万量级的短视频账号,爆款作品频出,观看量、粉丝量、点赞量呈持续增长趋势。

三、2019 年以来,媒体融合纵深推进

2019 年是媒体融合上升为国家战略的第五年。1 月 25 日,中共中央政治局在人民日报社就全媒体时代和媒体融合发展举行第十二次集体学习。习近平总书记强调,推动媒体融合发展、建设全媒体成为我们面临的一项紧迫课题;要运用信息革命成果,推动媒体融合向纵深发展,做大做强主流舆论;要加快推进"全程媒体、全息媒体、全员媒体、全效媒体"的平台建设,为媒体融合建设提供了方法论上的指导。

2019 年 10 月底,十九届四中全会发布《中共中央关于坚持和完善中国特色社会主义制度,推进国家治理体系和治理能力现代化若干重大问题的决定》,站在国家治理的高度,强调构建网上网下一体、内宣外宣联动的主流舆论格局,建立以内容建设为根本、先进技术为支撑、创新管理为保障的全媒体传播体系,健全重大舆情和突发事件的舆论引导机制,为新时代的媒体融合建设提供了纲领性文件。媒体融合不仅是事关传媒业转型发展的关键抓手,还成为关系国家治理体系和治理能力现代化建设的重大政治议题。

2020 年 6 月 30 日,中央全面深化改革委员会第十四次会议审议通过了《关于加快推进媒体深度融合发展的指导意见》。会议强调,推动媒体融合向纵深发展,要深化体制机制改革,加大全媒体人才培养力度,打造一批具有强大影响力和竞争力的新型主流媒体,加快构建网上网下一体、内宣外宣

联动的主流舆论格局,建立以内容建设为根本、先进技术为支撑、创新管理为保障的全媒体传播体系,牢牢占据舆论引导、思想引领、文化传承、服务人民的传播制高点。2020年11月3日,《中共中央关于制定国民经济和社会发展第十四个五年规划和二〇三五年远景目标的建议》发布,明确提出推进媒体深度融合,实施全媒体传播工程,做强新型主流媒体,建强用好县级融媒体中心。

2019年,媒体融合发展进入第二阶段,开始向纵深发展。在这一时期,媒体融合的路径更加脉络分明,融媒体与用户的连接更为密切,中央级媒体在融合核心技术上攻坚,省级平台多样化发展,县级融媒体中心建设成为重点,全媒体传播体系建设驶入快车道。

(一)从"融媒体"走向"智媒体"

2019年6月6日,工业和信息化部正式向中国电信、中国移动、中国联通、中国广电发放第五代移动通信技术(5G)商用牌照,标志着我国正式进入5G商用时代。

相较于4G,5G可以提供更高的速率、更低的延时,更多的连接数、更快的移动速率、更高的安全性。这些优势将进一步激发人工智能、云计算、大数据、VR/AR等新兴技术的场景应用,智能化和场景化成为传媒业内容生产的核心理念。在此基础上,传媒业的竞争必然是高端技术与优质内容进一步融合的竞争。新闻信息生产与传播全流程由人工智能技术重构,新闻生态呈现出"人机共生"的变化,媒体的演变趋势呈现出从"融媒体"走向"智媒体"的特征。

在人工智能应用方面,2019年全国"两会"期间,新华社推出"新小萌""新小浩",光明日报社推出"小明"等AI虚拟主持人。上海报业集团将"AI机器审核"融入新闻编写。2019年8月,新华社智能化编辑部投入运行。

2020年,新华社客户端推出了AI合成主播"新小微";人民网利用5G技术搭建云上虚拟演播厅进行云采访,并推出虚拟主播"小晴";2020年5月20日,湖北广播电视台倡导筹备全国首个区块链新闻编辑部;厦门日报社打造"潮前智媒"App,运用人工智能技术,除了算法推荐、热词抓取等技术,还推出AI智能资讯机器人"小潮",用户可通过与机器人互动的方式获取资讯。

5G时代是万物皆媒的时代,传媒业必须思考如何打造出一个更为完整的信息系统,构建全媒体传播格局,使多元的传播主体(人和智能设备)在新系统中和谐共生,构造一个生态性的平台。这种变化的最终目标就是通过积聚的力量推动媒体融合的纵深发展,将内容建设的根本与技术的支撑有机结合起来。这一设想符合全程媒体、全息媒体、全员媒体和全效媒体的要求。

(二)中央媒体领先发展

中央级媒体在早期受到新媒体冲击的时候立即行动,纷纷开通"两微一端",拓宽传播渠道,重新梳理生产要素,重组组织结构,运用技术打造媒体融合的全新生态。经过2014年以来的建设,《人民日报》、中央广播电视台总台等中央级媒体融合发展领跑全国,并继续在当前保持领先优势。

中央级媒体充分发挥优质内容的生产优势,优化资源配置,重塑内部生产流程,在技术支持下打造出优质内容。例如,人民日报社"中央厨房"在数据化、智能化、移动化的融合云技术支撑下做"内容+",不仅打通报社内部,实现了内容策采编发一体的高效、高产,还与《河南日报》《湖南日报》《四川日报》等地方媒体建立战略合作,资源共享,协同生产。

人民网研究院发布的《2020全国党报融合传播指数报告》显示,《人民日报》的微博粉丝量超过1.2亿人,是唯一一个粉丝量过亿的党报微博账号。《中国日报》《光明日报》《解放军报》《中国青年报》四个中央级党报的微博账号粉丝量均超过千万人。《人民日报》在微信上的传播力遥遥领先。它的客户端在监测的11个安卓应用商店的总下载量最高,接近6.8亿,头条号的订阅量也位居第一。此外,《人民日报》抖音号的粉丝量最多,达到1.06亿人,《光明日报》《经济日报》《解放军报》《中国日报》《中国青年报》开通的抖音号粉丝量也都超过千万人。

中央级融媒体作为国家级主流媒体具有无可比拟的权威性、专业性,公信力和影响力也较强。在媒体融合纵深发展阶段,通过加强资源整合,探索促进其协同创新发展、深度融合的新路径、新机制,推动形成资源集约、结构合理、差异发展、协同高效的全媒体传播体系,可以宣扬主流价值、占领传播高地、提升融媒体的影响力。

（三）省市级媒体多样化发展

2019年以来，省市级媒体呈现出多样化融合的发展态势，在多个领域深入探索。其中，以报业领域的融媒建设成效最为显著。例如，四川日报报业集团《华西都市报》彻底转型为封面传媒公司，以"封面新闻"为新闻传播和融合发展的主平台、主阵地；其全媒体也由《四川日报》、川观新闻、四川在线三家单位融为一家，三个团队融为一支团队，一体运营三个传播终端。为了实现移动优先，传统媒体在考核机制上锐意变革，员工稿酬以新媒体传播效果作为标准，管理机制上所有班子成员都参与新媒体分管。上海报业集团主导的"澎湃新闻"、重庆日报集团主办的"上游新闻"已经成为新型主流媒体中的典范。

南方报业集团明确将2019年作为"体制机制创新年"，着重通过组织架构重构和新闻生产流程再造进行运行机制改革，推动各项工作向智慧媒体转型；重庆日报报业集团依据《重庆日报报业集团都市报经营改革方案》，对旗下都市类媒体进行适应融媒体时代的发展要求的改革；深圳报业集团聚焦人事改革，合并或撤销效益差、活力弱的部门或企业，大力精简人员，提高单位的战斗力。

2020年，省市级报业体制机制不断优化，战略布局紧跟时代。例如，南京报业传媒集团撤销《南京日报》、《金陵晚报》（紫金山新闻客户端）两大运营主体原有组织架构，组建集新闻中心、发展中心、支持中心为一体的新型融媒体体系。南方报业传媒集团整合《南方日报》、南方新闻网、"南方+"客户端，实现"报网端"互联互通。金华日报报业传媒集团精简内设机构，设立三个融媒体采编中心，实现全媒体、一体化发展。在队伍建设上，省市级媒体推进人员向全媒体人才转型，并积极引进高素质人才。

2019年9月，广电总局印发《关于创建广播电视媒体融合发展创新中心有关事宜的通知》，面向全国择优创建广播电视媒体融合发展创新中心。针对广播电视不同的地区、层级、机构和发展情况，广电总局坚持一地一策、不同层级、不同定位的广电机构要各有侧重，同时鼓励创新中心之间加强深度沟通、资源共享、经验互鉴和项目合作，推动创新中心成为媒体融合工作的抓手。2020年,广电总局共创建了陕西、京津冀、江苏、湖南共四个广播电视媒体融合发展创新中心。这四个创新中心层级不同、定位各异:陕西创新中心侧重于依托全媒体网络平台建设进行模式探索;京津冀创新中心侧重于落实中央区域协同战略部署,探索资源整合共享;江苏创新中心依托"荔枝云"平台,侧重于以"省市县贯通+产学研打通"模式拓展全新生态;湖南创新中心侧重于依托湖南卫视和"芒果TV"一体两翼进行产业链拓展。

在市级广播电视媒体融合发展中,温州广播电视传媒集团全力构建"1+3+X"传播矩阵:"1"是迭代升级的"中央厨房"指挥系统;"3"是构建"快点温州""温州人""生活温州"三个新闻客户端,分别定位为政务信息服务平台、温州人资源整合平台、温州生活服务平台,多向度打造自主可控的互联网平台;"X"指构建系列新媒体矩阵,包括入驻各头部媒体平台、微博、微信、抖音、快手等。2021年,温州广播电视传媒集团以庆祝建党百年重大主题宣传为契机,在横向上实现了台内广播、电视、新媒体平台的资源整合统筹,并联合全国"百城百台"推出建党百年融媒体报道《我和我的支部》等项目;在纵向上对接央媒、省媒和县级融媒体中心的资源,形成重大主题报道的高效联动机制,全媒体传播格局明显得到了拓展。

2019年以来,省市级媒体为实现多样化发展,在多个领域进行尝试,探索媒体融合新的发展路径,体现了较强的发展活力,是我国媒体融合发展的主力军。

(四) 县级融媒体中心建设

县级融媒体中心建设由中央有关部门负责顶层设计和统一协调推动,是一种在国家体制和统一改革格局下建立的县级新型传媒单位。它是在县一级成立的一个宣传机构,将县原有的广播电视台、县党报、县属网站等媒体单位全部纳入,整合为县级党委政府唯一的一个宣传单位,负责全县所有信息发布服务,包括政务新闻、天气预报、医疗信息、交通信息、社区服务信息等各种信息发布和信息服务,实现了资源集中、统一管理、信息优质、服务规范,更好地为党和政府服务,为当地群众服务。

早在2018年8月,习近平总书记在全国宣传思想工作会议上就提出"要扎实抓好县级融媒体中心建设,更好引导群众、服务群众"。2018年11

月14日，中央全面深化改革委员会第五次会议审议通过了《关于加强县级融媒体中心建设的意见》，提出要组建县级融媒体中心，要深化机构、人事、财政、薪酬等方面改革，调整优化媒体布局，推进融合发展，不断提高县级媒体传播力、引导力、影响力。县级媒体进入政策关注的焦点区域，获得了政策扶持的发展机遇。自此，致力于打通"最后一公里"的县级媒体融合成为各市、各县的建设目标，县级融媒体中心建设成为打通媒体融合纵深发展的重要一环。

2019年，全国县级融媒体建设的规范更加明晰。2019年1月，中宣部和广电总局联合发布《县级融媒体中心建设规范》《县级融媒体中心省级技术平台规范要求》两项国家标准；4月，再次联合发布《县级融媒体中心网络安全规范》《县级融媒体中心运行维护规范》《县级融媒体中心监测监管规范》三份文件。至此，有关县级融媒体中心建设共出台了五份规范性文件。这五份文件构成县级融媒体中心建设的政策体系，从制度层面保障了县级融媒体中心建设更加规范有序。

2019年以来，县级融媒体中心依据规划开展建设工作，不断优化平台建设、内容生产、传播流程和经营管理，扎根县域并积极探索社会效益和经济效益结合的融合模式。媒体融合已形成中央、省、县三级媒体联动现象，即中央媒体示范引领、省级媒体支撑推动、县级媒体落实执行，形成了自上而下的推进路径。各级媒体根据发展定位，依托主要优势，分别扮演不同的角色并担负相应的职责。其中，县级融媒体中心要建成主流舆论阵地、综合服务平台和社区信息枢纽，担负起引导群众、服务群众的职能。

2019年，浙江省湖州市实现了县级融媒体中心的全覆盖，德清、长兴、安吉三家县级融媒体中心建设走在全国的前列。早在2011年，浙江省湖州市长兴县就启动了传媒机构整合，由长兴广播电视台、长兴县宣传信息中心（原长兴报社）、县委报道组和中国长兴政府门户网站（新闻板块）四部分，共同组建长兴传媒集团，成为全国第一家县级传媒集团，是一家集广播、电视、报刊、新媒体各媒体平台于一体的全媒体集团。2012年，集团将报社和广电的采访资源整合，成立全媒体采访中心。2016年，集团搭建融媒体中心，将采编人员聚到一起；2017年，开始全域融合，打造"中央厨房"，把采编融到一起；2018年，进一步深化融合内容生产与经营，进一步拓展指挥平台的功能。2018年，中宣部在长兴县召开全国县级融媒体中心现场推进会议，"长兴模式"成为向全国推荐的"融媒样本"。

2020年12月4—5日，经中宣部批准，首届"全国县级融媒体中心舆论引导能力建设年会"在江西省新余市分宜县召开，会后发布了《全国县级融媒体中心舆论引导能力建设典型报告》。报告从县级融媒体中心基层舆论引导力建设现状、县级融媒体中心舆论引导力建设实证研究、县级融媒体中心舆论引导力建设面临的问题与困境、提高县级融媒体中心舆论引导能力的路径与方法四个方面对我国县级融媒体中心舆论引导能力建设进行了梳理。

经过2019—2020年的建设，全国各县市开启了融媒体中心的硬件平台建设，引进新的融媒体生产系统和广播电视设备。同时，各县市的融媒体中心立足本土，实实在在地为老百姓办事，不断强化平台的服务意识，将媒体与政务、服务相结合，为用户提供新闻资讯、党建服务、政务服务、公共服务和增值服务等多样化便民惠民综合服务，从而巩固壮大主流思想舆论，提升新闻舆论的传播力、引导力、影响力、公信力。云南省、四川省、广西壮族自治区等依据县级融媒体中心建设和验收实施细则对本省县区级的融媒体中心进行验收，同时综合评估软硬件建设、传播能力和体制机制等。此外，甘肃省、贵州省、福建省、北京市等多地已实现全省（市）全部挂牌。截至2020年底，县级融媒体中心的初步建设基本实现全国覆盖。

（五）国际传播领域的媒体融合

互联网时代，国际传播更加错综复杂。2019年以来，国际传播博弈交锋更加激烈，中国媒体建设的具有全球影响力的媒体融合新平台主动发声，锐评国际风云，传递中国声音、讲好中国故事，是世界认识中国、了解中国的重要窗口和渠道。

2019年5月30日，中国国际电视台（CGTN）主播刘欣和福克斯新闻网（Fox News）主播特丽什·里根（Trish Regan）就中美贸易摩擦热点话题进行辩论交锋。9月3日，在美国消费者新闻与商业频道（CNBC）的《华尔街直播室》栏目上，刘欣接受三位美国主持人的采访。这两次事件通过微信、

中国互联网新闻发展史

短视频、App、网络论坛等平台在国内外广泛传播,传递了中国立场,发出了中国声音,达到了较好的国际传播效果。

2019年1月2日,《中国日报·国际版》创刊,由客户端App、国际版网站、海外社交媒体账号构成融媒体国际传播平台,重在新闻报道和言论建设,突出国际视野,表达中国舆论立场,展示中国形象。在地方媒体方面,海南日报报业集团成立海南国际传播中心,专门针对"一带一路"沿线国家和地区开展国际传播工作,通过将《海南日报》客户端、南海网客户端等安装在海外侨胞的移动端上,实现了融媒体产品的国际化传播。2020年,海南日报报业集团推出了多语种融媒体产品,如外语网络视频节目《外国人在海南》《海南外传》等。此外,湖南广播电视台、上海报业集团等也都走出了各具特色的国际化路线。

中央广播电视总台把内容建设作为加强国际传播能力建设的核心环节,以打造具有较强影响力的拳头产品和现象级节目。中国国际电视台的英语、西班牙语、法语、阿拉伯语、俄语五个国际频道已在全球150余个国家和地区落地播出。国际问题评论"国际锐评"通过6种语言文字,以及视频版、音频版等广泛推送,传播覆盖五大洲、100多个国家和地区的580多家主流媒体和社交平台。中央广播电视总台深化海外传播布局,成立了国际传播规划局、欧洲拉美地区语言节目中心,重新规划海外记者站(分台)、英语频道/率、小语种频道/率,推进各驻外机构、人员、业务等资源深度融合。

媒体融合的前期发展为媒体的国际传播奠定了技术和资源上的基础,我国当前媒体融合的重点是在媒介融合的黄金时期抓住机遇,强化新型主流媒体在国际舆论场中的话语权,凸显主流媒体的传播力、引导力、影响力和公信力。

第三节 媒体融合初见成效:新型主流媒体建设

建设新型主流媒体是媒体融合的重要任务和应有成果,新型主流媒体的新型势必要与传统相比较。"新型"不仅是把传统媒体重塑为全媒体传播体系,还要能构建舆论引导新格局和主流舆论格局,有效地发挥对国内和国际舆论场的引领作用,牢牢掌握主动权和主导权。

2014年以来,传统媒体紧紧围绕意识形态阵地建设,坚持移动优先,从"两微一端"、"中央厨房"、短视频等到人工智能,传统媒体和新兴媒体在体制机制、政策措施、流程管理、人才技术等方面不断融合,加快建成全媒体传播体系。中央级主要媒体在媒体融合改革中起着领头羊的作用,省市级媒体则向多样化方向发展。其中,以中央媒体("人民系""央视系")和部分省级主流媒体(上海报业集团、"芒果模式"等)为代表的头部媒体,融合传播实力不断增强,竞争优势明显,已经成为具有影响力和竞争力的新型主流媒体。

一、央媒的"再中心化"

在媒体融合改革中,中央级媒体推动媒体融合发展,将改革成果不断应用于具体实践过程。央媒的传播优势,即品牌影响力和内容生产的权威性、专业性和公信力正加速向互联网拓展,全媒传播格局正在形成。"融为一体、合而为一"的新型主流媒体加快构建,人民日报社等央媒在媒体融合中发挥着排头兵和领航者的作用,内容和平台是其最大优势,技术驱动是其最大特色。

(一)《人民日报》:中央党报媒体融合

2014年以来,人民日报社聚焦媒体融合,积极推动传统媒体与新兴媒体融合,在多个新媒体平台上着力打造传播品牌,探索一条符合《人民日报》实际,体现《人民日报》特色的融合发展路径。

2020年,《人民日报》已由一份报纸转变为全媒体形态的"人民媒体方阵"(故下文不再加书名号),成为拥有报纸、杂志、网站、微博、微信、客户端、电子屏等10多种载体的新型主流媒体和新型媒体集团。

1. 新媒体矩阵的基本情况

人民日报新媒体矩阵由多个媒体平台共同构建。

2012年7月22日,人民日报法人微博开通,以"权威声音、主流价值、清新表达"为目标定位。2013年1月,人民日报微信公众号开通,人民日报海外版旗下的学习小组和侠客岛微信公众号已成为知名品牌。2014年6月,人民日报客户端上线,以一流的内容、一流的用户体验为目标。

2017年1月,人民日报全媒体平台"中央厨房"正式建成投入使用,成为传统媒体和新兴媒体从"相加"阶段迈向"相融"阶段的重要标志。以此为契机,人民日报社全面打通"报网端微",统筹协调采编资源,重构"策采编发"网络,再造新闻生产流程,并组织创办了30多个融媒体工作室,推出了一批现象级融媒体产品。

2017年10月16日,人民日报英文客户端正式上线,用户自主下载量和活跃度稳步攀升,居国内主流媒体英文客户端第一阵营。

人民日报电子阅报栏是集党报资讯、民生信息、品牌展示等内容于一体的智能互动新媒体平台。近年来,人民日报报社坚持以技术为动力,以市场为手段,大力推动人民日报电子阅报栏建设,在全国10多个省区市建设电子阅报栏2万多个,初步形成党政、高校、社区、酒店、金融、交通六大联播网络。

人民日报新媒体矩阵(图5-3)最大限度地发挥不同媒体的优势和特色,致力于提升新闻报道的质量和传播效果。中华全国新闻工作者协会编写的《中国新闻事业发展报告(2020年发布)》显示,截至2019年12月31日,人民日报社"两微三端"(微博、微信、人民日报客户端、英文客户端、"人民日报+"视频客

图5-3 人民日报社全媒体矩阵①

① 《人民日报全媒矩阵 融合传播》,2019年11月12日,人民网,http://media.people.com.cn/n1/2019/1112/c14677-31451293.html,最后浏览日期:2022年9月15日。

户端)和抖音账号用户总数突破4.9亿人。人民日报客户端用户自主下载量突破2.58亿,在中国主流媒体创办的客户端中位居首位。人民日报法人微博在新浪微博粉丝数突破1亿人,成为新浪微博首个粉丝数过亿的媒体微博账号,并连续7年保持中国媒体第一微博账号的影响力。人民日报微信公众号的用户订阅量超2950万,传播指标和综合影响力在微信公众号中稳居第一。人民日报抖音账号上线1年多,关注数超5200万人,在媒体类抖音账号中居第一。

2. 媒体融合措施

在媒体融合之路上,人民日报社着力在内容、渠道、管理、经营等方面探索推进融合发展,已从局部实践上升为顶层设计,从多点突破扩展到整体推进,从报道创新转向制度创新,媒体融合正在向全面转型、深度融合、一体化发展,在不断壮大主流声音的方向和目标上推进。

第一,内容与技术双轮驱动,以互联网思维推动融合发展。

人民日报社在推动媒体融合发展时始终坚持"内容为王",把内容建设摆在突出的位置。人民日报社适应移动互联网的传播规律,不断稳步推进采编结构、采编流程的改革,着力创新内容表达方式。依托人民日报微博、微信、客户端、抖音、快手等多平台移动传播格局,与各部门、各分社、各社属媒体的编辑记者建立起24小时无缝对接供稿渠道,确立了矩阵式、扁平化的采编沟通机制。在各类重要时政新闻、突发新闻中,多次推出多种形式的新媒体独家报道。以前文提到的2017年建军90周年前夕的"军装照"H5产品为例,《快看呐!这是我的军装照》上线仅10天就有10亿人次参与。此外,人民日报海外版旗下的侠客岛、学习小组等微信公众号也以角度独特、解读及时、话语轻松的风格在移动传播领域产生较大的影响。

互联网时代是技术驱动的时代,人民日报社重视技术的引领和驱动作用。"人民号"是人民日报媒体融合的重点项目,于2018年6月11日上线,定位为全品类内容聚合平台,是依托平台模式汇聚全网内容的大数据内容中心;"中央厨房"作为人民日报全媒体新闻平台项目,通过一个大厅(全媒体新闻大厅)和三大系统(全媒体生产管理系统、媒体超市、媒体融合云平台)为人民日报融合发展提供全面的技术支撑和业务承载,成为人民日报社新闻生产的"大脑"和指挥中枢;人民日报数据中心项目是媒体融合发展的底层支撑;人民日报社独立运行的短视频App"人民日报＋"的内容分发充分利用人工智能技术,实施算法推荐＋关键内容的人工优化。

人民日报社在融合发展的过程中,在内容生产和传播、平台使用、产品开发、技术支持、经营推广等方面坚持用互联网思维办媒体、抓融合,积极推动体制机制的深度融合,走出了一条内容与技术双轮驱动的融合发展之路。

第二,以考核激励为导向,打造"融媒体"团队。

人民日报社在融合过程中以考核激励为导向,加快提升传统媒体采编人员的新媒体能力,加强新型人才的培养引进力度,逐渐改变传统媒体和新兴媒体分立单干的状况,在全社范围内对新媒体人才进行统筹,根据报社融合发展工作需要,统一调配使用,真正打造一支"融媒体"采编团队。为激活人才潜力,人民日报社于2016年10月开始组建融媒体工作室,2020年已发展到40多个。其融媒体工作室实现了采编人员"跨部门、跨媒体、跨地域、跨专业"的自由兴趣组合,并以"中央厨房"为孵化器,给予资金支持、技术支持、传播支持、运营支持和经营支持。融媒体工作室成为新闻生产的"突击队"和"轻骑兵",侠客岛、麻辣财经、学习小组、一本政经、大江东等一批工作室声名鹊起,成为传播领域的知名品牌。

第三,坚守职责使命,在融合发展中提高舆论引导能力。

人民日报社在发展新媒体、推进媒体融合的过程中,坚守政治标准和工作要求,报社编委会制定了《人民日报社网络媒体传播导向管理办法》,并建立了相应的工作机制,形成了融合发展管导向、把方向的制度保障。人民日报社秉承以用户为中心的理念,以人民日报品牌为依托,通过有品质的新闻,重新建构互联网时代的用户连接方式,创新引导舆论的方式,更好地满足用户和读者的需求。

(二)中央广播电视总台:广电"国家队"媒体融合

中央广播电视总台作为我国国家级主流媒体,在媒体融合的时代背景下充分发挥了视听传播方面的独特优势,积极拓展全媒体渠道,打造主流舆论阵地,探索、深挖并不断提高新闻舆论的传播力、引导力、影响力、公信力。在传统广电与新兴媒体的融合探索中,中央广播电视总台的实践值得注意。

1. 全媒体传播体系概况

中央广播电视总台整合了中央电视台(中国国际电视台)、中央人民广播电台、中国国际广播电台,于2018年3月组建。三台合一后,中央广播电视总台又整合了原中央电视台、中央人民广播电台、中国国际广播电台的传播渠道资源。中国记协发布的《中央广播电视总台中央电视台媒体社会责任报告(2018年度)》显示,截至2018年底,中央广播电视总台央视共有42个电视频道,包括公共频道29个、数字付费频道13个,年播出总量为32.8万个小时,电视端在全球范围内覆盖人群超过12.71亿人,是全球唯一使用6种联合国工作语言不间断地对外传播的电视媒体。2018年10月1日,中央广播电视总台央视开播国内首个超高清上星频道CCTV-4K超高清频道,为观众带来影院级的视听享受,累计覆盖人群已达到1.68亿人。同时,其新媒体平台用户规模突破10.4亿人,全年共计发起移动直播12 168场。其中,央视新闻新媒体平台累计用户近4亿人。中国国际电视台(中国环球电视网)有英语、西班牙语、法语、阿拉伯语、俄语语种和纪录国际6个电视频道,以及北美、非洲和在建的欧洲3个区域制作中心。2018年,中国国际电视台新增海外整频道用户3 300万户,用户总数达到2.8亿人,在162个国家和地区实现了整频道落地。

中央广播电视总台组建后开始深入研究新闻传播规律和新兴媒体发展规律,推动从传统广播电视媒体向国际一流原创视音频制作发布的全媒体机构转变,以视频、音频、图文、VR等多种传播形态全方位、多渠道、多终端共同发力,扩大声量,实现跨平台、跨频道和跨频率的融合传播。2020年,总台不仅是国家广播电视台,也成为国家级的融媒体传播平台。它拥有3个中央重点新闻网站(央视网、央广网、国际在线),17个自有App(央视新闻、央视影音、央视财经、央视频等),在第三方平台拥有681个账号,累计粉丝11.76亿人。它还拥有全国唯一的1张IPTV(交互式网络电视)集成牌照,以及3张OTT牌照,覆盖全国3亿智慧大屏用户。

2. 具体措施

第一,以主流价值作为引领,打造时政原创视音频品牌。

2019年11月20日,"央视频"客户端正式上线。央视频是总台整合全台视听资源着力开发的视听新媒体旗舰平台,以打造有品质的视频社交媒体为定位,形态上以短视频为主,兼顾长视频和移动直播,标志着总台以央视频为品牌、短视频为主打的视听新媒体旗舰扬帆起航。

中央广播电视总台注重打造时政品牌,用专业化的信息生产能力为全媒体注入新闻灵魂和价值理念。在全台大小屏全媒体平台间,建立文、图、视频复合生产,为公众提供独家、权威的时政视频信息,提升了自身的影响力和公信力。总台的权威栏目《新闻联播》和2019年7月29日正式推出的短视频栏目《主播说联播》(图5-4)成为传统主流平台和新媒体平台同声共振的品牌产品。

图5-4 《主播说联播》是跨平台精品节目的典范

中央广播电视总台凭借自身独家的时政视频优势和成熟的视音频直播技术,统筹内宣外宣、网上网下,整合各平台及频道资源,完成了全国"两会"、庆祝改革开放40周年、新中国成立70周年、"一带一路"国际合作高峰论坛等重大时政活动和主题直播任务。

中央广播电视总台精心培育了《央视快评》《国际锐评》《央广时评》《玉渊谭天》和《CGTN快评》等一批言论评论品牌,打造时政评论的"轻骑兵",培养守正创新、具有"网感"的主持人。例如,在新媒体产品《主播说联播》《央视热评》中的康辉、海霞、李梓萌、朱广权等,以接地气的新语态"引爆"舆论场。同时,总台探索建立短视频融媒体传播的评价体系,举办中国网红大会,组织评选中国短视频大奖,抓住新媒体领域的话语权、标准权,全面提升了总台的行业影响力。

第二,以机制创新推进,形成强有力的媒体传播矩阵。

媒体转型发展中遇到的最大问题是原有机制不适应新媒体内容的制作生产。媒体融合不能只满足于开发了多少个客户端、建立了多少个账号,也不能只关注转发量、点击率这些数字,更重要的是建设资源集约、结构合理、差异发展、协同高效的全媒体传播体系,全面推进组织架构、内容生产、平台渠道和管理机制的流程再造。

总台成立以来持续深化"台网并重、先网后台、移动优先"的战略,整合媒体资源,以自身的头部资源为核心,找准传统媒体与新兴媒体、对内宣传与对外宣传、产业与事业融合发展的新机制,通过微博、微信和其他新媒体平台拓展了总台内容传播的渠道,由大屏延伸到小屏,实现线上线下立体的广告传播和品牌推广,着力打造全媒体矩阵。总台在"一带一路"国际合作高峰论坛、亚洲文明对话大会、国庆70周年等重大宣传报道中,充分发挥了融合传播的优势,引发了从大屏到小屏的强烈反响,有力地服务于党和国家的工作大局,更好地向世界展示了真实、立体、全面的中国。

第三,以技术赋能驱动,向"5G+4K/8K+AI"战略格局转变。

在全媒体时代,媒体向智能化、社交化、视频化、移动化方向演进,中央广播电视总台积极地运用新技术,致力于给受众不断带来新的体验。

总台全面整合技术力量,加快融合步伐,以技术赋能优化内容呈现,提升用户视听体验,积极地构建和深化"5G+4K/8K+AI"全新战略格局,通过前沿探索谋求跨越式发展。在国内相关技术领域,总台一直处于领头羊的地位。2018年10月,国内首个上星超高清电视频道CCTV-4K开播。2018年12月,总台联合中国电信、中国移动、中国联通、华为公司建设了我国首个国家级5G新媒体平台,把5G相关的技术运用到媒体应用、产品研发中,打造基于5G网络的全新内容生产方式。总台推进了"5G+4K""5G+VR"制播应用,成功实现了我国首次8K超高清内容的5G远程传输。在国庆70周年盛典直播报道中,总台搭建了1个总系统、6个分系统、177个机位的中国电视史上规模最大、设备最先进、技术最复杂的直播系统,积极运用"天鹰座"索道摄像机、无人机、5G、4K/8K、VR等先进技术(图5-

5),是全媒体时代主流媒体引领技术潮流发展的一次创新探索和实践。

图 5-5　新中国成立 70 周年阅兵活动的 VR 全景直播矩阵①

2020 年 8 月 17 日,中央广播电视总台融合发展中心正式成立,作为总台推动媒体融合发展的总枢纽,融合发展中心聚焦核心业务,实现重点突破,全面协调推进总台媒体融合创新发展。

二、省级新型主流媒体探索

省级媒体从自身定位出发,在体制机制、技术、新业态等方面大胆探索。在 2018 年,上海报业集团新媒体收入占集团媒体业务总收入比重首次超过 50%,2019 年达到 58.39%,集团媒体主业收入结构已发生根本性变化,核心主业已经不是传统的报刊经营收入,新媒体收入唱起了主角。从 2014 年开始,上海报业集团抓住媒体融合改革窗口期,不仅显著拓展了主流媒体传播力影响力,还完成了媒体主业新旧动能的转换。上海报业的媒体融合实践值得关注。

（一）上海报业集团:媒体融合"上报之路"

2013 年 10 月 28 日,上海报业集团成立,由解放日报报业集团和文汇新

---

①　《12 个点位＋5G 全景 VR:新华社首次 8K 全链条直播,那阅兵的盛况是否震撼到你?》,2019 年 11 月 5 日,搜狐网,https://www.sohu.com/a/351770282_644338,最后浏览日期:2023 年 8 月 10 日。

民联合报业集团整合组成。《解放日报》《文汇报》《新民晚报》恢复独立法人资格,形成"一集团三报社"四个法人的架构。合并后的上海报业集团旗下共有33份报刊、2家出版社,员工超过4000人。成立上海报业集团旨在通过体制、机制的调整改革,推进传统主流媒体创新转型发展。上海报业的改革成为2013年中国新闻业界的大事。

上海报业集团成立后不断打造全媒体传播体系,实施以《解放日报》《文汇报》《新民晚报》三大报为代表的传统主流媒体战略转型,推进"上观新闻""文汇"和"新民"三大主流新媒体阵地建设,全力打造澎湃和界面两大现象级新型传播平台,聚焦四大垂直细分领域,打造特色新媒体集群,如摩尔金融、唔哩、上海日报Shine、第六声(Sixth Tone)、周到等。唔哩是以"90后"新生代为目标群体的"头条类"新媒体产品,这个名字是"90后"用户自己推举出来的,是他们在表达自己喜欢、属于自己的东西时常用的网络词汇,暗含"我的App"的意思。唔哩强调海量内容聚合、专业编辑精选,以及基于大数据分析用户画像而进行的个性化推荐,是专属于年轻人的个性化App。

截至2019年12月31日,上海报业集团拥有网站、客户端、微博、微信公众号等多种新媒体形态,新媒体稳定覆盖用户总计超过4.5亿人。以文字、图片起家的纸质媒体开始在视频上发力,在上海报业集团各媒体入驻的第三方平台账号中,有29个是视频类,自有的15个App中,有近半开设了视频频道。

2019年初,上海报业集团以5G、人工智能、区块链、云计算、大数据五大技术为经,以新闻传播的采集、生产、分发、接收、反馈五大流程为纬,在内容聚合分发、资讯影音一体化平台、区级融媒体下沉服务、智能翻译和播报、智能审核和标签体系、智能金融数据六个领域集中发力,打造了八大智媒体重点项目。例如,《文汇报》与唔哩合作,共同研发"文汇智媒体编发系统",通过人工智能技术,机器每天自动抓取、审核稿件,项目编审团队再从中精选,最后在文汇App上发布。新民晚报社研发的"新民云智"媒体智能平台集纳智能视频编辑、智能切片、文字转语音等多项人工智能技术,整合KPI、稿件流量、稿件传播力影响力,以及热点热词、新民图库、新民媒资库等业务,支持私有云、云桌面等多种部署方式,助推上海时刻新民拍客短视频平台再次飞跃。

媒体融合是篇大文章,上海报业集团在建设具有强大影响力、竞争力的新型主流媒体集团的进程中,围绕集团媒体品牌战略和建设目标,全力打造上观新闻、澎湃新闻和界面新闻等新媒体产品。这些新媒体产品侧重不同的融合探索方向,已形成较大影响力,有效地推动媒体融合不断深化。

1. 上海观察:党报在互联网话语体系转变上的探索

上海观察(简称上观)2014年1月1日上线,是解放日报社旗下的媒体融合产品。解放日报社围绕上观新闻客户端的建设,运用信息传播技术全力打造了这个移动政务新闻聚合平台,用于满足党报读者的新媒体阅读需求,是党报扩展报道领域、改进文风的试验田。

2. 澎湃新闻:传统纸媒的整建制转型探索

澎湃新闻于2014年7月22日正式上线,是上海报业集团成立后重点打造的新媒体产品,从创立之初就担当着国内媒体融合转型先行者的角色。澎湃新闻的筹建团队来自传统媒体《东方早报》,它是第一个定位为互联网原创新闻生产直接切入移动客户端的新闻转型产品,实现了国内目前最大规模的传统媒体采编团队整体建制向互联网转型。澎湃新闻定位于时政与思想,主打高质量原创新闻。在发展过程中,澎湃新闻不断强化互联网思维,加强融媒体建设,成为具有较大影响力、备受关注的现象级新媒体产品。

3. 界面新闻:在财经和商业报道的细分领域建立内容影响力探索

2014年9月22日上线的界面新闻(简称界面),主打商业与财经资讯服务。由网站、移动客户端及系列微信群构成,包括原创新闻、摩尔金融、Jmedia自媒体联盟、定制电商等多个板块。界面从集中互动报道知名企业、上市公司、重大财经商业事件入手,针对中高端人群、公司人群和机构用户。

2020年5月29日,上海报业集团与东方网联合重组。东方网的业务涵盖新闻发布、舆论交互、数字政务、技术运营等多领域,并在人工智能分发、算法技术的新兴业务上发展迅速。通过重组,整合上海报业集团和东方网在新媒体内容领域的生产和技术资源,以此打造和做强新型主流媒体。

(二)湖南广播电视台:媒体融合"芒果模式"

在省级广播电视台媒体融合发展、探索成为新型主流媒体的实践中,湖南广播电视台实施全台办新媒体的战略。2020年,湖南广播电视台基本形成了湖南卫视与芒果TV"一云多屏、两翼齐飞"的全媒体发展格局。在一步步的探索中,湖南广播电视台媒体融合发展形成了相对独特的"芒果模式"。

1. 媒体融合发展情况

2014年,湖南广播电视台决定集中全台资源打造新媒体视频平台芒果TV。湖南广播电视台实施芒果独播战略,即湖南卫视拥有完整知识产权的自制节目由芒果TV独播,在互联网版权上一律不分销,以此打造自己的互联网视频平台。自2014年开始,湖南卫视输送给芒果TV的节目数量约为150档,这还不包括地面频道的海量资源。

芒果独播战略给芒果TV的发展带来巨大推动力。2017年,芒果TV扭亏为盈,对湖南卫视的版权付费反哺,2018年开始实现《明星大侦探》等内容反哺。

2018年6月,芒果TV作为湖南广电"双核驱动"战略主体之一,与芒果互娱、天娱传媒、芒果影视、芒果娱乐四家公司整体打包注入"快乐购",正式成为国内A股首家国有控股的视频平台。2018年7月,"快乐购"更名为"芒果超媒"(图5-6)。

图5-6 芒果超媒的架构

从湖南卫视到"湖南卫视+芒果TV",再到芒果超媒,湖南广播电视台的媒体融合实现了从"相加"到"相融"。湖南广播电视台媒体融合发展后,在创新能力、人才团队、壮大主流舆论影响力等方面取得了具体成效,尤其是芒果TV迈入中国互联网视频第一阵营,成为互联网视频行业的国有主力军。

2. 融合发展措施

湖南广播电视台致力于体制机制创新,在内容、渠道、平台、经营、管理等方面推动媒体深度融合。

第一,坚定"双核驱动",推动深度融合。

湖南广播电视台构建混合云平台，利用"云转码"技术，实现从传统电视直播屏到 IPTV、OTT 和移动端所有渠道的融合，湖南卫视、芒果 TV 双平台采购、定制与播出全线打通，在新闻、综艺、晚会、电视剧等方面高度融合，形成了"双核驱动"的全媒体发展格局。

湖南广播电视台打通了全媒体行业的融合化发展生态链。例如，反向输出至卫视的网络王牌综艺 IP《明星大侦探》，从网络综艺《明星大侦探》到电视综艺《我是大侦探》、互动微剧《头号嫌疑人》，再到衍生综艺《名侦探学院》，以及侦探画本、侦探金条等衍生周边，打造了 IP 型内容产品集群。湖南广播电视台内部的各个媒介样式与产品形成了一定规模的有机联系网络，更好地满足了受众的多元化、差异化和精细化需求。

第二，培养具有创新能力的全媒体人才队伍。

湖南卫视先后推出的《中餐厅》《声入人心》《声临其境》《舞蹈风暴》等 30 多档创新节目，在省级卫视中收视和口碑名列前茅。芒果 TV 成立以来，从内容独播到内容独特，再到内容反哺与内容共创，芒果超媒正在进行影视剧及综艺内容制作、艺人经纪、音乐版权、游戏发行和包括 IP 内容多场景互动体验营销、媒体零售、消费金融等在内的全产业链整合，各个业务板块能够做到上下游的协同互补。

这些发展得益于湖南广播电视台实现了"湖南广电人"的集体进化，已经迭代为具有全媒体基因的新型媒体人才队伍。湖南卫视和芒果 TV 一共有 50 多个内容制作工作室，形成了完备的创新人才矩阵，创造了独特的"马栏山爆款方法论"。

马栏山以湖南广播电视台为中心，旨在打造引领全球视频风向的文化创意洼地。作为马栏山建设的领军团队，湖南广播电视正在全力推进芒果马栏山广场、节目生产基地七彩盒子的建设。湖南广播电视台拥有达晨创投、芒果基金、马栏山文创投资基金，能为创业团队提供资本支撑，促进产业孵化，依托马栏山视频文创园，打造一个集视频技术研发、内容生产、制作传播、运营服务、交易推广、资本孵化和人才培养等于一体的全要素、全周期、全链条的视频产业生态圈。2019 年签约的马栏山新媒体学院定位于培养应用型专业文创、科创人才，这些人才将成为未来新媒体行业的新生代和中坚力量。

第三,打造"电视广告+互联网广告+会员+IPTV+OTT"的经营模式。

从湖南卫视到"湖南卫视+芒果 TV",再到芒果超媒,湖南广播电视台在创收上转变为"电视广告+互联网广告+会员+IPTV+OTT"的多元经营模式。芒果超媒是集视频网站内容分发平台、影视、综艺、游戏内容研发布局的垂直一体化泛娱乐平台型公司,实现了从内容 IP 开发、制作、发行到营销、游戏周边等整个影视产业链上下游的全部打通。湖南广播电视台从传统媒体时代的单一的电视广告收入模式转变为媒体融合后的多元经营模式,抗风险能力更强,发展空间更大。

第四,发挥双平台优势,壮大主流舆论阵地。

湖南卫视努力成为新时代青年文化的引领者与传播者,芒果 TV 力争成为传播青春正能量的新媒体标杆,进一步强化了对年轻人的引领,扩大了主流价值影响力版图。湖南广播电视台坚持创新主流宣传,推出了《新时代学习大会》《故园长歌》《时光的旋律》等台网融合主流大片。其中,《我的青春在丝路》《我爱你,中国》两个节目在湖南卫视的收视率名列前茅,在芒果 TV 上线后的总点播量均超 1 亿次。

与此同时,湖南广播电视台积极地拓展外宣渠道,推动中华文化走出去。截至 2019 年 10 月,芒果 TV 国际 App 的下载量达到 1 080 万次,海外覆盖人数达到 2 200 万人。芒果 TV 一直致力于向海外传播优质的华语视频内容,并首次联手美国 Discovery 频道打造纪录片《功夫学徒》,以综艺为桥梁连接中外文化。

"芒果模式"的生命力在于一直在探索,不断在超越。2020 年以来,湖南广电积极布局 5G,拥抱智慧广电,联合中国移动、华为等战略合作伙伴建立 5G 研究室,开展 5G、AI、VR 等新技术的应用研究,探索 5G 时代的内容创作和商业变现模式。

第六章

网络传媒的三足鼎立：党媒、民媒与自媒体

在传统媒体时代，我国的党办媒体居于主导地位。20世纪90年代，中国进入互联网时代，民营媒体机构横空出世。虽然三大门户网新浪、搜狐、网易都创办了新闻业务，但其新闻内容大多来自传统媒体，无论是在市场占有率还是社会影响力上都相对有限。进入21世纪，上网的人数和时间都以令人瞠目的速度激增，网络媒体中的民营媒体、自媒体越来越引人关注。尤其是十八大以后，新老媒体融合发展上升为国家战略。党办媒体加速部署网络，以期夺回话语主导权。与此同时，以BAT（百度、腾讯、阿里巴巴）为首的互联网机构在国家媒体融合政策的扶持下大举进军，快速占领市场；原先社交媒体上的大V、中V携带积累的流量，积极地投身自媒体战场。2018年后，在网络媒体领域，党媒（党主办的媒体，以下简称党媒）、民媒（民营媒体机构，以下简称民媒）、自媒体（指个人开设的媒体）已形成三股力量。

第一节 网络时代的党媒、民媒与自媒体

从广义上讲，所有媒体都要接受党的领导，秉承党性原则。同时，新闻工作内涵丰富，兼具文化产业属性，是振兴社会主义市场经济、提升人民群众精神文化生活水准的社会组成部分。21世纪以来，党媒、民媒和自媒体在发展中逐渐形成了不同的特性、优势，并各自在中国传媒领域发挥着重要的作用。

一、党媒掌舵:借助技术与平台深植舆论影响力

19世纪末20世纪初,党媒开始上网。1997年1月1日,《人民日报》网络版接入国际互联网;2000年,人民网正式启用独立的新域名。党媒接通网络的初始动机产生于互联网的快速普及,群众的注意力开始转向网络。这一时期,党报上网是由"群众在哪里,党的工作就做到哪里"的工作宗旨决定的。接下来的十年,中国互联网继续高速发展,新观念、新舆情、新群体等新的社会议题都离不开网络媒体的参与,以话语为载体的网络社会快速形成。

十八大以后,党媒的建设成为国家的战略性部署。2010年2月,人民微博上线;2013年,《人民日报》微信公众号正式运营。这一时期,党媒开始把注意力逐渐从纸质媒介转向数字化媒介,重视对新闻传播规律的探索,网络党媒的建设成为把握舆情、控制风险的重要工作。2017年,党的十九大召开,会议对党的新闻宣传工作进行了全面部署,提出要高度重视传播手段建设和创新,提高新闻舆论传播力、引导力、影响力、公信力。网络党媒开始突破内容建设,全面吸纳技术力量和社会资本,发挥党媒的社会组织传统,打造新型宣传和舆论阵地。2018年,人民网与腾讯公司、歌华有线等民营资本开展战略合作,拓展直播和短视频业务,并于同年成立人工智能研究院。2019年初,人民网又联合中移互联网公司推出"人民智云"。有了互联网技术的党媒如虎添翼,在紧密配合党的中心工作的基础上,还可以组织各种人群通过高质量的讨论深度解读现行政策,从而形成统一战线,凝聚社会主义核心价值观。在这个过程中,党媒能更加接近群众,以更高的质量、更强的阵容、更大的声量推进政策落地。

党的十九大报告指出,我国社会主要矛盾已经转化为人民日益增长的美好生活需要和不平衡不充分的发展之间的矛盾。因此,在新时代,满足人民美好生活的需求成为党的中心工作。2020年8月11日,《人民日报》邀请人气演员作为"好物鉴赏官",以"♯人民的美好生活♯"为主题,在抖音平台直播卖货。直播6个小时,订单量达10 567万单,成交额高达5 099

万元①。

在新的传媒生态下,党媒积极借助新技术、新平台,传播能力快速提高,极大地支持了这一时期党的中心工作。党媒的初心和使命与党一致,始终把做好群众工作作为重中之重。在新的传媒环境下,党媒积极地接近新群体,提升话语影响力。2020年五四青年节前夕,哔哩哔哩网站(B站)联合多家有影响力的党媒共同推出视频《后浪》(图6-1),寄语新一代。

图6-1　多家党媒联合发布《后浪》

《后浪》在全网范围内引发热评,通过对大量评论文本的分析,可以看出不同年龄的网民在同一个视频下形成了代际对话,不同时代的价值观也实现了从破圈到对话。

二、民媒扩张文化产业和产业生态化的双重动机

民媒在中国的出现与互联网经济兴起是同步的,以BAT为代表的互联网民营资本在加快布局产业生态的进程中积极投身传媒建设,大力开发传媒的信息价值和数据价值。同时,在民媒的发展过程中,国家也在调整文化机制体制,努力增强文化产业活力,服务于国家宏观经济的发展。

(一) 开端:文化宣传领域逐渐对民营资本开放

国家对民营资本进入文化传媒领域的管理是逐步放开的,基本原则是

---

① 《超亿订单量!"人民的美好生活"首场直播完美收官》,2020年8月12日,《人民日报》百家号,https://baijiahao.baidu.com/s?id=16748666768913372928&wfr=spider&for=pc,最后浏览日期:2023年8月10日。

在确保意识形态安全的基础上逐步释放文化产业的社会活力。

党的十六大提出要积极发展文化产业,把文化产业作为国民经济结构调整的战略任务。2003年,广电总局颁布了《关于促进广播影视产业发展的意见》,鼓励各类资本进入广播影视产业的建设,提高广播影视产业的社会化程度。在政策的指导下,民营资本大批涌入,争相投资媒体。2005年3月28日,国务院发布《非公有资本进入文化产业若干决定》,有序引导并加强对进入传媒领域的资本的管理,提高文化产业的整体实力和竞争力。同年12月23日,国务院出台《关于深化文化体制改革的若干意见》,以公有制为主体,多种所有制共同发展的传媒产业格局逐渐成形。

(二)底层布局:民营资本在互联网新生态下的传媒布局

国家逐渐放开民营资本进入文化传播领域的条件,加之互联网企业的业务对媒介的依赖程度本来就比较高,2014年左右,以BAT为代表的互联网企业开始积极投资传媒领域。这些投资大多都是它们产业生态化布局下的战略性行为。以阿里巴巴为例,它初期的投资没有统一布局,统一指挥,都是在具体的经营业务指导下完成的。

2014年4月8日,华数传媒与由马云控股的云溪投资实行战略合作,目标是共同布局文化传媒产业链,优势互补,实现共赢。华数传媒的业务项目十分丰富,固定用户超过千万人,有海量的数字媒体内容库。更为重要的是,华数传媒获得了广电总局颁发的互联网电视牌照。在三网融合的背景下,双方合作能帮助阿里旗下的众多业务顺利进入家庭互联网生态圈。对于华数传媒而言,合作将直接服务于其"跨代网、云服务、全业务、多终端发展"的整体战略。

2015年10月15日,蚂蚁集团与36氪开展战略合作,两者的合作目标非常明确,即整合双方在创投领域、互联网金融能力和对中产阶级用户的占有方面的资源,合力打造一个具有竞争力的股权众筹平台。36氪在2010年创立并快速发展,形成了36氪融资、氪空间和36氪媒体三大业务板块。以互联网创业和新中产阶级崛起为背景,36氪需要得到蚂蚁集团的支持,建立在线私募股权平台通道。开展战略合作之后,支付宝接入36氪的股权投资平台,同时开放在线支付、大数据、云服务和个人征信模块,36氪的创业服务生态正式建成。一方面科技媒体的盈利模式得到了拓展,推动了国内创业服务生态的进化;另一方面,战略合作使蚂蚁集团顺利接入36氪的互联网创业系统,可以最快地获取新产业信息,并转化为金融服务。

(三)模式创新:民媒逐步形成多种经营模式

1. 巧借优势自建信息通道

从1994年开始,中国正式接入国际互联网。20世纪的最后几年,四大门户网站相继建成。在各大互联网集团创建的初期,群雄逐鹿,各显其长。这一时期,腾讯依托QQ聊天软件实现了流量突破。2003年7月,腾讯正式组建网站部门,招兵买马,准备在信息门户网站上实现业务拓展。当时进入腾讯的孙忠怀被任命为网站部的总编辑,他曾经在网易和TOM在线做内容总监,丰富的商业化内容编辑经验奠定了腾讯新闻的早期风格:寻找差异化,快速突围。腾讯新闻的第一个创新就是推出"迷你首页"。QQ将当时北京奥运会选手夺金的动态信息向用户滚动推送,当用户对信息感兴趣时,点击信息就能自动链接到腾讯新闻的门户网站。以这样的方式,腾讯网的流量池迅速壮大,浏览量几何级翻涨。

今日头条与腾讯相似,在中国互联网媒体发展的第二个十年,也通过差异化信息推荐的方式接入民媒赛道。2012年8月,经历了四次创业的张一鸣创建了今日头条,力争以技术为依托做内容媒体。最初的创建团队只有技术人员没有编辑,以定制化为突破点,依靠算法和人工智能技术向用户精准地推送最有价值的信息。2013年,今日头条推出"头条号"自媒体,解决了自身不生产内容可能带来的版权危机。平台邀请上万家自媒体内容生产者加盟,以数亿元的补贴鼓励优质内容的生产,特别是优质视频信息的生产。从算法到新闻,再到社交,今日头条立足于将好内容推送给需要的人,打造了民媒自办信息平台的差异化路线。

2. 借船出海与党媒合作

民营资本进入传媒领域的第二种模式是与传统主流官方媒体开展合作。2009年,阿里巴巴集团率先与浙江日报报业集团签订战略合作协议,实现网上网下资源的共享、共赢。2015年,阿里巴巴集中与多家官方媒体

第六章　网络传媒的三足鼎立：党媒、民媒与自媒体

合作,包括与北京青年报社合作创办《北青社区报》,与财讯集团、新疆网信办合作组建服务于"一带一路"的新闻客户端"无界新闻",与四川日报报业集团合作建立新闻客户端"封面传媒",打造可以进行内容生产的个性化定制媒体平台等。在当时"东澎湃,西封面,南并读,北无界,中九派"的传统媒体新闻客户端空间布局中,阿里巴巴的合作参与几乎担起半壁江山。值得一提的是,四川日报报业集团的《华西都市报》作为中国新闻史上最有传播价值的第一份都市报,一度辉煌,也获得许多殊荣。主流媒体在向互联网媒体转型的过程中,需要借助社会力量突破技术和资金瓶颈。互联网资本则需要主流媒体的官方背景,以及与自身业务相关的流量入口,这种网络媒体的新生态观在双方后来的合作中更为显著。2020年6月23日,阿里巴巴集团投资浙江信安数智科技有限公司,这家公司旗下拥有衢州新闻网,主要报道衢州本地新闻。民营资本进军传媒领域,目标不只是获得更多积极的社会评价,更与自身的生态发展目标密切相关。

3. 投资与收购海内外媒体

阿里巴巴对媒体的重视还体现在对国内外媒体的投资与收购上。2013年和2016年,阿里巴巴集团两次投资新浪微博,持股额扩增到32%;2012—2015年,阿里巴巴集团及旗下的资本公司通过直接、间接或参股、收购等方式收购行业媒体,包括21世纪传媒、第一财经、财新、正和岛、36氪、钛媒体、虎嗅、猎云网、少数派等;2015年12月,阿里巴巴完成对《南华早报》的收购。这次收购体现出民营媒体在进军传媒业过程中的中国特色。在投资动机上,阿里巴巴公开表示:"我们看到了一个完美的机会:能够把《南华早报》的深厚传统和我们的科技结合,创造一个属于数字科技时代的新闻业未来。"[①]同时,阿里巴巴强调"坚决维持媒体的编辑独立,确保媒体职能的完整性",同时会"在数字传播方面提供技术支持"。

4. 业务升级:民营资本积极开发智能信息系统

民营资本进军传媒业不以控制媒体的内容为目标,而是通过改变信息

---

① 《阿里巴巴发表致〈南华早报〉读者公开信》,2020年11月5日,瑞文网,https://www.ruiwen.com/gongwen/gongkaixin/29541.html,最后浏览日期:2022年9月15日。

传播的环节来创造价值。在《苏州高新区·2020胡润全球独角兽榜》中,创立于2012年3月的人工智能企业字节跳动(ByteDance)以5 600亿元的估值位居第二。字节跳动以推荐引擎技术为核心,从门户网站编辑分发信息升级到基于大数据和机器学习的个性化分发。与其他AI公司的发展策略不同,字节跳动没有把重点放在开发智能产品的市场价值上,而是专注于信息,更好地连接人与信息。字节跳动的创始人张一鸣在演讲中提出,"信息是整个人类的编码","信息是人类文明最重要的部分"。字节跳动先后推出了信息分发平台今日头条、垂直领域懂车帝、信息聚合平台头条号、社交短视频平台抖音等明星产品,构成以"inspire creativity and enrich life"为使命和愿景的产品矩阵(图6-2)。一方面从信息传播中获取利润,另一方面也在改变传媒生态。民营资本专注于开发信息传播的渠道价值,新的信息分发方式让充满真善美的内容得到更加广泛的传播,带动了信息消费,基于信息推荐的算法研发如火如荼。

图6-2 字节跳动的多元产品矩阵

三、自媒体发声:从个体力量彰显到纳入内容生态体系

自媒体(WeMedia)的概念最初来自美国新闻学会媒体中心。2003年,谢因·波曼(Shayne Bowman)和克里斯·威里斯(Chris Willis)两位学者联合发布研究报告《自媒体报告》。提出自媒体是普通公民通过数字科技将自身和全球知识体系联系在一起,提供并分享他们的真实想法与新闻的一种途径。这个概念重点在于强调自媒体的数字化传播途径和非组织化的传播

机制,意味着个体得以成为信息生产与观点表达的主体。

(一) 个体言语力量的彰显

因为受到电信产业发展的局限,计算机走入中国家庭是从 21 世纪初开始的。起初,电脑性能差,而且费用高,人们在网上主要是以文字交流为主,很多全国性的论坛就在这一时期发展起来。2002 年 11 月,"中国博客网"开通,从此,博客作为具有典型意义的自媒体登上历史舞台,简单便捷的发布渠道和迅速普及的手机媒体助推博客渐成气候。2009 年,新浪微博通过内测正式上线,开启了微博时代。与通信类媒体的使用目的不同,早期受众使用自媒体的主要目的是参与公共讨论,表达自我。

(二) 垂直态布局:公共属性转向经济属性

在 2018 年左右,继微博、微信之后,以抖音为代表的短视频平台和以喜马拉雅代表的声音媒体平台快速发展,教育、心理、医疗、科技等各领域的学者、专家开始涌入自媒体阵营。以往的自媒体经营者大多是以具有媒体从业经验的人为主,而各领域的专业人士加盟之后,自媒体的内容生产更加多元,垂直领域更加细化。

各界精英涌入自媒体,其背后隐藏的是巨大的商业价值。以自媒体人李子柒为例,她遵循二十四节气制作食物,同时将孝悌情感、礼俗文化融合在短视频作品中,深受国内网友的喜爱。各大自媒体品牌从自身的文化 IP 出发,创建产业链,并通过平台进行软性推广。在团队的策划包装之下,不少自媒体都取得了令人瞩目的经济效益。2018 年左右,自媒体强大的吸金能力备受瞩目,各大自媒体平台在争夺更多用户注意力的驱动下增加了对自媒体的补贴,自媒体获得了发展多元化、品质化内容的空间。在诸多内容分类中,新闻咨询类内容占主体,市场化属性开始逐渐成长为自媒体的核心属性。

第二节 网络媒体形成三足鼎立格局

2018 年左右,三类媒体形成的三股传媒力量都得到了长足的发展,它们带着各自的原始基因,共同搭建起网络媒体的三足鼎立格局。这里说的三足鼎立指媒体的传播力及其由此获得的市场地位和社会影响。三者各有特色和优势:党媒在"两微一抖"上影响力突出,民媒客户端使用量令其他媒体望尘莫及,自媒体在垂直方向布局迅速。

一、党媒在"两微一抖"上拥有强大影响力

新网媒格局下的党媒有三个特征:第一,都是由传统党媒衍生出来的,都受原先传统党媒的领导,并拥有传统党媒的行政资源、品牌优势和社会资本;第二,它们始终坚持以党性原则为办网的指导思想;第三,它们以报道严肃新闻特别是时政新闻为主。

在新网媒格局下,党媒的影响力依然卓越。在新榜以综合性的指标"新榜指数"评出的《2018年中国微信500强年榜》中,党媒的微信公众号占据绝对的头部优势①。"新榜指数"以总阅读数、最高阅读数、平均阅读数、头条阅读数和总点赞数五个指标来评估账号。具体而言,就是将每个指标的原始数据参照所属维度的标量数值进行比照,得出一个相对的位置指数。在榜单的前20名里,党媒占据10席(表6-1)。

表6-1 党媒在微信端的影响力

党媒账号主体	新榜指数排名	注册时间	地位与影响力
《人民日报》	1	2013年2月21日	中央级时政新闻报道与舆情引导的第一移动端账号
新华社	2	2014年1月22日	原创内容生产能力最强的中央级媒体账号
央视新闻	3	2012年11月23日	提供多元新闻信息和服务信息的中央级综合新闻类媒体账号

---

① 从2019年开始,新榜发布的中国微信500强排名不再收录时政类公众号。

第六章 网络传媒的三足鼎立:党媒、民媒与自媒体

续 表

党媒账号主体	新榜指数排名	注册时间	地位与影响力
人民网	4	2013年1月18日	以民生内容为本,以情感共鸣促进主流意识形态建构的权威平台
《环球时报》	5	2013年4月11日	擅长以多元视角深度解读复杂的国际国内事件
《参考消息》	6	2012年11月23日	拥有最权威的外媒资源,提供精选的外媒每日报道
《新闻夜航》	11	2013年5月14日	日均阅读量最高、"10万+"文章数量最多的省级电视台媒体账号
央视财经	14	2012年12月20日	最权威的财经类内容原创平台
新华网	15	2014年3月12日	新华社的新媒体舆论主阵地
澎湃新闻	16	2014年5月26日	提供原创新闻和深度思想的时政类新媒体,报业集团改革的典型成果

除了官方微信号,很多党媒积极建设有特色的平台账号,以更加灵活的形式和从党报母体继承的规范化操作与技术、人才优势,大大提升了党媒的影响力。例如,人民日报社"中央厨房"的大江东工作室,出品了大量爆款文章,赢得了大量"80后""90后"年轻粉丝的信赖与追捧。微信公众号侠客岛,从名称到内容都充斥侠义正气,独特的IP凝聚了大批粉丝。随后,侠客岛入驻各大传播平台,社交平台账号体量轻、开口小,但常常四两拨千斤,成为重要的新媒体舆论阵地。

党媒在微博、抖音等平台也具有领先优势。在新榜的微博机构认证榜单中,以粉丝数、发布数、点赞数、评论数和转发数五项指标的指数为计算依据,《人民日报》和央视新闻排在前两位(表6-2)。

表6-2 机构认证微博新榜指数周榜

排名	发布者	粉丝数（人）	发布数（条）	点赞数（次）	评论数（次）	转发数（次）	新榜指数
1	《人民日报》	92 726 812	276	14 289 322	781 758	2 969 222	1 079.0
2	央视新闻	87 390 074	240	8 510 148	619 459	1 508 480	1 040.0
3	头条新闻	66 879 394	404	7 638 714	692 481	445 291	986.0
4	腾讯视频	10 973 947	394	4 418 162	207 588	483 245	961.0
5	新浪娱乐	28 802 457	249	10 460 976	413 000	295 810	960.0

注：统计数据截至2019年8月12日12时，样本数量为80 364个。

在抖音平台，党媒传播主流价值观的方式得到了网友的认可。大量党媒入驻抖音，并快速获得粉丝。从《人民日报》2018年9月10日发布第一条抖音短视频，截至2020年9月底，其抖音官方账号已经拥有1.1亿名粉丝，获赞量达51.8亿次。

二、民媒占据移动客户端的传播优势

在新网媒格局中，互联网民营企业在打造各自的经营系统时，将新闻资讯板块的建设纳入其中，积极推进内容建设，其区别于党媒和自媒体的主要特征有三个：第一，它们大多数依托一家大型的互联网公司或由大型互联网公司创办，可以借助这些互联网公司的雄厚资本和技术优势；第二，它们都是市场导向的，实行商业化运作，获取市场份额和赢得利润是其基本目标；第三，它们面向社会大众，以民生新闻、娱乐新闻为主打。

民媒大多没有新闻采访权，但仍是主流媒体生产的新闻内容的重要分发平台。民媒以技术创新促进新闻类业务的发展，并获得利润的增长。民媒的主要阵地是移动客户端，各家媒体积极提高新闻客户端的下载量和活跃度，一些超级新闻资讯平台脱颖而出。根据国内领先的第三方数据平台易观千帆的统计数据，移动客户端月活跃用户数量排名前20位的头部网络媒体几乎全是民媒（表6-3）。

表6-3 民媒在新闻客户端的传播力

App	月活跃用户数量(MAU①)单位:位	资讯类App活跃度排名	新闻板块的战略性价值	地位与影响力
今日头条（2012年8月上线）	29 596.30	1	字节跳动坚持内容与分发相分离的媒介未来发展思路，综合资讯类产品今日头条是其广告收入的主要来源	最先推出基于数据挖掘技术分析用户的信息偏向，进行新闻资讯精准推送服务，是最有影响力的聚合类新闻客户端
腾讯新闻（2010年10月上线）	21 670.40	4	腾讯已建立一个涵盖网络游戏、文学、视频、音乐、新闻和漫画的内容生态系统，其新闻信息流业务令广告收入显著增加	拥有一支从传统媒体转型的专业新闻采编团队，强调"事实派"的专业定位；打通腾讯不同产品之间的用户壁垒，占据用户活跃度的绝对优势
趣头条（2016年6月上线）	8 139.28	6	专注于下沉市场和用户洞察，大量费用投入于研发和营销；根据用户行为优化新闻资讯的内容推荐，增加的用户黏性与日活跃用户量；公司的营收能力依赖用户流量货币化的能力和由公司规模扩大带来的广告收益	建有大量兴趣频道，满足用户各种长尾兴趣需求；2018年全年营收达30.2亿元，同比增长484.5%，是增长最快的新闻资讯类应用；2018年9月在美国纳斯达克上市，是移动内容聚合的第一股

① 根据易观千帆平台的指标解释，MAU是一个月内去除重复的，至少一次主观打开过App的用户数。

续表

App	月活跃用户数量（MAU①）单位:位	资讯类App活跃度排名	新闻板块的战略性价值	地位与影响力
凤凰新闻（2011年下半年上线）	6 164.05	7	2019年第一季度付费服务增长66.1%；未来将继续投资扩大原创内容和多元化产品供应，积极探索对优质内容的潜在投资	凤凰新闻客户端的立场、价值观与用户互通，深度影响着精英用户群体；位列国内新闻App用户健康度指数首位，付费类新闻客户端用户满意度和活跃度最高
搜狐新闻（2010年4月上线）	5 886.69	8	搜索和相关广告业务收入是搜狐营收的主要来源，但增长缓慢；搜狐媒体方面不断完善推荐系统和新闻阅读体验，以丰富收入来源	是国内最早的门户网站新闻客户端产品，曾一度领跑，定位为"订阅平台＋实时新闻"，最早提出个性化阅读理念，国内用户数最先破亿
网易新闻（官方,2011年3月上线）	5 824.05	9	传统广告对网易营收增长贡献式微，电商成为网易的成败关键，网易新闻成为电商导流的关键	是"内容消费升级引领者"，强调"各有态度"，始终保持市场领先地位
新浪新闻（2013年4月由"掌中新浪"更名为新浪新闻）	5 788.56	10	2018年新浪主要营收来自微博广告和直播业务；新浪新闻与微博互动，推广硬核政经新闻IP矩阵，以优质内容取代用户红利作为竞争新战略	借助于微博社交平台共享的用户、话题和门户网站的天然优势，多渠道布局，是综合资讯行业的领跑者

续 表

App	月活跃用户数量（MAU①）单位：位	资讯类App活跃度排名	新闻板块的战略性价值	地位与影响力
天天快报（2015年6月上线）	3 106.22	12	定位于"个性阅读，快乐吐槽"，借助腾讯集团QQ与微信的用户资源快速识别用户兴趣，关注用户体验；战略意义服从腾讯在竞争中争夺资讯入口	依靠腾讯的战略布局，在新闻资讯类应用排行榜中迅速上榜；因为作为腾讯在兴趣阅读产品研发和争夺流量方面的战略性产品而广受关注
惠头条（2017年6月上线）	1 686.11	17	深度挖掘用户心理特征，以轻松有趣的新闻资讯为载体，宣称"看新闻能赚钱"，满足目标群体"轻松赚钱"的需求，获得平台活跃人数的持续增长	新闻资讯界的行业独角兽，占领三四线城市用户流量市场；多次领跑新闻资讯类MAU千万级应用月活跃用户增幅
一点资讯（2013年7月上线）	1 306.97	19	独创"兴趣引擎"（Interest Engine）专利技术，理念从"流量"转向"兴趣"，形成独特的内容生态，并通过定制化广告实现内容变现	在资讯类App中用户覆盖增长最快；是第一家获得《互联网信息服务许可证》的民营互联网企业

在移动客户端的月活跃用户数量排名中,民媒领先于党媒。易观千帆的数据显示,从 2019 年 7 月的月活跃用户数量情况来看,除去不在本研究比较范围内的浏览器类、政务信息平台类 App,前 50 家资讯类 App 中,党媒有 4 家(表 6-4)。其中,除了出身于东方网,带有党媒基因,但实行市场化运作的东方头条有一定竞争力,其他党媒表现平平。排在第一位的今日头条的月活跃用户数量是《人民日报》的 62.8 倍。

表 6-4 党媒新闻客户端活跃情况①

	月活跃用户数量 单位:万人	资讯类 App 活跃度排名
东方头条	1 202.70	23
中青看点	706.51	28
《人民日报》	471.27	32
央视新闻	165.93	49

三、自媒体面广势众,发展迅速

新网媒格局中的自媒体是与党媒、民媒不同的信息平台。自媒体的独特性体现在三方面:第一,专业化是自媒体的第一属性,它依靠专业化垂直分布获取流量,增强竞争力;第二,自媒体多以个人名义创办,创办者的个体价值和观念对平台的风格定位起到主要影响;第三,中国自媒体相比于西方的 WeMedia 概念,具有更强的经济属性②。正如新榜的 CEO 徐达内在公开演讲中指出的,自媒体的核心属性是一种民间形态,是去组织化的内容平台,自媒体数量快速增长的背后是个体寻求财富增长的强烈动机。

目前,垂直化细分领域布满了大大小小的自媒体,可以说"群众在哪里,

---

① 数据来源:易观千帆,http://zhishu.analysys.cn/。
② 於红梅:《从"We Media"到"自媒体"——对一个概念的知识考古》,《新闻记者》2017 年第 12 期,第 49—62 页。

自媒体就在哪里"。从社会生活的方方面面到各类人群的兴趣爱好,再小众的内容都有自媒体的身影。与此同时,一批头部自媒体的传播力、影响力已不容小觑。在新榜2018年中国微信500强年榜中,有400强是自媒体,知名度和影响力比较高的前10名(表6-5)。

表6-5 自媒体的专业化与垂直分布情况

自媒体	所属的垂直领域	排名	创办者	个人经历与背景	主要特点及影响力
占豪(zhanhao668,2013年10月8日注册)	时政	7	占豪	投资专家、财经时事评论员	评论冷静客观,以理据谈爱国,粉丝以中产群体为主
十点读书(duhaoshu,2012年11月26日注册)	文化	9	林少	工科男,"80后",机械专业毕业,爱好是在各互联网平台读书并分享读书心得	文化类公众号的"全国第一号",引导大批粉丝爱上阅读
有书(youshucc,2014年12月20日注册)	文化	10	雷文涛	计算机专业毕业后曾入职在线教育,创办团购网站	搭建立体的互联网读书服务体系,"读完的书成就期待的自己"平台定位契合中产群体的定位
卡娃微卡(kawa01,2015年1月7日注册)	情感	22	纪卫宁	中山大学计算机软件专业毕业,有丰富的创业经历	最有影响力的情感号,企业化运营;以卡娃微卡为核心,形成多领域覆盖的自媒体矩阵
视觉志(iiidaily,2012年11月22日注册)	情感	25	沙小皮	中文系毕业,原山东省国企职工,怀有自媒体创业致富梦	通过细分账号垂直、精准地满足用户的多元化内容需求,强调公众号的个人化特征,以价值观影响众多粉丝

续表

自媒体	所属的垂直领域	排名	创办者	个人经历与背景	主要特点及影响力
唐唐频道（big322,2014年4月25日注册）	搞笑视频	28	任真天（唐唐）	曾是电视台购物栏目的主持人,曾在优酷制作搞笑视频,并成为网红	语言风格幽默,具有喜感的同时注重对现实的反讽,激发用户思考,在价值取向上与大众契合
同道大叔（woshitongdao,2014年8月11日注册）	情感	30	蔡跃栋	清华大学美术学院毕业,有互联网创业经历	以十二星座系列漫画解析社会与人格
冯站长之家（fgzadmin,2014年3月13日注册）	财经	33	冯国震	曾就读于浙江大学、清华大学和香港中文大学,从1996年开始从事互联网相关的运营工作	内容源自主流媒体,基于普通人的视角做内容语言风格通俗,每天早上推送"三分钟新闻早餐"
军武次位面（junwu233,2016年9月27日注册）	军事	34	毕蜂	四川人,中国传媒大学研究生毕业,曾任《锵锵三人行》节目的编导和主编	向年轻人传播爱国主义和尚武精神,探索男性垂直细分领域,实现创收和发展

正因为面广势众,许多不知名的小号也能成为煽动网络舆情飓风的蝴蝶。2018年,新榜样本库内监测到125篇点赞量超过10万次的作品,其中的27篇都来自新榜指数低于800的小号①。2018年被称为"自媒体元年",因为这一年,几场引发网络舆情大风暴的策源地都是自媒体:7月,自媒体"兽楼处"的文章《疫苗之王》引发对长春长生生物的全民讨伐;10月,范冰

---

① 《2018年中国微信500强年报|新榜出品》,2019年1月6日,新榜微信公众号,https://mp.weixin.qq.com/s/DJQkVvAgqRvM4qun2kw6Rw,最后浏览日期:2022年9月15日。

冰"逃税门"事件引发席卷整个娱乐圈的风暴;12月,自媒体丁香医生的原创文章《百亿保健帝国权健和它阴影下的中国家庭》使苦心经营几十年、资产达数百亿元的"保健帝国"在舆论风暴中几乎一夜崩塌。2019年4月,自媒体博主发布"奔驰女"维权的微博视频,再次引发山呼海啸的公民维权声浪。同时,在引发网络舆情的过程中,一些自媒体开始结成松散的联盟,相互声援,甚至一呼百应,更是壮大了自媒体的声势。2019年,很多头部公众号开始发展矩阵布局,矩阵化运营的比例从2018年的12.2%上升到21.7%,增幅率高达78%[1]。

第三节 对三类媒体的优劣势分析

党媒、民媒和自媒体能够形成三足鼎立之势,是因为它们在资源禀赋、市场定位、运营方式等方面各有优势,谁也取代不了谁。

一、党媒:新闻舆论的引导者

(一)党媒的优势:政策和社会资本优势

党媒具有政策和社会资本两方面的先天优势。在政策优势上,主要体现为党媒拥有新闻采访权,这是我国一项具有政治性和实践性的行政许可制度。2005年3月1日起,我国开始实行《新闻记者证管理办法》,规定新闻记者证是采编人员拥有新闻采访权的唯一合法凭证。新闻采编人员持证上岗是对新闻从业人员职业道德和从业资格的审核。截至2017年底,全国共有231 564人持有新闻记者证,合法持证的新闻记者主要是在人民日报社、新华社和中央电视台等党媒工作的新闻采编人员;2015年开始向新闻网站核发的新闻记者证也主要发给了中央级和地方各级党媒新闻网站;持有新

---

[1] 《2019年中国微信500强年报|新榜出品》,2020年1月13日,新榜微信公众号,https://mp.weixin.qq.com/s/00K9zdApD97YRLrKhcN_9A,最后浏览日期:2022年9月15日。

闻记者证的党媒记者是时政新闻和重大新闻的内容采写人。所以,各门户网站和分发平台的时政新闻主要由党媒提供,党媒在时政报道上居于主导地位。与民营媒体和自媒体不同,党媒从群众关注的社会问题出发,能够快速地组织并派出专业采访组,配合相关执法部门对事件开展调查。党媒可以在调查的基础上对事件的性质作出判断,并率先成为舆论的引导者。

社会资本优势则主要是党媒在传统媒体时期继承下来的权威性、公信力和影响力。党媒是党的舆论阵地,在重大舆情事件中,党媒的声音"一言九鼎",可以"一锤定音"。

(二)党媒的"大"烦恼

党媒面临的问题归结为一点就是"大",即机构庞大、立意宏大、影响力大,这是当前党媒面临压力的原因所在。"大"虽使党媒的声音成为社会各界判断未来发展趋势的导航仪,但也常常因为某些细节的信息引发强烈的社会反响。同时,"大"使党媒的反应不够及时,在与民营媒体、自媒体争抢信息首发权时显得有些慢。正因党媒的影响力大,一言九鼎,故而更需要冷静观察,做好深入调查再表态。可见,发声的滞后性是党媒的影响力属性决定的。

党媒代表党和国家的立场和形象,内容上追求立意深远、表述准确。在互联网文化场域内,党媒的话语有时会显得有些生硬。近年来,《人民日报》等一批主流党媒积极探索话语转型,一大批接地气又能准确传播主流价值的新闻作品被创作出来,党媒的"大"烦恼也在减少。

二、民媒:创新发展的动力源

(一)民媒的优势:机制和资本技术优势

民营媒体的兴起是中国传媒业市场化探索的结果,其追求的是市场价值的最大化。改革开放之后,中国开启市场经济,信息成为极有价值的稀缺品。

在灵活的运营机制下,民营媒体大力拓展信息服务功能,以算法为依托,快速精准地向用户推送定制化的新闻内容,以迎合大众的内容偏好,增强产品的用户黏度。民媒的新闻活动围绕市场化经营开展,这是民媒的优势,也因此促成了民媒大众化的特征。民媒对于中国网媒新格局的影响是在自身经营发展的框架中产生的。

与此同时,民媒相比于党媒和自媒体最大的优势是它们有雄厚的资金,可以用于技术研发和人员福利投入。以腾讯为例,它在 2018 年研究及开发上的开支约为 229.36 亿元,比 2017 年(174.56 亿元)增长了 31.4%。其中,雇员福利开支达到 190.88 亿元,比 2017 年(147.66 亿元)增加了 29.3%[①]。强大的资金支持使民媒成为媒介技术创新的领跑者,优渥的福利待遇也使其吸引了众多人才。2012 年左右,传统媒体遭遇断崖式衰落,很多传统媒体的从业者纷纷离职,加盟民媒:《南方都市报》原总经理陈朝华任搜狐副总裁及总编辑;央视王牌节目的制片人李伦跳槽到腾讯任副总编辑;2018 年,中央电视台原主持人张羽任字节跳动的副总裁;等等。此外,民媒还以资本优势投资内容生产领域,引领传媒业的发展模式创新。2018 年底,今日头条推出"10 万创作者 V 计划",在百余个垂直领域内重点扶持 10 万个头部内容创作者;一点资讯也推出"清朗计划",建立自媒体信用等级体系,扶持优质自媒体,清理违规自媒体,树立自媒体行业的标准,优化自身内容生态的同时也尝试治理一些乱象。

近年来民媒大举投资新闻传媒业的技术创新,以今日头条为代表的民媒企业不断推进数据挖掘与个性化信息推荐技术,新的内容变现模式在行业内部产生了示范性作用。技术创新迅速扩散,由此改变了中国网络媒体的传播生态。

(二)过度的市场化运作带来一系列问题

民媒的市场化运作要求其机制灵活,但过度的市场化运作也导致了一系列问题。其中,最突出的一个问题是,市场运作追求效益最大化,使民媒无暇顾及伦理价值上的判断。今日平台依靠算法推荐的技术优势,旗下移动应用程序产品的用户数量在 2017 年和 2018 年得到了爆发式增长,但也

---

① 《腾讯 2021 年研发投入增 33%创新高,三研发投入超 1200 亿元》,2022 年 3 月 23 日,搜狐网,https://www.sohu.com/a/532159402_100116740,最后浏览日期:2022 年 9 月 15 日。

伴随着低俗内容泛滥等一系列问题,产生了与主流价值观相违背的不良影响。2018年4月11日,今日头条创始人张一鸣就旗下产品"内涵段子"关停的致歉信中承认,技术必须要用社会主义核心价值观来引导。算法没有价值观,但如何使用技术就体现出技术使用者的价值观。"失去了对生命安全和公共利益的敬畏,网络平台的用户规模再庞大、商业模式再讨巧、算法分配再新颖,也终将行之不远。"①事实证明,过度的市场化运作会导致新闻伦理问题出现,以公共利益为核心才是民媒发展的正道。

三、自媒体:机制灵活但缺乏资源

(一)自媒体的优势:生存模式明确、内容风格多样和机制灵活

从某种程度上来说,自媒体能够与党媒、民媒并肩而立在于它们准确地找到了自身的市场定位。自媒体牢牢地扎根于中国的中等收入群体,准确地把握了这一群体的喜怒哀乐,自觉地充当了他们的代言人。因此,中等收入群体自然成为自媒体的主要客户。当前,中国的中等收入群体有4亿人之多,他们具有强大的购买力,是任何国家都无法比拟的一股巨大的消费力量②。

同时,各类自媒体都避免贪大求全,只在一个垂直领域精耕细作,做专、做精、做到极致,力图做出自身的特色,从而增强网民的黏性,并吸引更多的受众。

自媒体还有灵活的机制。自媒体投入成本很低,可谓船小好调头。它们敢于试错,勇于探索,敢于冒险。今天失败了,明天再另起炉灶,从头再来;一旦成功了,就"咬定青山不放松"。

此外,自媒体从业者都很"拼","5+2""白+黑"是常态,市场竞争激烈,迫于生存的压力,他们不得不比常人付出更多的努力。

(二)自媒体最大的不足是资源匮乏

自媒体很难获得新闻采访权和政府的财政补贴,也不可能拥有民媒那

---

① 彭飞:《网络平台不能只有"资本思维"》,《人民日报》2018年8月27日,第5版。
② 王珂:《新消费,提升美好生活体验》,《人民日报》2019年5月24日,第5版。

样的技术优势和资本优势。虽然有些头部自媒体获得融资,但也只是九牛一毛。当前国内有2000余万家自媒体,市场竞争之激烈是常人难以想象的。2016年,自媒体经过井喷式增长,但2018年以后,流量获取难度加大和阅读量增长趋缓成为限制自媒体发展的最大难点[①]。2018年,新注册的微信公众号仅占总量的6%,而且这一年有16.1%的公众号停止更新[②]。为了生存,有少数自媒体铤而走险,出现"洗稿"、制造谣言、发布假新闻、敲诈等行为。2018年,国家网信办依法约谈一些自媒体平台,推进整改行动,有9800多个自媒体账号被集中处置[③]。

第四节 新格局中的三方争鸣与共鸣

近年来,在展开市场竞争的同时,党媒、民媒、自媒体也在国家媒体融合战略的大背景下开展大量合作,目前的发展态势是"你中有我,我中有你",既竞争又合作的关系在不断的探索中逐步形成。

一、三方争鸣的现状

当前,党媒、民媒、自媒体三足鼎立,三者在市场与技术方面都存在一定的竞争关系。

首先是市场。党媒、民媒、自媒体三家的竞争,最重要的是对市场的争夺,尤其是争夺中等收入群体的注意力。当前,中国的中等收入群体是一个

[①] 李良荣、郭雅静:《三足鼎立下的网络媒体的态势及其治理之策》,《国际新闻界》2019年第10期,第6—22页。

[②] 《2018年中国微信500强年报|新榜出品》,2019年1月6日,新榜微信公众号,https://mp.weixin.qq.com/s/DJQkVvAgqRvM4qun2kw6Rw,最后浏览日期:2022年9月15日。

[③] 《"组合拳"整治自媒体乱象》,2019年3月20日,中华人民共和国国家互联网信息办公室,http://www.cac.gov.cn/2019-03/20/c_1124259403.htm,最后浏览日期:2022年9月15日。

日益壮大,并且对中国的政治、经济和文化等层面都有举足轻重的影响的新兴社会群体。根据中国社会科学院的统计,当前阶段中等收入群体家庭人口占全国家庭总人口的 37.4%①,是全球数量最庞大的中等收入群体,并且这一数字还在继续发展。他们基本上是"70 后""80 后""90 后",正处于年富力强的人生阶段。他们的职业基本上集中在教育、医疗、金融、IT 产业等服务性行业和机关公务员,并且是企事业单位的业务、技术骨干,俗称"白骨精"(白领、骨干、精英的简称)。他们具有良好的教育背景、稳定的工作和收入,既是社会的稳定器,也是重要的社会消费群体。不只是在物质购买力上,在网络上他们也是规模最大的网民群体。在微信、微博的用户中,中等收入群体的占比较高。年龄优势、职业优势和强大的消费能力使中等收入群体成为中国社会阶层中的关键群体。"得中产者得天下",产业如此,互联网同样如此。三方竞争,谁能赢得中等收入群体,谁就能赢得稳定的用户和流量,获得稳定的收入和社会影响力。

其次是技术。在互联网平台上,对于三方而言,谁最先运用新技术,谁就能捷足先登,圈粉无数。智能推送造就了今日头条的庞大帝国,小小弹幕造就了 B 站奇迹,直播带货成为财富密码。在新的赛道上,影响传媒业的新技术主要包括 5G 手机、人工智能、区块链和大数据云计算。5G 手机具有极快的速度、极大的容量,即将以全时空、全覆盖、全媒体的方式造就新闻新业态;区块链即将造就社交的新生态;大数据、云计算造就的是新闻信息的智能推送和精确服务。

在新传媒技术发展的驱动下,传媒业的生态与业态将面临重新洗牌。从 2G 到 3G 是信息生产社会化的过程,报业在这个过程中出现萎缩;从 3G 到 4G 的过程是信息生产视频化的过程,电视在这个过程中出现萎缩;从 4G 转向 5G 意味着大数据和可视化表达即将成为常态,短视频将成为新闻的主要表达方式,网络直播异军突起,AR、VR 的制作也将更加普遍化。

在新技术的驱动下,更大规模的公众将投入新闻生产,公众新闻时代真

---

① 《社科院:中国中等收入群体家庭人口占全国 37.4%》,2016 年 12 月 21 日,界面新闻,https://www.jiemian.com/article/1027611.html,最后浏览日期:2023 年 8 月 10 日。

正来临。未来会有更大规模的资金投入媒体平台的建设,更多向移动优先倾斜,原先盛极一时的门户网站会进一步萎缩。传媒业必然重新洗牌,只有专业化、本土化、精确化的媒体才能立足。

二、智能赛道合作共赢

在平台崛起的背景下,大型民营媒体和头部党媒都积极地布局自媒体。2012年8月,微信公众号平台正式上线,公众号自媒体的数量快速增长。在微信的带动下,阿里巴巴、百度、网易等互联网公司也先后推出自媒体平台,如百度的百家号、阿里巴巴的大鱼号、腾讯的企鹅号、今日头条的头条号、一点资讯的一点号、网易的网易号、东方头条的东方号、新浪的新浪看点号、凤凰网的凤凰号、搜狗的搜狗号、趣头条的趣头条自媒体平台等。一时之间,头部互联网公司集体加入自媒体内容平台的布局,自媒体平台的数量在2016年出现井喷式增长。同时,党媒、民媒和自媒体开始合作制作节目。2018年"两会"期间,人民网与腾讯网联合启动直播栏目《两会进行时》,点击量突破1亿次。紧接着,人民网再次与腾讯、歌华有线合作成立视频合资公司,合力进军直播和短视频内容生产领域。尝到甜头以后,2018年9月,人民网与B站正式达成战略合作协议,开始联合制作节目。可以说,在新媒体快速发展的环境下,党媒、民媒与自媒体展开各种合作,三方各自谋发展的同时,也共谋发展。

值得一提的是,在人工智能领域,三方的合作更为紧密。习近平总书记在中央政治局第十二次集体学习中提出,要探索将人工智能运用在新闻采集、生产、分发、接收、反馈中,全面提高舆论引导能力,以高站位、高起点为媒体融合发展指明方向。2019年开始,以中央广播电视总台、新华社和人民日报社为代表的党媒全面开启智慧化探索。

传媒智慧化建设需要大量资金、技术和专业人员的支持,也需要高质量内容的供给。在这个前提下,党媒与民媒深度合作,在人工智能的背景下实现了双赢(表6-6)。具体而言,党媒提供优质内容和权威平台,民营资本提供技术支持。这种合作可以帮助党媒实现智能化转型,提升对主流群体的影响力;民营媒体则获得优质内容的接口,明确了政策沟通的合法性身份。

表6-6 部分党媒与民媒合作的情况①

媒体名称	主要成果	合作单位
人民日报社	人民日报创作大脑	百度
	人工智能媒体实验室	
中央广播电视总台	央视网"人工智能编辑部"	腾讯讯飞
	人工智能集中调度平台	百度、阿里、腾讯、网易、科大讯飞
新华社	媒体大脑	阿里巴巴

图6-3 百度大脑的核心能力

2018年,人民日报社与百度开展战略合作,目的是共同打造适合党媒的资讯推荐类产品,双方在内容、产品和技术层面探索了传媒新生态中的发展路径(图6-3)。在合作中,百度提供搜索引擎,人民日报社提供权威的原创内容。与此同时,党媒内容中的政治方向、舆论导向和价值取向也将与平台的内容生产流程全面融合,形成可批量化、规范化、直接、具体的算法和规制。在这个过程中,党媒也在一定程度上强化了对民营媒体平台的引领,如对热点的聚焦、对关键信息的提炼、对内容的审核等。2019年,人民日报社与百度合作建设人工智能媒体实验室。百度将自己在AI技术方面的多年积累和实践所形成的经验传给人民日报社,使人民日报社在行业内部形成示范效应,大量主流媒体开始接入内容生产链条,随后生产出来的海量优质内容又接回百度。同

---

① 新华社"人工智能时代媒体变革与发展"课题组:《2019年度"人工智能时代媒体变革与发展"研究报告》,2020年2月。

时,人民日报社通过自身的影响力,将 AI 赋能传媒全链条生产的理念传达给整个传媒业。

2019 年国庆期间,中央广播电视总台与腾讯讯飞合作推出了线上融媒体产品《课本里的新中国》(图 6-4),选取十篇中小学课本里的经典篇章,内容是各年龄阶段的受众都喜闻乐见的,它们的共同点是记录了国家发展的重要时间点。在传播形式上,《课本里的新中国》邀请知名主播主读,并由各领域的知名人士组成朗读阵营。由于腾讯讯飞的技术支持,智能产品支持受众自己录制短朗读音频,并快速完成智能合成与社交分享。在传播技术与传播理念全面升级的背景下,党媒引入智能化技术,可以"有声有色"地调动读者的感官体验,以更大的传播声量开展主流价值观的引导。截至2019 年 10 月 5 日,♯课本里的新中国♯的微博话题阅读浏览量超 11.4 亿次,网友参与话题讨论 69.1 万次,预计总覆盖用户不低于 2 亿人,并引来了各大媒体的广泛报道与关注。网友们纷纷留言:"祝祖国繁荣昌盛""一起为新中国点赞"。可见,《课本里的新中国》已在互联网端获得了较高的好评①。

图 6-4 智慧化内容互动产品《课本里的新中国》

党媒与民营资本开展合作,共同推进了新生态下的智媒建设进程,这意味着场景、内容与人的信息全面融合于新闻产品之中。技术使信息的呈现更加充分,产品形式更加灵活,而且一定程度上弥补了传统媒体记者的技术短板。2017 年,新华社与阿里巴巴合作推出的媒体大脑;2018 年,"媒体大脑·MAGIC 短视频智能生产平台"(magic.shuwen.com)正式上线,可以支持记者将采访到的材料自动合成短视频产品。例如,该平台应用自然语言

---

① 《献礼新中国成立 70 周年,"人工智能编辑部"上线首批重点产品〈课本里的新中国〉》,2019 年 10 月 6 日,搜狐网,https://www.sohu.com/a/345156214_570245,最后浏览日期:2023 年 8 月 10 日。

图 6-5 应用自动生成的短视频模板制作的熊猫短视频

理解、视觉语义理解、音频语义理解等人工智能技术,研发并推出了"熊猫短视频"产品(图 6-5)。从整体上看,这种形式以人工智能技术作为后台的技术支持,简化了信息加工的智能化操作,从生产端促进了传媒智能化的发展。技术团队采集了大量的熊猫动作画面,研发出熊猫动作和场景识别的算法,从而建立起熊猫的媒体资源库。随后,平台再通过生产引擎对资源进行加工处理,制作出短视频模板。利用这种技术和模式,大量短视频内容可以通过自媒体广泛传播,便于党媒、民媒和自媒体在智能化内容生产的共同目标下展开多方合作。

三、三类媒体各有发力点

党媒、民媒和自媒体在竞争中谋求合作,逐渐填补短板。目前来看,传媒新生态系统下的三足鼎立结构是一个具有自调节功能的稳定系统,其稳定性就来自三类媒体各自不同的发展定位。

(一)党媒积极探索技术合作,持续推出优质内容

2018 年 9 月,《人民日报》正式入驻抖音平台,截至 2022 年 11 月,《人民日报》官方抖音号的粉丝达到 1.6 亿人[1]。2019 年 8 月,《新闻联播》正式进驻"快手"短视频社区,开始常态化直播,首次直播的 33 分钟内,累计观看数有近 2 000 万人(图 6-6)[2]。在合作的过程中,短视频平台也从中受益,不

---

[1] 《主流媒体曝"家底儿"!谁影响力越来越大?谁粉丝最多?》,2023 年 7 月 14 日,搜狐网,https://www.sohu.com/a/700033819_570245,最后浏览日期:2023 年 8 月 10 日。

[2] 《中央广播电视总台是如何进行抗疫报道的?》,2020 年 2 月 24 日,央广网,http://news.cnr.cn/native/gd/20200224/t20200224_524989901.shtml,最后浏览日期:2023 年 8 月 10 日。

仅内容生态更加健康,品牌价值也得到了升级。2019年,短视频平台发展迅速,受众可以方便地生产、分享并观看用户彼此生活中最值得记录的生活片段。在平台算法的支持下,短视频的内容生态空前活跃和丰富,信息传播力得到了快速的提升。值得一提的是,党媒入驻短视频平台后会自觉地调整自身的话语风格,以平台独特的媒介特性组织内容生产。党媒生产的短视频依然坚守主流意识形态引导,同时力求在表达技巧和传播效率方面实现快速的提升。

图 6-6　主流媒体入驻短视频平台

2021年3月,中央电视台对重启的三星堆考古活动进行了跨平台的大型融媒体直播(图6-7),它的新闻频道和《考古公开课》栏目是主要平台。后者打破了原本的录播形式,联合央视频App等推出了《解谜三星堆》直播特别节目。

图 6-7　主流媒体打造的直播产品

现场直播的优势与该栏目的自身特色相结合,使此次特别直播展现出鲜明的融媒体叙事特征,并在科学性考古、多团队合作、多学科融合等多方面进行了全新尝试①,为广大观众献上了一场前所未有的考古盛宴。

在传媒新生态格局之下,优质内容备受关注。当然,优质内容的评判不以话语主体的身份论定,也不以新鲜感、刺激性为指征,优质内容的本质特征是负责任地回应时代议题。2022年4月8日,"央视新闻"的抖音号发布了配文为"追求卓越,为国争光!我们的运动员值得'掌声雷动'!"的视频(图6-8),呈现了冬奥会运动员入场时全场"掌声雷动"的现场画面,让网友深受感动。2022年4月16日,"央视新闻"抖音号发布了配有字幕"太空出差三人组告别空间站"的短视频(图6-9),生动的场景搭配激动人心的背景音乐,让手机网友们感受到我国航天事业的强大魅力。

图6-8 "央视新闻"发布的冬奥会运动员入场现场

图6-9 "央视新闻"发布的"太空出差三人组告别空间站"短视频

(二)民媒以"科技向善"为底层价值,强化社会认可

2018年,以腾讯为代表的超级互联网公司提出了"科技向善"的内容生产理念,引发关注和效仿。这一理念的提出主要是基于两个背景。一方面,以互联网为底层技术的内容产业竞争激烈,不确定性高。为了避免出局,互

---

① 夏秋悦、陈红梅:《融合传播·技术赋能·仪式传播:央视〈考古公开课〉三星堆直播特色分析》,《民族艺林》2022年第2期,第144—151页。

联网公司需要进行产品的更新迭代,从消费感知出发的"科技向善"更能够释放研发者的创新潜能(图 6-10),使产品功能脱颖而出。另一方面,作为具有超级影响力的互联网内容生产平台从社会关切出发,解决实际的社会问题,这种做法能够帮助企业建立更强的社会信任感。"科技向善"理念提出,人是技术的尺度,"技术是驱动力,价值观才是产品灵魂"①。

图 6-10 "科技向善"产品

随后,"科技向善"的民媒发展理念逐渐扩散为行业共识。以短视频社区平台快手为例,2019 年,有 1 600 万人通过该平台获利,大量来自国家级贫困县的个人或政府机构通过"提供不一样的消费信息"得到关注,并获得经济效益。整体来看,在平台的算法逻辑中加入科学的价值观,让数字内容生产在支持资本增值的前提之下,可以更好地服务于人民。

(三)自媒体继续向组织化和专业化转型,影响更加深入

2018 年左右,自媒体的市场经济属性逐渐成熟,吸引了大量各专业领域的创作者加盟,拥有专业背景的自媒体账号在各自的领域深耕发展,开展竞争,大量自媒体账号的发展速度令人震惊。2020 年新冠疫情期间,在线流量激增,大量自媒体专注于各自的特色,进行了组织化内容生产,借助流

---

① 《宿华:技术是驱动力,价值观才是产品灵魂》,2019 年 9 月 19 日,人民日报社百家号,https://baijiahao.baidu.com/s?id=1645106930624684782&wfr=spider&for=pc,最后浏览日期:2023 年 8 月 10 日。

量从不同的角度创作优质内容。受到新冠疫情的影响,人们从以往对轻娱乐类内容的关注,转变为对与疫情相关的严肃类内容的关注,尤其是科普内容。因此,在微信公众号的500强榜单中,资讯类账号的占比快速增长。相比于党媒提供的价值底色、民媒提供的冷静观察,新冠疫情期间,自媒体对民众建立认识和形成观点的影响力更为细致、深入。当前,"流量为王"的经营模式依然普遍,但竞争更多地转向对内容的深耕。总体而言,自媒体的内容更为专业,形式更加灵活,大量的爆款文章都出自新面孔。例如,以"洞见"为代表的头部自媒体以亲子关系、网络课程、直播带货、自律修养等话题引发以中产阶层为主的受众的热烈参与讨论,评论区的"在看"和点赞量日益攀升。

第七章

互联网治理的发展与演变

互联网改变了世界,也带来了一系列的社会问题,网络治理逐渐成为各国都要面对的全新课题。联合国互联网治理工作组将网络治理界定为:"政府、私营部门和社会组织根据各自的作用制定和实施的旨在规范互联网发展和应用的共同原则、规范、规则、决策程序和方案。"①自1994年接入国际互联网以来,面对这一全新的治理领域,我国政府和社会各界也一直在积极地探索合理有效的路径和方法。

近三十年来,我国政府一直坚持"依法治网"的基本精神、多头管理的基本模式、管制与引导并重的治理策略,不断根据互联网生态的演变进行制度创新。互联网飞速发展,网络媒体形态也日新月异,网络治理的具体治理措施也不断地推陈出新。"互联网形态仍然处在变化之中,任何敢于尝试与试验的举动都应该给予理解,也应该有充分的讨论。"②本章以互联网媒体生态特征的转变作为区分不同时期的标准,梳理每个时期主要的网络治理任务及对应出台的政策法规,并解释各项举措的时代背景及其意义。

---

① 转引自王齐齐:《国内网络治理研究回顾及展望——基于CiteSpace软件的可视化分析》,《重庆邮电大学学报》(社会科学版)2021年第1期,第92—102页。
② 王梦瑶、胡泳:《中国互联网治理的历史演变》,《现代传播(中国传媒大学学报)》2016年第4期,第127—133页。

第一节 网络治理框架初显(1994—1997年)

1994年中国连入国际互联网,在我国互联网发展的最初三年,互联网媒体尚未充分展现其在新闻传播领域的影响力,政府和社会各界对于网络媒体的认识尚不明晰。为了维护国家计算机与网络系统的安全,政府出台了一系列规范[①],旨在保护计算机信息系统安全工作的顺利开展。虽然政府未对网络新闻传播领域采取专门的治理措施,但这一阶段出台的多项政策已初步显示出我国网络治理的基本思路,对于后续的网络媒体治理政策影响深远。早期网络治理工作中,规范网络接入与域名注册等政策奠定了网络媒体集中化管理的基础;网络信息"九不准"政策为网络媒体在内容层面划定了不可触碰的底线,成为互联网内容治理与意识形态安全维护的基本要求;这一时期初步建立的"九龙治水"管理模式在不断改进和完善中日益发挥重要作用。

一、筑牢互联网基础防线

1995年,我国互联网面向全社会开放,部分传统媒体陆续开通"网络版"与"电子版"。同时,包括瀛海威、搜狐在内的民营商业互联网内容服务商也陆续入网。在传统媒体时代,非公有制经济无法涉猎传媒领域,但为鼓励商业机构通过互联网带动经济发展,政府允许带有媒体属性的民营公司涉足互联网。在这一情况下,如何规范这些媒体的接入并有效开展后续管理工作是维护互联网安全运行的基本要求。

对于网络媒体治理来说,国务院1996年2月发布的《中华人民共和国计算机信息网络国际联网管理暂行规定》(以下简称《规定》)具有重大意义,它明确规定了互联网单位的入网条件与方式。方兴东等人认为,《规定》是

---

① 其中比较重要的政策包括1994年国务院出台的《中华人民共和国计算机信息系统安全保护条例》与1996年公安部发布的《关于对国际联网的计算机信息系统进行备案工作的通知》等,都对计算机与互联网基础设施与运行安全进行了规制。

中国第一个有关互联网媒体的法规①。

为保证大量新兴网络媒体的可管、可控,《规定》明确了"统一入网"的要求,规定邮电部国家公用电信网提供的国际出入口信道是唯一合法接入互联网的通道,任何机构或个人都不得自行建立或使用其他信道,这表明我国政府从互联网发展之初就要求网络媒体和普通网民不得"私自联网"。近三十年来,这项规定一直适用于针对各类非法私自联网行为的管制和处罚工作,如2019年初广东省韶关市某青年因"翻墙"而被罚款,依据的正是这项规定。

1998年2月,原国务院信息化工作领导小组②依据《规定》印发了《中华人民共和国计算机信息网络国际联网管理暂行规定实施办法》,确立了针对从事计算机信息网络国际联网业务的经营单位实行的经营许可证制度。任何入网单位都必须申请经营许可证,未领取许可证的单位,将面临警告甚至责令其停止联网。自此,互联网媒体的入网许可证制度被确立下来。从后来二十多年的治理经验来看,将互联网媒体列入行政许可事项除了有利于统一规划产业发展之外,还具有统一监控与违法内容过滤的功能。

另一项有利于互联网集中化管理的措施是建立规范的域名管理制度。我国互联网发展初期,域名管理不严格,经常出现因抢注商标域名导致法律纠纷等问题。1997年5月,原国务院信息化工作领导小组办公室组建中国互联网络信息中心工作委员会,负责维护网络地址系统与域名管理工作。该机构设在中国科学院,通过出台《中国互联网域名注册暂行管理办法》(1997)等规范,逐步建立了较为成熟的注册服务机制。

通过建立经营许可证制度与域名管理制度,政府实现了对互联网基础环节的集中统一管控。通过这些制度的落实,政府在互联网基础领域获得了绝对主导权,使得后续有关内容监管、媒体问责等方面的治理工作具备了基础条件。

---

① 方兴东、陈帅:《中国互联网25年》,《现代传播(中国传媒大学学报)》2019年第4期,第3页。

② 1996年,国务院信息化工作领导小组在原国家经济信息化联席会议的基础上成立,时任国务院副总理邹家华任组长,是我国互联网治理早期的核心领导机构。

二、建立信息内容规范

在我国互联网发展之初,政府一方面鼓励网络媒体充分发挥其在经济社会发展中的作用,另一方面也对其与生俱来的多元、复杂的信息传播特性存在担忧。加强互联网有害违法信息的控制,以防负面影响的出现,一直是互联网治理的关注重点。

1996年后出台的涉及网络信息内容安全的各项法规,表明政府在网络空间中延续了实体社会管理中的信息内容管理原则,其基本目的是维护国家的社会稳定与意识形态安全。在内容层面,政府制定了一系列非法信息的评判标准与惩罚措施。《中华人民共和国计算机信息网络国际联网管理暂行规定》(1996)中就明确要求从事国际联网业务的任何单位和个人必须严格执行安全保密制度,不得利用国际联网从事危害国家安全、泄露国家秘密等违法犯罪活动,不得制作、查阅、复制和传播妨碍社会治安的信息和淫秽色情等信息。违反有关规定的,将受到警告、通报批评、责令停止联网的处分。

1997年12月,公安部发布《计算机信息网络国际联网安全保护管理办法》,规定了九种互联网"非法信息",第一次系统地对互联网内容进行了详细的规范。这九类信息包括:第一,煽动抗拒、破坏宪法和法律、行政法规实施;第二,煽动颠覆国家政权,推翻社会主义制度;第三,煽动分裂国家、破坏国家统一;第四,煽动民族仇恨、民族歧视,破坏民族团结;第五,捏造或者歪曲事实,散布谣言,扰乱社会秩序;第六,宣扬封建迷信、淫秽、色情、赌博、暴力、凶杀、恐怖,教唆犯罪;第七,公然侮辱他人或者捏造事实诽谤他人;第八,损害国家机关信誉;第九,其他违反宪法和法律、行政法规的信息。最后一条是开放性的规定,为具体执法过程提供了弹性。后续诸多涉及网络内容的法规[1]都沿袭了"九不准",成为互联网单位信息内容传播不可触碰的

---

[1] 后续出台的法规如《互联网信息服务管理办法》(2000)、《互联网电子公告服务管理规定》(2000)原封不动地照搬"九不准"。《互联网出版管理暂行规定》(2002)、(转下页)

底线。

以上每部行政法规都规定了处罚措施。违反规定且构成犯罪的,将依法追究刑事责任;尚不构成刑事处罚的,给予行政处罚。行政处罚措施主要包括警告、批评教育、停止联网、停机整顿、没收违法所得、罚款、责令停业整顿、吊销经营许可证、取消联网资格、暂时或永久关闭网站等。在各项惩罚规定的明确要求下,政府得以将主要的监管责任交给内容服务单位,后者必须对违法信息作出相应的惩罚。这种强调互联网服务者责任的治理理念顺应了互联网信息海量、多元、复杂的特性,可以有效降低政府的监管成本,一直被我国网络治理工作延续。

三、"九龙治水"框架初显

在我国互联网发展的早期,网络治理理念与模式尚不成熟。但是,从早期出台的各项法规内容和实际执行情况来看,"国家主导、多头共管"的治理框架体系已初步显现,为后来治理模式的不断发展和完善奠定了基础。

在我国网络治理早期,原国务院信息化工作领导小组处于领导地位,负责协调、解决有关国际联网工作中的重大问题。其他包括中宣部、国务院新闻办、邮电部、信息产业部、教育部、文化部、公安部、国家安全局在内的十多个部门也都参与了网络媒体的治理工作。例如,邮电部(1998年与电子工业部合组为信息产业部)负责互联网产业规制与规范入网工作,公安部负责维护网络安全、打击违法信息的相关工作,国务院新闻办公室负责对外宣传工作等。这种多部门分管共治的模式后来被称为"九龙治水"模式。

由于互联网媒体往往横跨多个领域,"九龙治水"模式常出现职能重叠、

(接上页)《互联网上网服务营业场所管理条例》(2002)、《互联网文化管理暂行规定》(2003)在保留"九不准"的基础上,增设了一项"危害社会公德或者民族优秀文化传统的"。《互联网新闻信息服务管理规定》(2005)则在保留9条之外,另增了2条:煽动非法集会、结社、游行、示威、聚众扰乱社会秩序的;以非法民间组织名义活动的。2000年9月20日颁布的《中华人民共和国电信条例》把反对宪法所确定的基本原则、损害国家荣誉和利益、破坏国家宗教政策、宣扬邪教等信息种类列入禁止范围。

政策交叉或空白等问题。但方兴东认为,这一模式可能是中国互联网治理最大的制度创新,多部委协同分工的去中心化的治理模式在随后的治理历程中被证明是有效的,推动了相关治理形成产业部门、意识形态部门、文化部门等多部门的去中心化管理新机制①。

对网络媒体来说,"九龙治水"的治理模式意味着自身需要面对诸多职能部门的监管。在入网之初,网络媒体需要根据各项规定接受各部门的审批,在运行过程中需要接受多个主管单位的监督,一旦出现违法信息,还有可能受到公安等部门的追究与惩罚。

第二节 新闻网站治理(1998—2002 年)

随着互联网的普及率日益提升,普通民众通过互联网获取新闻信息的需求日益增加。1998 年后,传统媒体改良之前"电子版"的形态,陆续建立起更符合网络传播特性的新闻网站。同时,包括新浪、搜狐、网易在内的各大商业网站逐步强化新闻传播业务,它们的新闻媒体属性日益增强。在互联网逐渐成为新闻传播重要渠道的情况下,我国网络治理的重心逐渐从早期的系统安全治理转向新闻信息治理。Web1.0 时期的互联网依然是单向传播模式,所以这一时期治理的重点对象是掌握新闻传播主导权的互联网机构,在许可制度、新闻报道权、主体责任等方面进行了比前一时期更加严格和详细的规定。此外,由于网络媒体对于新闻舆论的影响力日益增加,党和政府也陆续出台了相应措施,保障主流媒体在互联网空间中的影响力。

一、加强信息类网站的管理

2000 年 4 月,国务院新闻办公室成立网络新闻管理局,专门负责网络新闻管理,各省、自治区、直辖市新闻办公室也相继成立网络新闻管理机构。

---

① 方兴东:《九龙治水是中国网络治理最大的制度创新》,《21 世纪经济报道》2016 年 4 月 6 日,第 4 版。

自此,我国自上而下的网络新闻管理体系基本形成①。同年9月,国务院公布实施《互联网信息服务管理办法》。该法规出台后成为我国互联网信息传播管理的基础性法规,是国家主管部门制定互联网规章尤其是互联网新闻信息传播规章的主要依据②。在《网络安全法》出台以前,这是我国网络信息内容管理领域位阶最高的规范。自此,围绕网络信息传播的治理工作稳步开展。通过建立信息类网站许可证制度、限制商业媒体的新闻采编权、强化网络媒体责任等方式,政府有效地维护了Web1.0时代的网络信息安全。

(一) 信息类网站的许可制度

在互联网治理之初,政府对于提供相关服务的网站延续了传统媒体的管理模式,一律采取行政审批制度。但1998年后,互联网空间中涉及信息服务的网站日益增多,政府开始采取分类管理,实施备案制与审批制并行的制度,从而减轻了行政作业的难度。2000年9月,国务院公布《互联网信息服务管理办法》(以下简称《办法》),针对从事互联网信息服务的经营性单位实行许可制度,对非经营性互联网信息服务实行备案制度③。

从这项规定上看,政府对非经营性网站设置了较为宽松的准入机制,表明在鼓励互联网加速发展的基本思想下,在经办制度层面,政府对互联网的管理要宽于报刊、广播、电视等传统媒体④。但是,对于从事新闻、电子公告类网站等涉及社会稳定与意识形态安全的网站,政府出台相应具体法规,要

---

① 陈建云:《我国网络信息传播立法考察》,《当代传播》2005年第4期,第50页。
② 陈建云:《我国对互联网的基本态度及互联网新闻信息传播立法》,《新闻爱好者》2017年第12期,第35页。
③ 该《规定》界定了经营性与非经营性两类互联网信息服务的区别。前者是指通过互联网向上网用户有偿提供信息或者网页制作等服务活动;后者是指通过互联网向上网用户无偿提供具有公开性、共享性信息的服务活动。从事经营性互联网信息服务,应当向省级电信管理机构或国务院信息产业部门申请办理互联网信息服务增值电信业务经营许可证。未经取得政府主管行政机构许可,或未履行备案手续的,不得从事互联网信息服务。从事非经营性互联网信息服务,需要向省级电信管理机构或国务院信息产业部门申请办理备案手续。对于从事新闻、出版、教育、医疗保健、药品和医疗器械等的非经营性互联网信息服务的单位,还需要由主管部门的前置审批才能获得特别行政许可或专项备案。
④ 陈建云:《我国对互联网的基本态度及互联网新闻信息传播立法》,《新闻爱好者》2017年第12期,第36页。

求其进行专项审批或备案。《办法》第九条规定,从事互联网信息服务,拟开办电子公告服务的,应当在申请经营性互联网信息服务许可或者办理非经营性互联网信息服务备案时,按照国家有关规定提出专项申请或者专项备案。

2000年11月,国务院新闻办公室和原信息产业部联合发布了《互联网站从事登载新闻业务管理暂行规定》,确立我国互联网站从事登载新闻业务的许可(审批)制度。该规定把我国的互联网站分为新闻网站和综合性非新闻单位网站,二者都须经当地人民政府新闻办公室审核同意,报国务院新闻办公室批准。2000年12月27日,北京市政府新闻办公室通过网上办公平台发布了新浪、搜狐获得网上从事登载新闻业务的资格的信息,它们成为国内首批获得新闻登载资质的商业网站。

(二)限制商业网站的新闻采写权

1998年后,包括新浪、搜狐在内的众多新兴商业网站积极拓展新闻板块业务,互联网逐渐成为新闻登载与信息接收的重要渠道。为了追求高点击量,一些未经新闻单位授权转载的新闻、自制的虚假新闻甚至含有违法内容的新闻不断出现在网络空间之中。这不仅损害了新闻单位的权益,也对社会稳定与国家意识形态安全构成威胁。

2000年出台的《互联网站从事登载新闻业务管理暂行规定》(以下简称《暂行规定》)规定,包括综合性商业网站在内的非新闻单位只有新闻的转载权,而不具有采写权。非新闻单位开办的网站若要在自己网站登载新闻信息,必须与新闻单位签订登载新闻的协议,并在转载时注明新闻来源和日期。此外,新闻网站如果要登载境外媒体和网站所发布的信息,还须另行报批。这是我国政府首次对商业网站的新闻传播权作出明确限制。

商业性综合网站不具备新闻采写权,因而新闻传播功能的发展空间一定程度上受到了制约。但是,由于《暂行规定》并未对"新闻"概念作明确定义,因此在实际运行过程中,商业网站受到有效管理的新闻信息多为涉及"舆论引导和意识形态安全相关的部分时政信息"[1],很多"软新闻"还是具

---

[1] 张文祥、周妍:《对20年来我国互联网新闻信息管理制度的考察》,《新闻记者》2014年第4期,第41页。

有一定自主空间。同时,"允许批准的商业网站转载新闻,这个小小的口子,却释放了市场的巨大力量"①。这是1949年以来我国非公有制经济对于新闻传播领域的首次合法涉猎,商业媒体自此逐步成为中国新闻传播领域的重要力量。

(三) 强化网站内容管理

不同于传统媒体内容审查的便利性,信息类网站数量众多且每天生产海量信息,这为内容监管工作带来了全新的挑战。为应对这一难题,政府要求信息服务类网站对自己生产的内容进行严格监管,并配合政府的审查与监督。

2000年的《互联网信息服务管理办法》与《互联网电子公告服务管理办法》都规定,信息服务类网站应该及时发现并删除符合"九不准"的相关违法内容,并保存60天内发布在网站上的全部内容,在有关机关依法查询时,必须予以提供;还要求互联网接入服务(包括中国电信等)的提供者记录发布信息的用户的上网时间、账号等。

在网站自身监管责任日益强化的情况下,政府与互联网媒体之间的沟通与协调机制变得尤为重要。在政府倡议下,中国互联网协会于2001年成立,成员包括网络运营商、服务提供商在内的七十多家互联网单位,时任中国科协副主席胡启恒担任首届理事会理事长。该协会的成立表明我国网络治理的主体不只有政府,而且涉及产业界和媒体单位。由该协会在2002年发布的《中国互联网行业自律公约》虽不具有强制执行力,但从行业自律的层面规范了从业者行为,对互联网从业者来说是一种行业内部的约束力。这一协会的成立与运作使政府与作为非体制内工作者的互联网从业者纳入同一个协调机制,政府与业界的沟通和协调更加顺畅。

二、网络宣传意识兴起

随着互联网新闻传播属性的逐步显现,网络新闻宣传工作的重要性日

---

① 方兴东:《九龙治水是中国网络治理最大的制度创新》,《21世纪经济报道》2016年4月6日,第4版。

益受到重视。1999年10月16日,中央办公厅转发了《中央宣传部、中央对外宣传办公室关于加强国际互联网络新闻宣传工作的意见》,这被视作中央关于互联网新闻宣传工作的首个重要指导性文件。该文件从"争夺舆论制高点"的思想高度,提出了针对网络新闻的规范原则,明确了网络新闻宣传工作的重点和方向,将建设具有中国特色社会主义的网络新闻宣传体系视为党的新闻宣传工作的一项重要而迫切的任务。

2000年1月,国务院新闻办召开首次互联网络新闻宣传工作会议。3月初,江泽民发表题为《加快发展我国的信息技术和网络技术》的讲话,指出党和政府的基本方针是"积极发展,加强管理,趋利避害,为我所用",强调"努力在全球信息网络化发展中占据主动地位"。"趋利避害"一词表明,互联网的"野蛮生长"可能会威胁国家信息安全。但是,这一问题是可以通过各种方式得以避免的,而且如果利用得当,反而有利于正面宣传。可以说,"趋利避害"的理念几乎贯穿了我国网络治理的历程。

2000年下半年,国务院、信息产业部、广电总局等相关部门出台了多项政策,全力支持重点新闻网站建设。2001—2002年,地方新闻网站与行业网站迅速整合,"重点新闻网站的实力加强,保障了重点新闻网站的主流地位,也确保了网络空间中主流声音的响亮、畅通"①。

除了大力建设互联网主流媒体,"政府入网"工程也是政府重视互联网新闻舆论功能的另一个证明。1999年开始,各类政府机关开始建立网络平台,提供信息共享与便民服务的同时,也在一定程度上初步建立了网民与政府之间的网络沟通机制。1999年被誉为"政府上网年",当年1月,由中国电信和国家经贸委经济信息中心联合四十多家部委信息主管部门共同倡议发起的"政府上网工程"启动大会在北京举行。"政府上网工程"的全面实施揭开了1999年"政府上网年"的序幕②。在传统媒体时代,普通公众一般少

---

① 武志勇、赵蓓红:《二十年来的中国互联网新闻政策变迁》,《新媒体研究》2016年第2期,第134页。
② 刘路沙:《政府上网工程启动》,1999年1月27日,光明网,https://www.gmw.cn/01gmrb/1999-01/27/GB/17950%5EGM9-2716.HTM,最后浏览日期:2023年5月29日。

有直接与政府进行沟通的机会,随着"政府上网工程"的启动,各类政府机关开启了与普通民众直接对话的窗口。

与旨在盈利的民营媒体不同,官方媒体目的是在网络空间中呈现官方媒体的立场与观点。各类官方网络新闻媒体的建立也体现了党和政府已开始重视网络新闻媒体在影响舆论、维护意识形态安全方面的能力。这种民营媒体与官方媒体齐头并进的态势也折射出20世纪90年代意义深远的中国新闻媒体的市场化改革进程。

三、第一部互联网法律性文件的出台

经过六年的发展,互联网在我国经济建设和社会生活中已得到广泛的应用,老百姓的日常生活也日益受到互联网的影响,互联网的运行安全和信息安全问题开始受到社会各界的广泛关注。2000年12月28日,全国人大常委会通过了《关于维护互联网安全的决定》(以下简称《决定》),标志着我国互联网治理规范上升到法律层面。

《决定》对与禁载内容相关的违法行为在法律层面予以确认,对于危害国家安全和社会稳定、扰乱市场经济秩序和社会管理秩序、侵害他人权利的网络行为,可以依法追究其民事或刑事责任。《决定》中规定涉及违法的网络行为包括:危害国家安全和社会稳定的行为;扰乱社会主义市场经济秩序和社会管理秩序的行为;侵害个人、法人和其他组织的人身、财产等合法权利的行为。在网络信息传播过程中,有上述行为之一,构成犯罪的,依照刑法有关规定追究行为人的刑事责任;构成民事侵权的,依法承担民事责任;违反社会治安管理,尚不构成犯罪的,由公安机关依照《治安管理处罚条例》予以处罚;违反其他法律、行政法规,尚不构成犯罪的,由有关行政管理部门依法给予行政处罚。对于通过互联网攻击计算机系统、窃取国家机密、侵害他人权益、传播非法信息从而危害国家安全和社会稳定的个人或单位,若构成犯罪,将依照刑法有关规定追究刑事责任;尚不构成犯罪的,由公安机关依照《治安管理处罚条例》予以处罚;违反其他法律、行政法规,尚不构成犯罪的,由有关行政管理部门依法给予行政处罚;对直接负责的主管人员和其他直接责任人员,依法给予行政处分或者纪律处分。利用互联网侵犯他人合法权益,构成民事侵权的,依法承担民事责任。

面对日益增多的发生在互联网空间中的违法犯罪现象,《决定》强调了《刑法》同样适用于网络空间,界定了危害互联网运行安全、信息安全的各种犯罪行为,为相关部门的具体监督与执法工作提供重要的法律基础。《决定》在当时是我国互联网治理体系中具有最高效力的法律文件,它的颁布表明以行政法规和部门规章为主体,内容覆盖网络运行安全与信息安全的互联网法规体系已经初步成形。

第三节 早期自媒体治理(2003—2009年)

随着网民基数的扩大与Web2.0浪潮的全面掀起,博客、播客、社交网站等各种新型网络媒体纷纷崛起并笼络大量用户。相较于前一时期,公众通过网络参与公共事务讨论的热情空前高涨。网络舆情不仅对主流舆情的影响力明显加强,还引发诸多危及社会公共安全的群体性事件。同时,由于这一时期通过互联网从事文化活动的限制相对放宽,低俗信息泛滥、网络恶搞、人肉搜索等新兴网络问题也层出不穷。

在Web1.0时期,我国网络治理大致延续了传统媒体的模式,网络监管的主要对象是媒体单位和专业从业人员。但是,到了Web2.0时代,广大网民成为信息传播活动的重要主体,这给网络治理工作带来了前所未有的挑战。为适应剧烈变化的媒介生态,国家层面的相关管理制度快速跟进,管理强度明显提升。这一时期网络治理的重点包括网络舆情治理、实名制的初步推广、网络文化管理等方面。

一、网络舆情的风险与治理

网络舆情可以被理解为"以不同的网络空间为载体,以事件为核心,广大网民情感、态度、意见、观点的表达、传播与互动,以及后续影响力的集合"①。自从互联网引入中国后,各类言论、观点依托网络载体突破了时空限制,在网络空间中形成舆情并产生一定的社会影响,并且对现实社会的秩序形成了冲击。

特别是在进入 21 世纪之后,各类自媒体逐渐兴起,"UGC 成为网络舆情的首发信源"②,"舆论的生成和演变方向转为由下至上",网络舆情风险管理难度日益增加③。互联网催生的用户生成内容模式肇始于网络论坛,后者的出现使得网民信息传播的物理通道、时空界限发生了根本性改变。人民网舆情监测室统计了 2007 年发生的 77 件热点事件,其中有 18 件来自网络论坛爆料,占据热点事件总数的 23%;2009 年,这个比重上升到 30%④;到了 2010 年,初次曝光部分热点事件的平台仍然是网络论坛。

2002 年博客兴起,到 2005 年已经形成一定的规模。据 2007 年中国博客市场调查报告显示,截至 2007 年底,中国博客的数量达到 7 282 万个,博客作者人数有 4 700 多万,平均每 4 个网民中就有一个博客作者⑤。博客由于具有虚拟性、共享性和互动性,可以说从真正意义上激活了网民个体。同时,网民在个人博客上针对网络事件进行自由评说,也将个人意见表达的空间转变为一个意见的汇聚场。

博客作为一种网络日志,具有即时性、自主性、开放性和互动性,是一种思想的交流和共享。博客注册用户借助网络重建公共事务,成为网络空间中的知识传播点,众多的点则构成面,公众的主体意识更浓⑥,也使得博客用户从过去传统媒体时代被动的受众转化为对社会事务再建构的公民。正如《中国博客宣言》中指出的:"博客的出现,标志着以'信息共享'的第二代门户正在浮现,互联网开始真正凸显无穷的知识价值。"⑦此外,博客的特性

---

① 王平、谢耘耕:《突发公共事件网络舆情的形成及演变机制研究》,《现代传播(中国传媒大学学报)》2013 年第 3 期,第 63—69 页。
② 张帆:《UGC 语境中的舆情爆发点观察》,《当代传播》2014 年第 5 期,第 75—76 页。
③ 丁柏铨:《全媒体时代舆论变局中的"势"与"谋"——兼评夏雨禾的〈突发事件中的微博舆论:阐释框架与实证研究〉》,《当代传播》2019 年第 4 期,第 16—19 页。
④ 数据来源:人民网舆情检测室发布的《2007 年舆情分析报告》。
⑤ 数据来源:2007 年 CNNIC 发布的《中国博客市场调查报告》。
⑥ 徐涌、燕辉:《博客与 BBS 的差异研究》,《现代情报》2005 年第 5 期,第 200 页。
⑦ 同上。

重构了大众对知识的理解,改变了网民的信息接收习惯,为大众提供了另外一种学习通道,改变了大众学习和思维的习惯,以及看待网络社会事件的角度。

凡是以用户为内容生产主体的网络新平台,大多具有发表意见门槛低、发布主体身份隐秘等特点,因而大大拓宽了网民情绪的宣泄渠道,原先的"窃窃私语"可以通过网络新平台得到无限扩展。在这样的网络平台中,极容易产生极端的观点意见与情绪化的语言表述,带来网络舆情中的群体极化现象。

2004年9月19日,中国共产党第十六届中央委员会第四次全体会议通过的《中共中央关于加强党的执政能力建设的决定》指出,要"高度重视互联网等新型传媒对社会舆论的影响,加快建立法律规范、行政监管、行业自律、技术保障相结合的管理体制,加强互联网宣传队伍建设,形成网上正面舆论的强势"。党的十六届六中全会指出,要通过互联网,拓宽社情民意表达渠道,搭建快速广泛的沟通平台,政府建立社会舆情汇集和分析机制,引导社会热点、疏导公众情绪、搞好舆论监督。同年,中共中央政治局第一次新年集体学习,主题就是网络文化建设与管理,时任总书记胡锦涛提出要"加强网上思想舆论阵地建设,掌握网上舆论主导权"。

在党和国家的高度重视下,网络舆情治理成为这一时期网络治理的重要组成部分。所谓的网络舆情治理,指"政府、社会力量、民间组织、用户等的多方参与,根据各自的作用制定和实施旨在规范网络舆情发展和使用的共同原则、准则、规则、决策程序和方案,从而解决呈现在网络上的社会问题,协调社会关系,化解社会矛盾,促进社会公正和谐的活动"[①]。在2003年之后,为预防与应对接连出现的网络舆情事件与危机,政府实行了更为规范的网络新闻管理制度。

二、进一步规范商业网络媒体的新业务

2005年9月,国务院新闻办公室、原信息产业部联合颁布《互联网新闻信息服务管理规定》(以下简称《管理规定》),原《互联网站从事登载新闻业务管理暂

---

① 唐涛:《网络舆情治理研究》,上海社会科学院出版社2014年版,第97页。

行规定》(以下简称《暂行规定》)同时废止。《管理规定》对"网络新闻"与"网络新闻媒体"进行了重新界定,并制定了更详细的网络新闻采编权规范。此外,在原先的"九不准"禁载内容中增加了两项涉及网络引发非法群体性活动的内容。

(一)重新定义"网络新闻"与"网络新闻媒体"

2003年后,重大舆情事件往往先在网络论坛和博客上滋生与蔓延,随后主流媒体跟进报道,掀起舆论风暴。2003年被称为"网络舆情元年",由网络引爆的舆情事件集中出现,对主流舆论产生了直接的影响。互联网技术所具有虚拟性、匿名性、超时空性和即时互动性使得网络舆情呈现出多元化、非主流、速成性、非理性、易被人操控等特点,整体上网络舆情与传统舆情相比,成因较为复杂,发展异常迅速,控制难度较大。

多个事件表明,原本不属于"新闻媒体"范畴的论坛、短信一样具有强大的新闻传播与舆论动员能力。在此情况下,《管理规定》扩大了"新闻媒体"的定义范畴,将网络论坛与短信都被列为互联网新闻信息服务的管理对象。"互联网信息服务"指涉的对象涵盖通过互联网登载新闻信息、提供时政类电子公告服务和向公众发送时政类通讯信息。

同时,相较于《暂行规定》,《管理规定》对"网络新闻"作了更明确的界定。《管理规定》第二条规定,"新闻信息"指时政类新闻信息,包括有关政治、经济、军事、外交等社会公共事务的报道、评论,以及有关社会突发事件的报道、评论。可见,《管理规定》把容易引发网络舆情的时政性和公共性信息界定为新闻信息,并把相关的新闻评论也纳入"网络新闻"的范畴。

(二)更明确的采编权限制

在明确"网络新闻"的范畴之后,《管理规定》还对网络媒体的新闻采编权作了明确规定。同时,《管理规定》明确了新闻信息服务单位的类别:第一类是新闻单位设立的登载超出本单位已刊登播发的新闻信息、提供时政类电子公告服务、向公众发送时政类通讯信息的互联网新闻信息服务单位;第二类是非新闻单位设立的转载新闻信息、提供时政类电子公告服务、向公众发送时政类通讯信息的互联网新闻信息服务单位;第三类新闻单位设立的登载本单位已刊登播发的新闻信息的互联网新闻信息服务单位。要开办第一类、第二类互联网新闻信息服务单位,必须经国务院新闻办公室审批;开办第三类单位,只需要向省级以上政府新闻办公室备案即可。其中,非新闻单位不得登载自行采编的新闻信息,只能转载新闻单位采编的信息。

这一规定使得包括论坛、博客在内的新闻网站不再具有自主生产时政类新闻的权利。此后,政府又对作为非新闻单位的网络媒体的合法稿源进行了更为明确的规范。2007年,国务院新闻办公室向各新闻网站下发《规范稿源内的媒体》清单,列明了两百多家可以被转载的中央及省级媒体单位,一些新闻题材与言论尺度较大的传统媒体(如《南方都市报》等)被定义为"非规范稿源",禁止新闻网站转载[1]。

通过对网络新闻单位的网络新闻采编权的明确限制,政府牢牢地把握住了网络舆论的主导权。

(三)增加网络禁载内容

Web2.0时期的网络媒体具有较强的参与性与互动性,甚至可能引发直接的社会行动。这种由网络舆论引发群体行动的可能性给政府的网络治理和社会安全维护工作带来了严峻的挑战,诸如虚拟政治动员、网络政治集结等都是以往从未遇到过的新难题[2]。

在这种情况下,《管理规定》在原先"九不准"禁载内容的基础上增加了"煽动非法集会、结社、游行、示威、聚众扰乱社会秩序的"和"以非法民间组织名义活动的"两类违法信息,凡是发布易引发违法群体性事件的信息的单位和个人都可能受到相应的惩罚。这些内容的增加可被视作对互联网舆论频频引发群体性事件情势的有效应对措施[3]。

三、实名制的初步推行

进入Web2.0时代之后,网站更多扮演的是平台的角色,内容生产与信

---

[1] 唐海华:《挑战与回应:中国互联网传播管理体制的机理探析》,《江苏行政学院学报》2016年第3期,第113—121页。
[2] 曾润喜、徐晓林:《社会变迁中的互联网治理研究》,《政治学研究》2010年第4期,第75—82页。
[3] 武志勇、赵蓓红:《二十年来的中国互联网新闻政策变迁》,《现代传播(中国传媒大学学报)》2016年第2期,第134—139页。

息交流的主体变成了普通用户。在信息传播"去中心化"的情况下,任何两个节点之间都有可能发生传播行为,"把关人"的工作难度大大增加。与此同时,网络信息生产主体的匿名性使传播主体不可知、不可罚,责任不可追溯。由于网民不必对自己的言语过失担负责任,网络言行可能会趋于非理性或暴力的一面①。

为了能更好地对互联网终端和用户环节进行管理与规制,网络管理部门开始推进"网络实名制"进程,逐步要求各类网络媒体平台对其用户进行实名认证。

(一) 网吧与高校 BBS 的实名制初探

早在 2002 年,国务院出台的《互联网上网服务营业场所管理条例》就规定,互联网营业场所应对上网消费者的身份信息进行核对后记录,这可以被视为上网实名制的开端。

2004 年,教育部与团中央联合发布《关于进一步加强高等学校校园网络管理工作的意见》,要求相关单位严格管理校园论坛,实行用户实名注册的办法,将高校 BBS 的用户区分为匿名访客与注册用户两类,匿名者只能浏览不能发表言论,只有实名注册用户才有发言权。在此规定取得积极效果后,管理部门逐步将注册实名制进一步推向其他各种网络平台,包括论坛、贴吧、博客等。

(二) 个人网站(博客)备案制

由于缺乏事先审查,部分博客中的言论难免出现违法内容。不同于平台开办的博客,个人开办的网站(博客)在未实名备案的情况下,政府很难对其言论进行事后追责。为了改变这一治理难题,我国开始对已经开办的个人网站(博客)实行备案制,要求其实名化。

2005 年 2 月,原信息产业部发布的《非经营性互联网信息服务备案管理办法》(以下简称《管理办法》)规定,"互联网接入服务提供者不得为未经备案的组织或者个人从事非经营性互联网信息服务提供互联网接入服务",

---

① 曾润喜、徐晓林:《社会变迁中的互联网治理研究》,《政治学研究》2010 年第 4 期,第 78 页。

图7-1 中国互联网协会在北京正式发布《博客服务自律公约》（2007年8月21日）

要求非经营性网站必须进行备案，否则将被关闭网站并可罚款1万元。这里所说的经营性网站包括个人建立的网站和独立博客。《管理办法》要求网站拥有者（或独立博主）提供真实的个人资料，并且接受年审，保证发布的内容合法。2007年8月，十余家博客服务提供商在北京公布《博客服务自律公约》（图7-1），提倡推广博客实名制。

（三）限制个人新建网站

在我国互联网发展的最初十年，域名管理相对轻松，个人可以较为容易地建立私人网站。但是，随着互联网的快速发展，大量个人注册的网站和海量的注册信息给监管带来极大的难度。

2004年11月，原信息产业部公布了《中国互联网络域名管理办法》，开始推行严格的市场准入制度。其中，第十一条规定："在中华人民共和国境内设立域名注册管理机构和域名注册服务机构，应当经信息产业部批准"；规定域名注册申请者应当提交真实、准确、完整的域名注册信息，并与域名注册服务机构签订用户注册协定。2009年初，CNNIC修订了《中国互联网域名注册实施细则》，规定域名注册申请者应是依法登记并且能够独立承担民事责任的组织。2009年12月，CNNIC发布《关于进一步加强域名注册信息审核工作的公告》，规定自12月14日起，用户向其提交域名注册申请时，应提交包括加盖公章的域名注册申请表、企业营业执照或组织机构代码证和注册联系人的身份证明。

四、网络文化治理

随着2004年文化部修订的《互联网文化管理暂行规定》公布，国家开始允许各类所有制形式企业合法进入网络文化市场。2005年出台的《互联网新闻信息服务管理规定》放宽了对非时政类"软新闻"的限制,网络上的娱乐、文化类信息日益增加,网络媒体平台成为互联网文化的策源地。泛娱乐类信息在网络媒体上泛滥,混杂许多违背社会道德准则的内容。同时,支持网民自主生产内容的视频类网站在这一时期也逐渐兴起,许多无道德底线的网络恶搞、网络色情内容在视频类网站中也大量出现。在这种情况下,网络文化治理逐渐成为互联网治理的另一项重要议题。

(一)网络文化建设成为国家战略

面对互联网对于社会文化建构的影响力日益加强的现状,党和政府更加重视利用网络进行主流价值观宣导、主流文化的建构。这一时期,"构建社会主义和谐社会"是国家意识形态政策层面的重要方针,"和谐网络文化"建设作为其中的重要组成部分,相关政策也相继出台。

2005年1月,中宣部、信息产业部、国务院新闻办等多部门联合出台《集中开展互联网站清理整顿工作方案》,督促未获得许可、未履行备案程序的网站及时办理相关手续,对违法违规网站依法查处,建立网站年审等长效机制。此后几年,各地政府部门与网络媒体单位为贯彻落实中央构建社会主义和谐社会的要求,围绕"网络媒体与和谐社会"等主题举办了多次高峰论坛与研讨会,与会官员、媒体机构负责人、专家学者围绕建设健康向上的网络环境、加强网络媒体行业自律等议题展开了专题研讨。

2006年10月,中共十六届六中全会通过的《中共中央关于构建社会主义和谐社会若干重大问题的决定》强调引导文明上网,理顺体制强化管理,利用网络媒体促进社会和谐建设,还专门对网络文化进行了讨论,强调应引导文明上网、文明办网,加强管理,利用网络媒体促进社会和谐。2006年,信息产业部启动"阳光绿色网络工程",引导健康上网,打击非法网上服务,营造清洁网络空间。2007年5月,中国记者协会制定《全国新闻网站坚持文明办网,净化网络环境自律公约》,倡导网络媒体自我约束、自我规范,文明上网、净化网络环境。

2007年,中共十七大报告明确提出要进一步强化网络文化建设,营造良好的网络环境,把网络文化建设上升到国家战略高度。2009年,国务院新闻办公室成立了专门负责网络文化建设的"网络新闻协调局",进一步加强对网络内容的治理工作。

(二) 打击网络色情的联合行动

2003年12月8日,在国新办与原信息产业部指导下,中国互联网协会互联网新闻信息服务工作委员会成立。该委员会是中国互联网协会的工作机构,取得新闻信息服务资格的网络媒体都可以申请加入。当天,人民网、新华网、新浪、搜狐等三十多家参加会议的网络媒体共同签署了《互联网新闻信息服务自律公约》,承诺自觉接受政府管理和公众监督,抵制淫秽、色情、迷信和其他有违中华民族优秀文化传统和道德规范的信息在网上传播。

2004年6月,国新办指导中国互联网协会成立"违法和不良信息举报中心"。同年9月,最高人民法院和最高人民检察院出台《关于办理利用互联网、移动通讯终端、声讯台制作、复制、出版、贩卖、传播淫秽电子信息刑事案件具体应用法律若干问题的解释》,规定了网络色情的量刑标准。

在打击网络色情有了合法性基础的情况下,政府开展了多次打击网络低俗内容的专项行动。2004年7月开始,包括中宣部在内的十多个部委联合开展了打击淫秽色情网站专项行动。经过3个多月的集中打击和清理整治,依法关闭境内淫秽色情网站1442个,公安机关共立淫秽色情网站方面的刑事案件247起,破获244起,抓获犯罪嫌疑人428名[①]。

自此,政府多部委联动打击网络色情成为网络文化治理的最常见的行动之一。比较重大的联合行动包括:2007年4月,由公安部、中宣部等十部委联合开展的为期半年的打击网络淫秽色情专项行动;2009年,由国务院新闻办公室等七个部门联合展开的互联网低俗之风专项行动,共核查超过14万家网站,关停整改100多家网站。

(三) 过滤不良信息的网络系统

自媒体的出现及其对门户网站的替代之势,使得信息内容的私密性更强,而互联网的高触发性、快传播性又给违法信息迅速蔓延制造了土壤。内容管理面临的挑战日益增加,违法信息屡禁不止,"标题党""三俗信息"利用

---

① 罗旭:《境内淫秽网站被基本清除 公安部督办大案全部告破》,2004年11月11日,光明网,https://www.gmw.cn/01gmrb/2004-11/11/content_129748.htm,最后浏览日期:2023年5月29日。

隐秘的手段滋生并扩散信息,给监管工作形成了很大的压力。网络空间中的内容海量而多元,信息的"把关人"难以沿用传统的人工方式进行事先审查,建立有效的网络过滤系统成为网络治理的合理选择。

从1998年开始,用于拦截违法信息和网站的过滤系统就已建成并不断完善①。不同于人工审查,依托互联网技术的内容过滤系统可以根据特定算法自动监测到涉及违法内容的网页或网站,并使其无法访问。

第四节 全面深化网络生态治理(2010—2020年)

2010年后,随着各类智能终端的普及与3G、4G技术的相继到来,互联网真正渗入人们日常生活的方方面面。各类网络媒体趋于融合,并呈现出移动化、微传播化等特点。同时,移动端自媒体的普及使得新闻传播的速度和广度大大提升,网络世界与现实世界的界限日益模糊,互联网安全与现实社会安全之间的关系也日益紧密。在这一时期,党和政府把互联网安全提升到国家安全战略的高度,建立了高规格、高效率的网络治理机构,并出台了一系列规范网络自媒体信息传播的政策,加大了对网络内容的监管和追责力度。

一、维护网络安全成为国家战略

2010年以来,随着互联网技术的飞速发展,各类新兴网络媒体平台、移动App产业空前繁荣,人工智能、区块链、云计算等科技领域也方兴未艾,逐步深入社会生活的方方面面。在网络世界与现实社会逐步融合的趋势之下,网络安全已涉及国家整体安全与社会稳定。在这种背景下,党和政府通过成立高规格的网络治理统筹机构、创新网络管理机制、颁布《网络安全法》等方式,不断完善和强化新时期网络治理的整体架构。

---

① 叶飙:《方滨兴的墙内墙外》,2013年7月18日,南方周末,http://www.infzm.com/content/92480,最后浏览日期:2023年5月29日。

（一）网络安全和信息化领导小组成立

在互联网对中国社会的影响力与日俱增的情况下，中央决定改革统筹网络治理的领导机构。2014年2月27日，网络安全和信息化领导小组宣告成立，负责统筹协调网络安全和信息化重大问题，推动国家网络安全和信息化法治建设。同日，作为组长的习近平总书记主持召开了小组的第一次会议并发表重要讲话，强调"没有网络安全就没有国家安全"。

网络安全和信息化领导小组由中共中央总书记担任组长，国务院总理担任第一副组长，其规格相对于之前的网络治理领导机构来说是前所未有的，在统筹涉及中宣部、工业信息化部、公安部、国家保密局等部门在内的网络治理工作中，动员和协调能力也更强。该机构的成立表明我国网络治理完成了新的顶层设计，互联网的发展与安全已成为最高国家战略之一。

有专家认为，在"九龙治水"格局之上建构新的统筹机构，可以整合内容管理、网络安全与信息化等相关的核心业务。以权威为依托的纵向协调模式可以更好地避免"政出多门"、职能交叉等问题[①]。

（二）各地网信办成立

2011年5月，国家互联网信息办公室（简称国家网信办）成立。2014年8月，国务院授权网信办负责全国互联网信息内容管理工作，各省、市、区的网信办在当地网络安全与信息化领导小组下，协调当地职能部门开展网络信息安全治理工作。自此，我国互联网行政管理的垂直管理系统得以确立。网信办整合了以前我国互联网的多头管理体制，进一步加强了对互联网信息传播领域的统筹管理。

网信办成立之后，在协调社会关系、整治违法内容、制定相关法规并对网络媒体进行监管等工作中发挥了重要作用。网信办协同各属地有关部门建立网络社会系统组织协调机制，对各地网络治理工作进行业务指导；网信办成为连接政府与社会组织的桥梁，通过创建各类民间组织建立起政府与社会的联动机制；在具体的网络安全治理行动中，网信办协同各职能部门与

---

① 彭波、张权：《中国互联网治理模式的形成与嬗变（1994—2019）》，《新闻与传播研究》2020年第8期，第58页。

行业协会,探索网络治理的长期联动机制,并开展针对网络违法内容的专项整治行动;网信办负责制定实施有关网络内容安全的法规和政策文件,并在监督执行的过程中发挥着重要的作用。

方兴东认为,网信办承担了新媒体治理的核心机构职能,对中央各部委的互联网政策起到一种统领作用。由网信办领导的"规制融合"在一定程度上解决了"九龙治水"时代条块分割、职责不明的问题[①]。

(三)《网络安全法》诞生

2016年4月,习近平总书记在网络安全和信息化工作座谈会上强调,网络发展和网络安全要同步推进,应加快网络立法进程,完善依法监管措施,从而有效地化解网络风险。在之前出台的涉及网络安全的法规级别不高、功能分散的情况下,更高规格且能更有效地统摄各项规章的互联网法律也呼之欲出。

2016年11月7日,全国人大常委会通过《网络安全法》,2017年6月1日起施行。这部法律在个人信息保护、明确"网络实名制"、保护关键信息基础设施、重大突发事件可采取"网络通信管制"等方面作了全新规范。《网络安全法》整合、优化了原来散见于各种法律法规中的相关规定,是我国第一部全面维护网络安全的基础性法律,也是我国第一部内容比较完备的网络传播法律[②]。

在网络信息内容层面,《网络安全法》对"违法信息"的标准进行了重要调整,改变了原先的表述方法。第十二条第二款规定,"任何个人和组织使用网络应当遵守宪法法律,遵守公共秩序,尊重社会公德,不得危害网络安全,不得利用网络从事危害国家安全、荣誉和利益,煽动颠覆国家政权、推翻社会主义制度,煽动分裂国家、破坏国家统一,宣扬恐怖主义、极端主义,宣扬民族仇恨、民族歧视,传播暴力、淫秽色情信息,编造、传播虚假信息扰乱经济秩序和社会秩序,以及侵害他人名誉、隐私、知识产权和其他合法权益

[①] 方兴东:《九龙治水是中国网络治理最大的制度创新》,《21世纪经济报道》2016年4月6日,第4版。

[②] 陈建云:《我国对互联网的基本态度及互联网新闻信息传播立法》,《新闻爱好者》2017年第12期,第35页。

等活动"。从信息类型上看,《网络安全法》的相关表述与《互联网信息服务管理办法》规定的违法信息在内容层面基本一致,但新法对恶意低俗、调侃历史、污蔑英雄先烈、影响儿童健康成长等信息的发现、鉴别、处置程序都与过去不同。从列举表述到定性表述,《网络安全法》实际上扩大了违法信息的内涵,为其他法律法规的制定和细化预留了空间。《网络安全法》作为更高位阶的法律,在上位法依据上替代了《互联网信息服务管理办法》的地位①。

在网络信息治理主体层面,《网络安全法》对网络运营者提出了更高的要求,规定网络运营者违法信息的巡查、处置和配合义务,同时规定了最高50万元罚款等处罚措施。相较于《互联网新闻信息服务管理办法》,新法在惩罚力度方面有了较大的强化。

此外,《网络安全法》确立了"约谈"制度的正当地位,为集中整治网络自媒体平台乱象等工作确立了合法性基础;建立了信用档案制度,在网络信息内容管理工作中收效显著;丰富了违法信息的制度设计与处罚手段,为后续相关行政法规、部门规章和规范性文件的制定提供了充分的法律依据。

二、自媒体平台治理难度升级

2010年以来,随着移动通信技术的进步与智能手机的普及,互联网新闻服务在新闻来源、呈现形式、用户反馈等方面呈现出多样化、即时化的特点。2010年后,"两微一端"成为新闻主战场。微博作为大众传播媒体跟踪突发消息的重要线索源头,由微博揭示新闻线索、引爆舆论已成为诸多舆论事件的常态;微信的传播渠道具有私密性,但传播的内容具有公共性。由于微信用户关系具有强黏性,传播范围由点及面,因此新闻信息短时间内即可世人皆知;各类新闻App通过即时推送功能,使新闻信息可以第一时间到达用户终端。这些新兴移动端自媒体在极大地提高新闻信息传播效率的同

---

① 方禹:《网络时代的内容生态治理体系构建》,《网络传播》2020年第2期,第56—57页。

时,也给监管工作带来了前所未有的难度。

在自媒体时代,信息服务单位往往只是作为平台存在,海量内容由用户生产,这给原本针对互联网站的网络信息治理模式带来了前所未有的挑战。针对互动新媒体时期新闻治理的难题,政府通过规范新闻传播权、推行全网实名制、强化平台责任等方式对自媒体加大管控力度。

(一) 微博:"网络围观"与舆情风险

自2009年下半年起,新浪网、搜狐网、网易网、人民网等门户网站纷纷开启或测试微博功能,吸引了社会名人、娱乐明星、企业机构和众多网民的加入,成为2009年的一款热点互联网应用。

微博最大的特点是泛在化,包括主体泛在、时间泛在、空间泛在,即任何人、在任何时间、任何地点都可以接入互联网,网民可以随时通过这类平台就某事件发表个人看法。同时,基于微博的用户关系,微博平台还可以满足用户对信息的即时分享与评论互动的需求。作为方便个人"向社会喊话"的工具,微博中的网民发言极易引起数量庞大的网络"围观"[1],继而形成网络舆情。

2010年被称为"微博元年",此后微博迅速崛起,其影响力延伸到社会各个领域。随后几年发生的诸多舆情事件表明,微博已经成为我国重要的网络舆情平台。2011年初,新浪微博发起"微博打拐"活动,"随手拍照解决乞讨儿童"的微博行动引起了全国范围的关注,形成了强大的舆论传播力量,也产生了相当重要的社会效益。而"河南考生被落榜事件""郭美美微博炫富事件"等舆情事件陆续出现,也相继引发了人们对非理性网络声浪的担忧。这些事件的发生,一方面使得各级政府部门越发重视作为新型信息传播平台的微博,并开始尝试通过微博推动政府的工作;另一方面,政府也开始重视由微博舆情引发的潜在社会风险。

中国互联网络信息中心的数据显示,2011年我国微博、博客的用户已达2.5亿人,较上一年增长了296.0%[2]。用户数据的增长和微博使用的便

---

[1] 喻国明:《微博是个好东西》,《中国党政干部论坛》2011年第12期,第19—21页。

[2] 数据来源:2011年CNNIC发布的《2011年中国互联网发展大事记》。

捷说明了"草根媒体"开始勃兴。自2013年以来,随着更多专门化的社交类平台出现,用户开始出现分流,微博的用户规模也一度下降。到2015—2016年,微博开始逐渐转型,在保留媒体特质的同时,加强了社区属性。CNNIC的数据显示,截至2016年6月,微博用户规模为2.42亿人,使用率为34%,与2015年底相比均略有上涨。在内容方面,微博正在从早期的时政话题、社会信息更多地向基于兴趣的垂直细分领域倾斜①。

微博能在评论、围观的动态传播过程中对信息的真伪作出判断,在网民推动的过程中引领话题的发展,改变话题的方向,在传播过程中能够对一件事情形成强烈的高压状态,直接影响舆论的走向,改变舆论的传播格局,对我国社会的舆情发生、发展有较大的影响②。

(二)微信:"圈层化传播"的新兴舆论场

自2011年底问世以来,微信逐渐成为拥有亚洲地区最大用户群体的移动即时通信软件。用户主要通过手机通讯录好友、QQ好友和附近的人这三种渠道搭建自己的微信好友圈子。因此,这是基于熟人社交圈形成的网络平台,也是当代移动互联网用户最重要的舆情平台之一。由于微信具有显著的语音和即时通信功能,所以自其上线后,用户规模便快速增长。2012年3月,微信注册用户超过1亿人;2013年6月,微信月活跃用户超过3亿人;2014年12月,微信月活跃用户超过5亿人;2016年1月,微信月活跃用户超过7亿人③。

微信作为一种移动互联网的新产品,集合了人际传播、群体传播和大众传播三种传播模式。借助微信,用户可以与QQ好友、手机通讯录联系人,甚至是微博的用户进行交流,这种跨平台的传播大大地方便了网民对网络社会事件的情绪宣泄,极易产生网络舆论。

微信的朋友圈呈现出以下一些特征:微信朋友圈为广大网民提供了一

---

① 数据来源:2016年CNNIC发布的《第38次中国互联网络发展状况统计报告》。
② 殷俊、何芳:《略论微博对我国社会舆论生态的塑造》,《新闻爱好者》2012年第13期,第6—8页。
③ 张志安、孔令旖:《从微博十年发展看网络舆论变化轨迹》,《南方传媒研究》2019年第5期,第109—119页。

个更加彻底的"去中心化网络平台",形成了一种以自我为中心的新型虚拟社区关系①;微信上的一切行为都是以自身为基准进行考量的;微信朋友圈中生产一种"作为交往的信息",新闻也是"高度情境化的"②,新闻生产与社会生活混杂在一起;我们能看到一个包含各种各样信息的朋友圈,严肃的时政话题与轻松的娱乐话题共存;微信朋友圈是一个彻底的熟人小圈子,线上与线下的交往被打通了,用户会在前台对自我形象进行管理,以满足后台的人际交往需求。

需要注意的是,微信朋友圈是一个新兴的民间舆论场。由于其基于熟人关系建构圈子,人们本身拥有一定程度上的共识。因此,相关议题在微信朋友圈易获得同质化的讨论,观点容易共享并被再传播。但是,由于相异观点较难进入,存在一定的群体极化风险。

微信朋友圈的建构特点决定了其舆论场的特征,即圈层区隔与层级互动③。围绕热点事件和话题的观点与讨论在这样一个相对"安全、封闭"的空间中进行。网民可以借助微信关注一些议题,并在互动和转发中形成关于某类议题的舆论。在微信舆论场中,微信推文的传播度、总阅读数和点赞数决定了议题的热度。如此一来,有热度的微信推文在微信朋友圈容易产生"情绪感染"。

2016年2月6日19时28分,网民"上海女"发出"上海女逃离江西农村"的第一条帖子,很快便引起了大量网友的关注、评论、转发。随后,她的"男友"也针锋相对地回帖,导致"上海女逃离江西农村"一帖的网络舆情热度极速升高。媒体在对该网络舆情事件的关注和报道中未能对事件的真实性进行核查,但没过多久,有细心的网友爆出该事件纯属虚构,从头到尾没有一点真实性。2月21日,江西网络部门经过调查后回应:"上海女逃离江西农村"事件为虚假内容。2月26日,国家互联网信息办表示关注了该事

---

① 聂磊、傅翠晓、程丹:《微信朋友圈:社会网络视角下的虚拟社区》,《新闻记者》2013年第5期,第71—75页。
② 谢静:《微信新闻:一个交往生成观的分析》,《新闻与传播研究》2016年第4期,第10—28、126页。
③ 张志安、束开荣:《微信舆论研究:关系网络与生态特征》,《新闻记者》2016年第6期,第29—37页。

件,并且联合相关部门进行调查,发现信息内容是江苏省某位女网民为发泄情绪而虚构的故事①。由于微信圈层化传播的"圈群结构"平台特色及其强链接、高黏性的特点,微信舆情场的信息传播呈现为一种强关系的熟人传播情形,容易使微信圈群中的意见领袖发挥作用,形成"群体极化"的现象,而群体极化可能使不良信息、错误言论的表达走向极端。

由于微信人际传播的特殊性,微信朋友圈内经常谣言四起,信息自净功能较差。此外,微信具有的"熟人社交"特性也使得出现网络谣言并快速传播的可能性大大增加。微信作为一种熟人之间进行点对点即时传播的社交媒体平台,具有个人私密性和准实名制的特征,所以其大众传播能力较弱,呈现出一种圈层化的传播,导致"信息茧房"现象较为突出。根据澎湃新闻发布的文章《网络辟谣|2020年度朋友圈十大谣言》可以看出,微信朋友圈的谣言内容主要集中在公众比较关心的食品安全、医疗卫生和新闻失实报道等方面②。但是,微信的圈层化、私密性等特征又导致基于微信的谣言总是与社会舆情紧密相联,并使得此类谣言形成"病毒式"传播。

2015年8月12日22时51分,天津滨海新区发生大爆炸。事故发生后,微信朋友圈关于爆炸的各类消息和言论广为传播,其中不乏谣言和虚假信息,直指政府对于天津滨海新区的管理问题,形成一定的网络舆情,削弱了政府在事件救援过程中发挥的积极作用。

(三)智能化、场景化、沉浸式短视频的崛起

随着5G网络的逐步普及,移动互联网的带宽越来越大,高清视频的实时传输将不再困难。基于技术的发展,以抖音、快手、火山小视频等移动新闻客户端App为主要代表的新媒体平台将短视频内容作为平台的主要呈现形式,在传播中叠加文字、图片、音乐等元素,VR、AR技术也融入其中,使得网络传播中的内容更加智能化、场景化。CNNIC于2021年6月发布

---

① 林寒:《网络虚假事件传播的理论解释和现实逻辑——基于热点事件"上海女逃离江西农村"的舆情分析》,《北京理工大学学报》(社会科学版)2016年第5期,第151页。

② 《网络辟谣|2020年度朋友圈十大谣言》,2021年1月1日,澎湃新闻,https://www.thepaper.cn/newsDetail_forward_10625820,最后浏览日期:2023年8月10日。

的《第 48 次中国互联网络发展状况统计报告》显示,截至 2021 年 6 月,我国网络视频(含短视频)用户规模达 9.44 亿人,较 2020 年 12 月增长 1 707 万人,占网民整体的 93.4%。其中,短视频用户规模为 8.88 亿人,较 2020 年 12 月增长 1 440 万人,占网民整体的 87.8%①。在新闻传播领域,短视频平台为网民建构了一种沉浸体验新闻的感觉,短视频逐渐成为当前新闻传播的主要载体。

移动短视频动态化的视觉表达更接近真实环境,具有比文字和图片更强的可信度和感染力。移动短视频集合了文字和图文传播的优势,通过在视频上添加文字可以使信息的传达更为精准,减少单纯视频信息对事件背景呈现的不足。同时,具有流动性的画面使图像呈现减少了摆拍的可能,信息更为直观有力。基于上述特征,移动短视频作为传播媒介具有巨大的传播能量。一时之间,短视频成为网民表达关切和提出诉求的主要方式。相应地,短视频的过度流行也产生了特定的舆情风险与其他社会问题。

短视频在情感动员方面具有天然的优势,而网络事件的发生就是情感动员的过程②。由于短视频的直观性与生动性,在短视频社交媒体上传播的公共事件,相较于图文信息更容易通过唤起用户的情感关注,从而促使用户积极地发表意见。在这个过程中,个体通过情感表达也可以唤起或激发其他个体对事件的认知、态度和评价,由此影响事件评论的走向,并获得大量的意见累积,舆情也得以显现。

仇恨叙事、悲情叙事和恶搞叙事③是情感能量的聚集和动员的三种主要叙事类型,而这也刚好是短视频叙事的优势。在短视频平台上,个人的情感和立场比客观事实本身更能引起舆论场的波动④,公众通常会使用情感化的叙事手段造势、动员,甚至会产生舆情倒逼真相的效应。其中,以悲情、

---

① 数据来源:2021 年 CNNIC 发布的《第 48 次中国互联网络发展状况统计报告》。
② 杨国斌:《悲情与戏谑:网络事件中的情感动员》,《传播与社会学刊》2009 第 9 期,第 39—66 页。
③ 郭小安:《公共舆论中的情绪、偏见及"聚合的奇迹"——从"后真相"概念说起》,《国际新闻界》2019 年第 1 期,第 115—132 期。
④ 南塬飞雪、胡翼青:《后真相时代新闻专业主义的危机》,《青年记者》2017 年第 16 期,第 12—14 页。

愤怒、恐惧等情感最容易被唤醒和引发共鸣。

2017年3月4日,有关"北京地铁男子辱骂事件"的短视频对男子辱骂、抢手机、推搡等行为进行了全景展示,看过视频的网友无不感到愤慨,在网络上引起了热议。如果这一事件仅由文字或图文呈现,其传播效果必将大打折扣。短视频传播接近事实的传播语境,其真实感对受众有较强的影响力。同时,这类短视频的传播速度极快,影响范围较大。然而,有关部门对社会突发事件的处理需要一定的核查时间,导致时效性较差,有时在处理相关事件的过程中不免会呈现出被动的态势。可以说,短视频的飞速发展对政府和企业的公共危机处理能力提出了新的挑战。

此外,移动短视频由用户生产这一模式虽然可以最大限度地释放用户的创造力和创作积极性,但也产生了低俗、色情内容泛滥的问题。例如,2015年7月的"北京优衣库不雅视频事件"、2016年5月的"上海陆家嘴不雅视频事件"和2017年2月的南宁女子裸奔视频,虽然短视频平台及时屏蔽了相关链接,但仍然有一些种子文件被用户个人保存下来。这类短视频的传播在社会上造成了极其恶劣的影响,严重危害了社会风气和青少年的身心健康。

三、自媒体的集中统一管理

新兴移动端自媒体在极大地提高新闻信息传播效率的同时,也给监管工作带来了前所未有的难度。在这一时期,信息服务单位往往只是作为平台存在,海量内容由用户生产,这给原本针对互联网网站的网络信息治理模式带来了前所未有的挑战。针对互动新媒体时期的新闻治理难题,政府通过进一步规范新闻传播权、推行全网实名制、强化平台责任等方式,有力地实现了自媒体的集中统一管理。

(一)进一步规范新闻传播权

自媒体时代,网络新闻发布单位已从专业机构转变为全平台与全民,任何个人或机构都可以随时随地通过微博账号、微信公众号、抖音等发布信息。2017年5月,国家互联网信息办公室依据《网络安全法》修订了2005年出台的《互联网新闻信息服务管理规定》(以下简称《管理规定》),并于当年6月1日与《网络安全法》同步实施。新版的《管理规定》顺应移动互联网新闻的生态,将新闻信息服务的管理对象从原先专业的互联网新闻发布单位扩展至包括微信公众号、微博、网络直播等在内的自媒体领域。

新版《管理规定》将旧版"设立互联网新闻信息服务单位"调整为"提供互联网新闻信息服务",将自媒体纳入管理范围。《管理规定》把互联网新闻信息服务分为采编发布服务、转载服务、传播平台服务三类,均实行许可制。其中,第五条规定:"通过互联网站、应用程序、论坛、博客、微博客、公众账号、即时通信工具、网络直播等形式向社会公众提供互联网新闻信息服务,应当取得互联网新闻信息服务许可,禁止未经许可或超越许可范围开展互联网新闻信息服务活动。"从许可证制度的覆盖范围来看,"我国对互联网新媒体的管理,又回到了传统媒体的管理模式"[1]。此后,国家网信办陆续发布了针对搜索、移动应用程序、直播、论坛社区、跟帖评论、群组、公共账号、微博、网络音视频等规范性文件[2],"互联网内容管理进入了全覆盖、全规范的阶段"[3]。

例如,2014年8月发布的《即时通讯工具公众信息服务发展管理暂行规定》(以下简称《暂行规定》)要求即时通信工具服务提供者取得相关资质后方可从事公众信息服务;由合法新闻单位开设的公众号可以发布、转载时政类新闻,取得新闻信息服务资质的非新闻单位开设的公众账号不可发布但可转载时政类新闻,其他公众账号"未经批准不得发布、转载时政类新闻"。与此同时,《暂行规定》鼓励各级党政机关开设公众账号,服务经济社

---

[1] 陈建云:《我国对互联网的基本态度及互联网新闻信息传播立法》,《新闻爱好者》2017年第12期,第34—38页。

[2] 在《管理规定》颁布实施后,根据不同应用形式及技术特征,相继出台了《互联网新闻信息服务许可管理实施细则》《互联网信息内容管理行政执法程序规定》《微博客信息服务管理规定》《互联网新闻信息服务单位内容管理从业人员管理办法》《互联网新闻信息服务新技术新应用安全评估管理规定》《互联网用户公众账号信息服务管理规定》《关于加强网络视听节目直播服务管理有关问题的通知》《互联网直播服务管理规定》等,建立了较为完备的管理保障体系。

[3] 方禹:《网络时代的内容生态治理体系构建》,《中国信息安全》2020年第2期,第56—58页。

会发展与满足公众需求。

这些针对自媒体的新闻政策与其他时期网络治理的指导思想基本一致,即希望通过政策倾斜,维持传统新闻单位、新闻网站和党政机关等发布时政新闻的优势。

在政策执行方面,《管理规定》把互联网新闻信息服务的最高主管部门由国务院新闻办公室调整为国家互联网信息办公室,同时下放了部分审批权力,由所在地省级互联网信息办公室受理。这使得国家网信办对互联网新闻信息服务所享有的监管权限全面落地,理顺了国务院的上级授权与国家网信办的下级监管职能间的关系,不再使国家网信办处于"有权"却"无据"的境地①。

(二) 自媒体账号的集中整治

各大平台中的自媒体账号所发布的内容五花八门,质量也良莠不齐。其中,有的涉嫌篡改党史国史、诋毁英雄人物、抹黑党和国家形象;有的炮制谣言,传播虚假信息,扰乱正常社会秩序;有的制作传播低俗信息,挑战公众的道德与文化底线。针对这些公共账号,政府多次通过集中整治的方式予以清理、整顿。

在自媒体账号集中整治的历程中,影响力与规模较大的事件是,2018年11月,国家网信办联合相关部门针对自媒体账号开展的集中清理整治专项行动。在行动中,包括"傅首尔""紫竹张先生""野史秘闻"等在内的9800多个自媒体账号遭到封禁。国家网信办在约谈相关用户的过程中,还要求各自媒体平台立即对自身平台中的自媒体账号进行一次集中的"大扫除",坚决清理涉及低俗色情、炮制谣言、刊发违法违规广告、恶意炒作营销等问题的账号。

2018年11月12日,国家网信办约谈腾讯微信、新浪微博之后,14日下午又集体约谈百度、腾讯、今日头条、一点资讯等十家自媒体平台,针对平台存在的自媒体乱象,要求平台企业切实履行主体责任,实行全面自查自纠。约谈之后,各平台开展清理整治行动,并落实各项整改措施。2018年11

---

① 宁宣凤、吴涵、杨楠:《开启互联网新闻监管新时代——〈互联网新闻信息服务管理规定〉述评》,《上海法学研究》集刊2020年第15卷,第276—278页。

月,腾讯微信在其官方微信公众号发布《关于开展自媒体清理整治专项行动的公告》,表示将进一步加强内容与资质审核,积极自我整改。之后,微信团队发布公告称,个人主体注册公众号的数量上限由2个下调为1个,企业类主体注册公众号的数量上限由5个下调为2个。

(三)强化自媒体平台的监管责任

2016年4月19日,习近平总书记在网络安全和信息化工作座谈会上提出"网上信息管理,网站应负主体责任"的要求。2018年4月,习近平总书记在全国网络安全和信息化工作会议上再次强调:"要压实互联网企业的主体责任,决不能让互联网成为传播有害信息、造谣生事的平台。"同年颁布的《网络安全法》第47条规定,网络运营者(包括互联网平台运营企业)应加强对用户发布信息的管理,信息管理手段包括信息审核、信息巡查等。2016年8月,国家网信办对网站(互联网平台)履行互联网信息管理主体责任提出了八项要求,要求平台建立总编辑负责制和新闻发稿审核系统。

无论是《网络安全法》,还是《互联网新闻信息服务管理规定》《微博客信息服务管理规定》《互联网用户账号名称管理规定》等法律、政策及规范性文件,都强调了网络运营商和信息服务单位管理、监督各自平台内有害信息的责任,对包括及时识别、删除、处理,响应网民举报,接受社会监督等在内的应尽责任予以了明确说明。2017年后,网信办以《网络安全法》与新版《互联网信息服务管理规定》为依据,要求各自媒体平台强化自身的监管责任,采取必要措施对平台内违法违规信息进行监督、控制,网站主办人一旦在监管过程中出现失职情况,将面临罚款、停业整顿甚至取消经营许可等惩罚。网信办2017年10月出台的《互联网新闻信息服务单位内容管理从业人员管理办法》要求从业人员应按要求参加各级互联网信息办公室组织开展的教育培训,每三年不少于40个学时。

2019年12月15日,国家网信办出台的《网络信息内容生态治理规定》规定,"网络信息内容服务平台应当履行信息内容管理主体责任,加强本平台网络信息内容生态治理,培育积极健康、向上向善的网络文化",再次明确了平台的主体责任。

此外,约谈制度是强化平台责任的一项重要机制。国家网信办于2015

年4月发布《互联网新闻信息服务单位约谈工作规定》,正式以规范性文件的形式将约谈制度纳入互联网内容监管工作的行政执法程序和违法信息处置工作规范。监管部门通过约谈能及时指出平台在内容治理中存在的问题,并督促互联网平台迅速整改。约谈可以说是行政处罚的缓冲,给互联网平台提供了及时整改的机会,为互联网内容提供了相对包容的环境。同时,约谈制度还加强了多元治理主体之间的互动沟通,提升了互联网内容治理的响应速度。

在政策压力下,各自媒体平台纷纷通过落实总编辑责任制、自动过滤和人工审查等方法控制平台内的违法信息,以应对严格的监管机制。在平台责任被强化的情况下,监管部门大大减少了内容监管层面的时间和精力。

四、网络内容管理力度加大

2017年5月,国家网信办出台《互联网信息内容管理行政执法程序》,确立了一整套针对互联网违法信息的执法程序,并对各环节的职权、措施作了详细规定,为强化内容监管提供了政策依据。

(一) 对"网络不当言论"的惩罚力度加大

我国在2013年1月和7月开展了两次"净化网络环境"专项行动,重点在于整治涉及传播网络谣言的"大V"用户。2013年8月以后,互联网"大V"的社交热度明显下降,时政话题比例和微博发布总量也有所下降。自此以后,微博中的政务微博和其他官方媒体的舆论影响力日益上升,民间意见领袖和民间媒体的舆论影响力则呈现出下滑的趋势。

在这一时期,政府对于危害主流价值观、有损党和国家形象的网络言论的惩罚和执行力度加大。2021年初,粉丝数高达250万人的新浪微博账户"辣笔小球"发表了有损卫国戍边官兵形象的言论。2021年5月31日下午,江苏省南京市建邺区人民法院公开审理被告人仇子明("辣笔小球"的本名)侵害英雄烈士名誉、荣誉一案。根据2020年末通过的《中华人民共和国刑法修正案(十一)》第三十五条"侮辱、诽谤或者以其他方式侵害英雄烈士的名誉、荣誉,损害社会公共利益,情节严重的,处三年以下有期徒刑、拘役、管制或者剥夺政治权利",法院认定仇子明犯侵害英雄烈士名誉、荣誉罪,判处有期徒刑八个月,并责令他通过国内主要门户网站和全国性媒体公开赔礼道歉,消除不良影响。

随着手机媒体的普及和社会化媒体的广泛应用,网络谣言的影响力和危害性日益凸显,特别是发生突发社会性事件以后。

为维护网络秩序稳定与降低社会潜在风险,我国对网络造谣、传谣行为实行刑事制裁的力度不断加大。2015 年之后,对于打击网络谣言最有力的法律依据是《刑法修正案(九)》。2015 年 8 月,全国人大常委会通过该修正案,新增了"编造虚假的险情、疫情、灾情、警情,在信息网络或者其他媒体上传播,或者明知是上述虚假信息,故意在信息网络或者其他媒体上传播,严重扰乱社会秩序的,处三年以下有期徒刑、拘役或者管制;造成严重后果的,处三年以上七年以下有期徒刑"的条款。

冯建华认为,对于网络谣言的打击需要把握好度,如何更好地兼顾遏制谣言与网民表达的两种需要,防止畸轻畸重现象的出现,是刑法介入网络谣言治理应该遵循的总体原则①。

(二) 全面推行网络实名制

各大平台中的自媒体账号内容五花八门,质量也良莠不齐。其中,有的涉嫌篡改党史国史、诋毁英雄人物、抹黑党和国家形象;有的炮制谣言,传播虚假信息,扰乱正常社会秩序;有的制作传播低俗信息,挑战道德与文化底线。针对这些公共账号,政府多次通过集中整治的方式予以清理、整顿。

在自媒体账号集中整治的历程中,影响力与规模较大的是 2018 年 11 月国家网信办联合相关部门,针对自媒体账号开展的集中清理整治专项行动。在行动中,有 9 800 多个自媒体账号被封禁。国家网信办在约谈过程中要求各自媒体平台立即对自身平台中的自媒体账号进行一次集中的"大扫除",坚决清理涉及低俗色情、炮制谣言、刊发违法违规广告、恶意炒作营销等问题的账号。

---

① 冯建华:《网络谣言入罪的尺度与限度——以风险刑法为分析视角》,《新闻与传播研究》2020 年第 2 期,第 24 页。

继 2018 年 11 月 12 日国家网信办约谈腾讯微信、新浪微博之后，14 日下午国家网信办又集体约谈百度、腾讯、今日头条、一点资讯等 10 家自媒体平台，针对平台存在的自媒体乱象，要求平台企业切实履行主体责任，实行全面的自查、自纠。约谈之后，各平台开展清理整治行动，并落实各项整改措施。2018 年 11 月，腾讯微信在官方微信公众号发布《关于开展自媒体清理整治专项行动的公告》，表示将进一步加强内容与资质审核，积极自我整改。随后，微信团队发布公告称：个人主体注册公众号数量上限由 2 个下调为 1 个；企业类主体注册公众号数量上限由 5 个下调为 2 个。

（三）加强社会监督机制

早在 2005 年，中国互联网违法和不良信息举报中心就已经成立。自 2014 年 5 月起，国家网信办作为举报中心的行政主管单位，进一步扩大了举报和受理范围，涵盖淫秽色情、恐怖暴力等各类网络有害信息。2015 年 12 月 10 日，中国互联网违法和不良信息举报中心"网络举报"移动客户端正式开通，网民若发现网上有违法和不良信息，可通过手机实现"一键举报"。

2017 年修订的《互联网新闻信息服务管理规定》第 18 条第二款指出，互联网新闻信息服务提供者应当自觉接受社会监督，建立社会投诉举报渠道，设置便捷的投诉举报入口，及时处理公众投诉举报。第 20 条规定，任何组织和个人发现互联网新闻信息服务提供者有违反本规定行为的，可以向国家和地方互联网信息办公室举报。国家和地方互联网信息办公室应当向社会公开举报受理方式，收到举报后，应当依法予以处置。互联网新闻信息服务提供者应当予以配合，为用户提供便捷的监督入口。

自媒体内容复杂多元，网信办通过加强社会举报机制，扩展了互联网信息监管的主体，使普通网民也加入违法信息监控的队伍。社会举报机制的强化对于各类传播主体起到了有效的社会规范作用，使其在发布内容时更加符合规范。

五、我国网络治理的特征

自中国发展互联网事业以来，党和国家高度重视，将网络视作了解民情、反映民意的一项重要内容。同时,党和国家针对不同时期的网络问题,采取了有针对性的政策措施。总结而言,我国网络治理的特征主要表现在治理理念、治理路径和治理目标等方面。

(一) 治理理念:"以人为本"与"依法治网"相结合

考虑到中国已经是世界上网民数量最大的国家和当前社会主要矛盾的转变,由网络舆情推动的网络治理理念需要突破互联网"阵地"观,有效的网络治理需要政府将"以人为本"与"依法治网"相结合。

目前,"以人为本"的网络治理理念在我国已基本形成,具体表现为:"顶层设计媒体融合,建立以人为本的信息传播制高点;坚持信息分类,构建以人为本的信息传播秩序;以线上线下同心圆动员社会力量,构建网络治理共同体;建构数字政府,推进国家治理现代化。"[1]

尽管网络是虚拟空间,但它不是法外之地,"依法治理是中国共产党领导网络综合治理的基本原则"[2]。从 1996 年国务院发布《中华人民共和国计算机信息网络国际联网管理暂行规定》开始,到相继出台《互联网信息服务管理办法》《互联网新闻信息服务管理规定》《网络生态治理规定》等政策法规,目的是以建设性思路实现对互联网的有效治理。仅 2014—2018 年,我国在内容建设、网络企业监管、政府监管等各个方面出台了 140 余项法规政策。其中,《网络安全法》(2016 年)、《电子商务法》(2018 年)、《民法典》(2020 年)对网络安全、网络交易、虚拟财产、网络内容生态、数据隐私保护、网络侵权等方面进行了相应的规定,也构成我国网络综合治理的基本法律架构[3]。

(二) 治理动力:政府治理与社会治理的有机融合

虽然政府是我国网络治理的主导者,但不能忽视社会力量的重要作用。梳理互联网平台变迁过程中的网络舆情治理模式,其治理动力是政府治理

---

[1] 李良荣、朱瑞:《以人为本:我国互联网治理的理论逻辑与实践路径》,《青年记者》2020 年第 31 期,第 42 页。

[2] 李勇坚、杨蕊:《中国共产党对网络综合治理的领导:基本理念与实现路径》,《黑龙江社会科学》2021 年第 1 期,第 4 页。

[3] 徐敬宏、郭婧玉、游鑫洋:《2014—2018 年中国网络空间治理的政策走向与内在逻辑》,《郑州大学学报》(哲学社会科学版)2019 年第 5 期,第 21 页。

与社会治理的有机融合。

一方面,网络舆情都是基于现实事件的,舆情的解决依赖于政府强有力的组织和引导。1993年,在国务院领导下,成立了国家经济信息化联席会议,涉及国务院20个部委局。1996年,在国家经济信息化联席会议的基础上,改组成立国务院信息化工作领导小组。同时,国务院信息化办公室、国家信息化专家咨询委员会等机构也相继成立,形成对信息化工作的领导架构。2003年,国家信息化领导小组之下成立了国家网络与信息安全协调小组,对网络安全工作进行具体领导。2011年,国家互联网信息办公室成立,全面负责对互联网内容信息的监管。2014年,中央网络安全和信息化领导小组正式成立,其职能跨党政军,使得我们党对网络综合治理的领导更为有力,也是我们党在网络空间领导力方面的更好体现。2018年,中央网络安全和信息化领导小组改为中国共产党中央网络安全和信息化委员会[1]。

另一方面,对网络舆情的社会治理主要是多元治理,形成了自组织和自适应的治理机制,丰富和完善网络社会的治理方式。目前,我国网络的社会治理方式存在以下几种,即社区自治、网络文化建设、媒体自律、构建媒体把关机制和媒介素养教育[2],行业协会、平台企业、普通网民也是网络治理的参与者。

(三)治理目标:实现国家社会治理现代化

自20世纪90年代以来,互联网对国家、社会和网民产生了日益深刻的影响。针对网络世界对现实社会影响力日益增强的趋势,国家通过出台法律、法规来约束网络传播行为,在加强网络治理的同时,也提升了整体社会治理的现代化水平。特别是十八大以来,实现国家治理体系和治理能力现代化已成为网络治理的主要目标。

十八届三中全会公报指出,"全面深化改革的总目标是完善和发展中国特色社会主义制度,推进国家治理体系和治理能力现代化",提出"创新社会治理,提高社会治理水平,改进社会治理方式"。以"社会治理"取代过去的

---

[1] 熊光清:《网络社团的发展与网络空间治理——从准社会组织视角考察》,《哈尔滨工业大学学报》(社会科学版)2018年第5期,第2—7页。

[2] 唐涛:《网络舆情治理研究》,上海社会科学院出版社2014年版,第115页。

"社会管理",一字之差体现了治理主体从一元模式变为多元结构,反映出党在新时期深化改革的执政理念和治国方略,更加注重健全民主制度、丰富民主形式。

党的十九大报告为新时期的网络治理指明了方向,也表明网络治理对于我国社会的全方位意义。党的十九大报告中提出,"高度重视传播手段建设和创新,提高新闻舆论传播力、引导力、影响力、公信力。加强互联网内容建设,建立网络综合治理体系,营造清朗的网络空间。落实意识形态工作责任制,加强阵地建设和管理,注意区分政治原则问题、思想认识问题、学术观点问题,旗帜鲜明反对和抵制各种错误观点"。

针对新时期的网络舆情问题,2019年10月底召开的党的十九届四中全会上提出,"改进和创新正面宣传,完善舆论监督制度,健全重大舆情和突发事件舆论引导机制"[1]。习近平总书记指出,"互联网已经成为舆论斗争的主战场。在互联网这个战场上,我们能否顶得住、打得赢,直接关系我国意识形态安全和政权安全"[2]。网络舆情信息工作受到高度重视,表明其对于推进国家治理体系和治理能力现代化建设具有重要意义,包括网络舆情治理在内的网络治理已是国家治理体系的重要组成部分,甚至已成为国家治理的主场域。

---

[1] 《中共中央关于坚持和完善中国特色社会主义制度推进国家治理体系和治理能力现代化若干重大问题的决定》,2019年11月5日,中国政府网,http://www.gov.cn/zhengce/2019-11/05/content_5449023.htm,最后浏览日期:2023年8月10日。

[2] 《学习小组怎样占据意识形态斗争的最前沿?习近平这样说》,2018年8月21日,环球网,https://china.huanqiu.com/article/9CaKrnKbCRI,最后浏览日期:2023年8月10日。

第八章

互联网新闻制作的演进

基于互联网技术的迭代更新，网络新闻表达方式一次次地突破新闻专业壁垒，实现了叙事手法与传播渠道的创新，不断重构着新闻生产与传播的既有模式。各类新闻媒体为了在新的传播生态下获得占位机会和生存空间，积极探索新闻表达方式融合与转型路径，强化内容创新、信息传播和受众交互。2010年后，在移动互联网、大数据、人工智能和5G技术的加持下，网络直播新闻、短视频新闻、数据新闻、沉浸式（VR/AR）新闻等新兴新闻样态不断涌现，带来了全新的新闻生产、传播与接收模式。各种类型的新闻表达方式在互联网发展史上都有可循的演进轨迹，它们的创新之处、缺点与不足也值得观察与讨论。

第一节 网络直播新闻：从"新闻现场"到"伴随式场景"

网络直播新闻具有网络（移动）直播的价值属性，如提升了人的信息传播自主性，丰富了新技术环境下人的社会连接空间，拓展了现代社会治理下公众意见表达的渠道和方式。直播新闻在承继电视直播新闻固有的特性和优势外，更为显著的贡献是它把电视直播的"新闻现场"推进到"伴随式场景"的视觉呈现和沉浸的接收体验。

伴随式场景即在技术加持与平台驱动下，网络直播新闻更加依赖作为直播场景的地理空间,也不断赋予它依赖的地理空间以新的价值属性,导致现实生活场景和直播视频中的"生活场景"相互生成。同时,观看者对直播者的情感预期或心理认同致使直播场景逐渐生活化、私人化,公域和私域的界限不断消弭,观看者对直播景观不断产生代入感——伴随式场景由此产生。从新闻现场到伴随式场景的演进不仅与网络直播类型紧密相关,也伴随着网络直播新闻的发展历程。

一、网络直播新闻的基本类型和发展历程

对于网络直播新闻,目前业界与学界无统一称谓,但对其基本内涵有比较一致的看法,即借助互联网技术进行现场直播输出的一种新闻样式或形态。一般可以从广义、狭义两个角度进行界定:广义的网络直播新闻指通过网络传播的、实时更新的以传递新闻为效果的直播行为;狭义的网络直播新闻指以传递新闻为目的,以实时视频流为主要形式的网络直播行为。

(一)网络直播新闻基本类型

网络直播新闻常见形态有两种:第一种是常规的网络直播新闻,是互联网上最常见的以专业、职业生产为主的网络直播新闻;第二种是"网红"的网络直播新闻,指突然在短时间内爆发强大传播力的直播新闻,制作者可能并非专业人士,新闻内容具有一定的突发性和极强的话题性,题材通常是非主流的,表达手段也较为活泼,更为符合大众的心理预期,可以在互联网上迅速传播。为便于作类型化梳理,根据网络直播新闻依托的不同平台和技术,它们还可以再细分为以下五个类型。

1. 融媒体直播

这是传统主流媒体与新技术平台结合下的网络直播新闻类别,由传统媒体提供内容,平台提供技术和渠道,以网络新闻生产模式、平台技术呈现方式成像。这是网络直播新闻早期常见的类别,也是传统媒体融合转型"借船出海"的常规动作。以近年来的"两会"报道为例,各传统头部主流媒

体①记者使用各类新型直播设备,与新媒体平台方合作,完成移动网络直播新闻的生产与分发。

2. 微博直播

即借助微博平台进行直播。这种新闻生产主体呈现多元态势,既有政府机关、传统媒体,也有商业机构和个体用户。以2010年新浪微博"中国影响·2009时尚盛典"活动直播为典型代表,此后腾讯也开始介入直播新闻领域。2016年1月7—8日,中国法院网、北京法院网连续两天直播北京市海淀区人民法院对"快播"涉嫌传播淫秽物品牟利一案的庭审过程,最高时段有4万人同时在线观看网络直播,而且"海淀法院在7—8日先后发布27条长微博对该案庭审进行全程图文报道。截至1月10日,该话题页显示累计阅读次数达3600余万次②。

3. 平台直播

即以互联网技术公司为主导的"直播+"类别,代表性的平台如腾讯公司旗下的腾讯新闻。新闻与移动网络整合是平台直播"直播+"战略的重要组成部分,优质、开放的传播平台不仅可以搭载其他内容生产商提供的新闻产品,自身也有极强的新闻生产能力,在网络直播方面拥有天然的技术优势。但是,平台直播在具有天然技术优势的同时,也存在新闻人文主义和技术工具之间难以协调的矛盾,这是网络直播新闻发展的一个"痛点"。

4. VR直播

这是借助虚拟现实技术的直播新闻类别,即利用计算机模拟生成逼真的三维虚拟空间,调动用户的视觉、听觉、触觉等感官体验,产生临场感。国内较早使用VR进行直播的是2015年9月3日《人民日报》推出的"9·3"阅兵VR全景视频直播(图8-1)。2016年1月24日,央视网全程360度全景直播体坛风云人物颁奖典礼。此后,VR直播新闻被广泛应用于每年的"两会"报道。VR直播新闻目前在技术上最具前沿性,直接推动了直播新

---

① 关于头部媒体、腰部媒体、尾部媒体的提法,参见郑雯、张涛甫:《媒体融合改革中的"腰部塌陷"问题》,《青年记者》2019年第9期,第63页。

② 王瑞奇、王四新:《"快播"案直播传播效果分析》,《现代传播(中国传媒大学学报)》2016年第8期,第54页。

图 8-1 2015 年《人民日报》"9·3"阅兵 VR 全景直播现场

闻从新闻现场转变为伴随式场景。

5. 慢直播

慢直播指摄像头自动直播新闻,是一种特殊的视频直播形式,一般没有主持人,也没有剪辑、编辑痕迹,事件的发生与传播同步进行。"这类'慢直播'主要作用不是追求速度,更多的是温度,作为一种伴随式传播,受众不需要时刻守在窗口前,他可以随时离开,随时回来。"① 慢直播与微博直播的生产主体都是多元的,如 2016 年腾讯新闻与澎湃新闻合作生产的春运直播 120 小时就是典型的慢直播新闻。这种报道近年来被主流媒体用来直播社会热点新闻或突发事件,如 2020 年 1 月 29 日央视频"疫情 24 小时"慢直播(图 8-2)就是一个典型案例。慢直播作为自主参与体验极佳的直播新闻

图 8-2 2020 年 1 月 29 日央视频"疫情 24 小时"慢直播

---

① 于利芳:《移动网络直播对新闻业的影响——以腾讯为例》,《传媒与教育》2016 年第 2 期,第 130 页。

形式,能够很好地满足用户的信息与情感交互需求,是网络直播新闻从新闻现场到伴随式场景演进的重要推手。

(二)网络直播新闻的发展历程

从直播类型上看,融媒体直播和微博直播基本还是以对新闻现场的展示为主。在 VR 直播和慢直播中,伴随式场景已经成为主流。同时,对网络直播新闻发展阶段考量,从新闻现场到伴随式场景的演进路径也比较清晰。

1. 探索期(2003—2009 年)

中国网络直播行业发展阶段以 2003 年为起点,大致可以分为探索期(2003—2009 年)、市场启动期(2010—2014 年)、高速发展期(2015—2020 年)①。2003 年 5 月 14 日,中国法院网在网络上直播了浙江省丽水市莲都区人民法院一个变更抚养关系的案件,这被视作国内网络直播新闻的起点。因此,从互联网新闻发展史的角度看,网络直播新闻兴起阶段可以追溯到以此次事件报道为源头的 2003 年的静态图文形式的直播新闻。当时,宽带上网还未普及,PC 用户使用电话连线上网,一些重大体育赛事已经使用文字直播,其他如重大会议、庭审等也尝试过网络直播。

这个时期也是互联网进入 Web2.0 的时期。在 Web2.0 技术的加持下,普通网民成为互联网新闻生产中的活跃力量。社交化传播推动互联网新闻演进,出现新的生产方式和传播模式,如网民评论、音视频多媒体手段、新闻专题和超链接信息叠加等获得网民认可,传播效果明显提升。这一阶段的网络直播新闻可以说是早期互联网消息新闻样态的升级和创新,以呈现新闻现场为内容导向。

2. 市场启动期(2010—2014 年)

2010 年以新浪微博直播为典型事件,标志着一个新阶段的开始。2010 年 1 月新浪微博的"中国影响·2009 时尚盛典"活动直播被视作首次微博直播。

这个阶段,也是从 3G 到 4G 技术应用发展的重要时期。4G 技术提供

---

① 王传珍:《手机网络直播:跻身移动互联网新风口》,《互联网经济》2016 年第 8 期,第 65 页。

的 100 Mbps 以上的下载速度和 20 Mbps 的上传速度使用户无线上网的需求得到了极大的满足。高质量的音视频在高流量手机的加持下成为网络传播的主流，视觉感触三维场景成为现实，具有临场感体验的伴随式场景逐渐走向前台，视频已经全面取代图片成为主流内容生产模式。简言之，在平台搭建和技术驱动下，网络直播新闻逐步从新闻现场走向伴随式场景，内容上的创新得到了进一步提升。

3. 高速发展期（2015—2020 年）

2016 年被视作网络直播元年。这一年，众多传统媒体专业内容生产者向移动互联网转型，一些非新闻媒体单位也尝试利用 UGC 平台推出自己的网络直播新闻。2016 年，在线视频直播平台数量有近 200 家，平台用户数量达 2 亿人。同年，新华社客户端推出《现场新闻》直播栏目，实时、全方位、全息化地呈现了新闻现场；《新京报》与腾讯新闻联手打造"我们直播"，成为专业新闻媒体与互联网巨头公司战略合作的典型案例。

2017 年，大量直播网站在竞争中被淘汰，资本对网络直播的热情开始下降，网络视频产业进入深度调整和良性治理发展的平缓期。短暂落潮后，网络直播新闻在 2020 年对新冠肺炎疫情的网络直播与慢直播中再度发力。典型的报道有央视频从 2020 年 1 月 26 日起的"疫情 24 小时"慢直播，记录两路火神山工地建设实况；截至 2 月 16 日，央视频最高峰时共推出 16 路慢直播、4 路 VR 慢直播。至此，伴随式场景与网络直播新闻完全融合，网络直播新闻完成了从新闻现场到伴随式场景的蜕变。

简言之，2015 年后，随着 VR/AR 技术与新闻生产、传播的融合加快，包括网络直播新闻在内的互联网新闻获得了新发展机遇。但是，网络直播新闻作为新技术驱动下的新闻新样态，也因存在价值导向的盲区，导致它对传统新闻理念和生产方式的颠覆与解构并非都是建设性的。可见，从新闻现场到伴随式场景的转变过程中，创新性与局限性是并存的。

二、网络直播新闻伴随式场景的创新体现

网络直播新闻兴起于 2G 时代，快速发展于 3G、4G 时代，与传媒通信技

术的发展密不可分,在新闻观念上改变了人们的思维习惯,重塑了人们感知新闻文化的观念。网络直播新闻作为一种崭新的新闻形态,其创新性就体现在从新闻现场到伴随式场景的转变中。

(一) 理念创新:从内容生产转向服务、社交和场景生产

3G 时代的手机网民规模大增,"低年龄(25 岁以下)、低收入(月收入3 000 元以下)、低教育水平(初中及以下)的'三低人群'大量涌入网络——达到50%左右,构成了网民中的最大群体。他们占据各类社交平台,为自己的切身利益发声,属于中国公民的'草根媒体'得以诞生"[1]。在 4G 时代,高学历、高收入的中间阶层取代了"三低人群",微信也取代微博,成为人际与社会的强关系连接平台。因此,在 3G、4G 时代快速发展起来的网络直播新闻与传统电视直播新闻相比有两个先天优势,"一个是真实接地气,二是互动,这是电视直播无法做到的。互动表现在两方面,一是与网友交流,二是根据内容变化和网友提供的想法,随时变换直播的内容"[2]。

真实、接地气、强交互的网络直播新闻具有全新的新闻理念,即新闻产品不仅是内容,更是服务、社交和场景。技术驱动下网络直播新闻的理念创新和对受众思维习惯的重构,有利于建构一个与传统直播新闻不同的伴随式信息场景,新闻用户的参与感和体验感将得到提升。

(二) 生产模式创新:从专业化走向交互化、场景化

网络直播新闻在发展演进过程中的内容生产主体有三个,一是传统媒体,二是用户,三是平台;生产模式有 PGC、UGC 和 OGC(occupationally-generated content,职业生产内容)等。同时,各生产模式相互融通,如在 UGC 模式下又延伸出 PUGC(PGC+UGC,融合型生产)模式。互联网发展催生了社群,随着互联网的去中心化,网络直播进一步壮大,用户生产内容、伴随式场景呈现成为社群的重要景观。UGC 模式令网民成为直播内容的生产者和传播者,打破了围观者和参与者的区隔,人的自主性也得到张扬。

---

[1] 李良荣、辛艳艳:《从 2G 到 5G:技术驱动下的中国传媒业变革》,《新闻大学》2020 年第 7 期,第 56—58 页。

[2] 谭天:《在中国 网络直播到底能走多远?》,《南方电视学刊》2016 年第 4 期,第 37 页。

国内大型直播平台,如斗鱼 TV、虎牙 TV 等凭借海量的用户积累均已开设新闻直播间;中、小直播平台,如看度直播等,也对 2020 年 8 月 11 日四川省大雨、2020 年 8 月 29 日山西省临汾市一饭店坍塌等突发事件进行直播报道;像梨视频这样的大型主流视频平台也依赖用户进行大量的内容生产。UGC 直播模式不仅能在时间上最快地接近新闻源,第一视角的伴随式场景直播也能激发用户的交互期待。

就网络直播新闻生产模式来看,虽然 PGC 目前依然占有重要地位,但从新闻发展和社会关系变革角度来看,UGC 标志着新闻生产从专业化走向社会化①。UGC 既是 VR 场景呈现的前导,也连接传统的 PGC 和未来的 MGC(machine generated content,机器生产内容)模式;它在社会关系上推动了强交互,在用户的新闻体验上提供了丰富的场景,保障了信息的伴随性。从这个角度看,网络直播新闻创新地从新闻现场转变为伴随式场景,在模式上推动了新闻生产从专业化走向交互化、场景化。

(三) 内容创新:从信息流动到对话和意义互构

直播最早源起于广播,之后发展为电视直播,然后是网络直播。就网络直播新闻技术驱动内容创新这个角度来看,与电视直播新闻相比,从新闻现场到伴随式场景的突破,不仅体现在方式上,也体现在内容上。伴随式场景突破了传统电视直播新闻的新闻现场局限,到达更广阔的空间。实现这种空间切换的技术前提是智能手机的普及。有了智能手机,直播现场的拍摄角度实现了 360 度的全景呈现。在这个技术前提下,网络直播新闻以第一人称叙事视角把 360 度场景再度生成伴随式内容,从而获得用户关注。可以明确的是,无论是电视直播新闻还是网络直播新闻,用户的需求心理动力都源自对新闻事件"不确定性"的期待,而网络直播新闻在此基础上把这种期待代入了更广阔的事件及相关空间中。在这一过程中,用户获得了丰富的视知觉经验,所见、所感皆为新闻内容,并会根据所见、所感形式不同的伴随体验,直至产生身临其境的感觉。这是图文新闻和一般视频报道所不能比拟的,也是网络直播新闻较之电视直播新闻的内容创新。

---

① 李良荣:《新闻学概论》(第六版),复旦大学出版社 2018 年版,第 131 页。

2016年，新华社客户端"新闻现场"上线，旨在立体化、全息呈现新闻的第一现场，用户只需在客户端认证，就可以用一部手机进行现场直播。虽然这种带有强烈体验感的伴随式场景网络直播新闻与2015年就被引入"9·3"阅兵的VR全景视频报道相比在技术上不完全相同，但在传播效果上异曲同工。而且，随着VR技术发展，VR网络直播新闻也在不断拓展，成为重要的网络直播新闻类别，网络直播新闻也因此更加具有社交属性。与伴随式场景同时出现的，除了信息流动，还有对话和意义的互构，这是网络直播新闻内容创新的重要体现。

三、网络直播新闻的局限与走向

"所有的新闻报道都是故事。"[①]新闻与世界发生关系不仅要靠信息内容，还需要一个能够把信息融入新闻常规的合适形式，或者说需要一种叙述规制——最合适的就是故事。但是，网络直播新闻因为沉浸于场景，导致游离于客观性的后果——在新闻人文主义和技术驱动之间产生难以调和的甚至在5G时代还有可能加剧的裂痕，使它讲述故事的叙述规制不那么完美。因此，网络直播新闻伴随式场景虽有创新，也有局限亟待突破。

（一）被平台驯化，优质内容欠缺

网络直播新闻由传统媒体、自媒体与商业平台生产。因此，无论是传统媒体传播事实、输出价值，还是自媒体传播民生、输出情绪，在当前的技术语境下，它们都需要借助商业直播平台，顺从于平台的"流量规则"，且面临自主性缺失的尴尬。网络直播新闻的伴随式场景创新也可能会因此沉沦于流量，迷失于对感官体验的场景呈现，不再坚守优质内容的生产。当下一个不能忽视的事实是，由于缺乏优质内容的支撑，网络直播新闻的生态情况并不乐观。有学者统计，从2017年初起，包括爱闹直播、网聚直播、趣直播、微播、凸凸TV、ulook要看直播、美瓜直播、猫耳直播等十几个平台无法登录

---

① ［美］迈克尔·舒德森:《新闻社会学》，徐桂权译，华夏出版社2010年版，第230页。

或宣布关闭。2017年2月,曾经估值五亿元的光圈直播意外倒闭,映客直播也两次被App Store勒令下架①。视频直播平台,如斗鱼TV上的一些"新闻直播间"也很长时间不更新。虽然这些平台开设了"新闻直播间",但它们在平台界面上比较隐蔽,无法比肩游戏直播的地位。在平台的驯化下,网络直播新闻也没有直接变现的盈利模式,不能以优质内容赢得用户关注,必然会造成用户流失,直至关闭直播。

就网络直播新闻的走向而言,第一个突破应该是在低时延、大容量、超高速、连接设备密度和流量密度大幅度提升的5G技术驱动下,优化网络直播新闻内容的生产环境,并以此为契机,在纪实直播和对突发事件的直播上寻求内容创新。在这一点上,2020年中央电视台、新华社、人民日报社和武汉当地媒体的战"疫"网络直播新闻报道均以直播新闻的现场感和纪实性呈现做出了探索,既符合网络直播新闻伴随式场景内容的创新取向,也为未来网络直播新闻的发展指出了方向。

(二)沉浸于伴随式场景,游离于客观性

2015年12月20日,深圳市某地发生山体滑坡,新华社第一时间联合酷景网、兰亭数字等公司赶赴现场,录制救援工作全景视频——《带你"亲临"深圳滑坡救援现场》。这是基于5G技术的VR直播,打破了简单的信息输出模式,以360度全景视频报道的方式,使用户仿佛沉浸于真实场景,可以感受灾难现场遇难者亲属在你身边哭泣,医护人员在你身边来往穿梭,消防人员在你身边小心挖掘。这就是VR直播新闻的伴随式场景:在技术加持与平台驱动下,依赖作为直播场景的地理空间,并不断赋予地理空间以新的价值属性,导致现实生活场景和直播视频中的"生活"场景相辅相成,公域和私域界限不断消弭,观看者对直播景观不断产生代入感。但是,技术给人类生物学机体功能带来的延伸是有两面性的,即伴随式场景既能让人身临其境,也会让人怀疑它本身就是被创作出来的。因此,过度沉浸于技术营造的体验性伴随式场景会导致新闻客观性的模糊。而且,当用户不再是局外人,

---

① 王宏昌:《移动互联网时代视频直播新闻发展问题分析》,《宝鸡文理学院学报》(社会科学版)2018年第2期,第123页。

而是成为新闻事件的目击者甚至是当事人时，新闻呈现和进展就具有了人为操控性、叙事主观性和呈现个体性，全面、客观的新闻专业法则就存在被忽视的风险。

从互联网新闻发展史的视角看，网络直播新闻走过的历程就是由技术驱动，从新闻现场到伴随式场景呈现的创新转变历程。移动互联网、智能手机、直播平台等多元技术造就了网络直播新闻这种崭新的新闻形态，但它现在还存在诸多问题，如交互体验感不足、盈利模式不明、生产规制不确定、新闻专业性缺乏等。虽然新闻人文主义与技术的矛盾和悖论永远不可能被根本解决，但"传媒业的竞争必然是高端技术与优质内容进一步融合的竞争"①。随着5G商用的展开，在人工智能的加持下，网络直播新闻在建设新型主流媒体时也将获得新的发展机遇。

第二节 短视频新闻：创新尺度与突破路向

截至 2020 年 6 月，我国网民规模达到 9.40 亿人，手机网民规模为 9.32 亿人，网络视频（含短视频）用户规模达 8.88 亿人，较 2020 年 3 月增长 3777 万人，占网民整体的 94.5%。其中，短视频用户规模为 8.18 亿人，较 2020 年 3 月增长 4461 万人，占网民整体的 87.0%②。伴随着短视频和短视频平台的迅速发展，短视频的用户规模和使用时长也在迅速增长，短视频新闻以丰富的信息内容、可视化的呈现形式和显著的移动互联网特质弥补了传统新闻生产和报道的不足，在新闻传播格局和媒体融合布局中越来越受到关注。

一、短视频新闻的产生背景

短视频新闻是短视频的一个基本应用，既是移动短视频直观性、真实

---

① 李良荣、辛艳艳：《从 2G 到 5G：技术驱动下的中国传媒业变革》，《新闻大学》2020 年第 7 期，第 61 页。
② 数据来源：2020 年 CNNIC 发布的《第 46 次中国互联网络发展状况统计报告》。

性、即时性与新闻时效性、现场性、客观性要求的融合,也是短视频表现形式与新闻内容结合的新兴新闻形态,还是"长度以秒计算,总时长一般不超过5分钟,利用智能终端进行美化、编辑,并可在多种社交平台上实时分享的一种新型视频新闻产品"①。不过,以产品界定短视频新闻只是一种方式,短视频新闻实质上还是在新技术应用和智能终端发展下衍生出的一种新闻形态,是指经过采集、制作、发布,长度为几秒至几分钟,集图像、文字、声音等于一体的动态影像,具备新闻要素,适合移动互联网传播的新闻类别②。它是依托移动智能终端实现快速拍摄与美化编辑,可在社交媒体平台上实时分享的一种新型视频新闻形态;它制作简单、内容碎片化,可以即时分享,传播速度快,社交属性强,是"未来新闻发布的主要方式"③。

短视频新闻在中国发展至今只有十年左右的时间,但驱动它发展、繁荣的因素是多方面的。

(一)移动互联网为短视频提供了土壤

媒介发展和新闻形态的变革与技术发展密不可分,推动短视频新闻发展繁荣的技术驱动主要有三个。第一,智能手机。智能手机是具有摄影、摄像、阅视新闻、娱乐、搜索、支付等综合功能的全能媒介。短视频拍摄、编辑软件和硬件不断迭代,傻瓜式拍摄、智能化剪辑、一键上传等功能,使短视频新闻制作门槛不断降低,"一秒钟制作大片"成为可能。通过智能手机,人人都能成为短视频拍摄者、编辑者、上传者。第二,4G 技术助推移动互联网发展,视频下载更加流畅、快速,4G 网络延迟仅为 30—70 毫秒。5G 具有高速度、低时延、低能耗、大流量的特点,随着它的普及,短视频新闻制作和应用体验将进一步得到提升。第三,"宽带中国"战略收到成效。当前,移动网络流量资费下降,Wi-Fi 覆盖扩展,拍摄、编辑、上传、接收短视频的费用不断降低。可以说,移动互联网与智能技术为短视频新闻产生提供了技术土壤。

---

① 常江、徐帅:《短视频新闻:从事实导向到体验导向》,《青年记者》2017 年第 21 期,第 20—22 页。
② 祝建新:《短视频新闻面临的难关与突破路径》,《城市党报研究》2019 年第 11 期,第 64—66,72 页。
③ 李良荣:《短视频将成为未来新闻发布的主要方式》,《青年记者》2018 年第 30 期,第 4 页。

(二) 契合优质新闻的市场需求

天生的互联网基因使视频新闻带有强交互性。尼尔·波兹曼提出,每种技术在物质的外壳下,如同人的大脑一样有自己内在的偏向,技术从来就不是中立的。以印刷术和电视为例,波兹曼认为"从15世纪诞生之初,印刷术就被看作展示和广泛传播书面文字的理想工具,之后它的用途就没有偏离过这个方向"①,"娱乐是电视上所有话语的超意识形态"②。简单来说,电视的隐喻是"娱乐的媒介"。短视频新闻是融合型新闻形态,具有显著的电视娱乐性和互联网交互性。虽然其中也有新闻信息类产品,但大多掩盖在随意、流动、碎片化的娱乐情境中,人们很难在观看短视频时形成对外界的真实、全面的感知。因此,对优质新闻信息和资讯的需求成为网络社群的社交和精神需求。短视频新闻的互联网特质正好契合了这种需求。关于这种契合,有学者总结出三点:第一,人们使用手机获取新闻的习惯、手机上网网速的提升和流量资费的下降,以及手机适于在移动化场景使用的特征,使得短小精悍的短视频成为与手机最为契合的视频形式;第二,短视频时长较短、主题鲜明的特点符合当前碎片化的阅读场景和人们高效获取信息的习惯;第三,短视频更加符合新生代的媒介使用偏好③。

(三) 媒体自身转型发展需求

这是一种生存驱动,主要体现在三个方面。一是媒体生态竞争激烈,传统媒体面临转型重组,短视频新闻是其可以突围的路径之一。二是媒体融合大势所趋,短视频新闻借助强大的互联网平台具有强大的用户资源,是两个舆论场的重要场域。有数据显示,截至2020年6月,我国网络新闻用户规模达7.25亿人,占网民整体的77.1%;手机网络新闻用户规模达7.20亿人,占手机网民的77.2%④。庞大的数据背后是短视频新闻行业巨大的市场和舆论空间。三是媒体话语权、公共舆论主导需求,如辣焦视频、我们视

---

① [美]尼尔·波兹曼:《娱乐至死》,章艳译,中信出版集团2015年版,第103页。
② 同上书,第107页。
③ 李良荣:《短视频将成为未来新闻发布的主要方式》,《青年记者》2018年第30期,第4页。
④ 数据来源:2020年CNNIC发布的《第46次中国互联网络发展状况统计报告》。

频、梨视频等平台,大量"90后""00后"用户活跃其中。年轻受众的媒介使用以短视频、互联网为主,他们有强大的社交需求和表达愿望,短视频新闻是其使用话语权的重要通道。

因此,在移动互联网时代,短视频新闻的"短"契合了注意力分散化、阅视碎片化的现状。它集文字、图像、音视频于一体,信息表达清晰、流畅、美观,也契合受众休闲式的接收心理。同时,便捷的转发和丰富的社交体验契合受众的参与欲望和话语权需求,加上媒体融合政策驱动与商业资本投入,各种因素推动了短视频新闻的勃兴。

二、短视频新闻的发展历程

最早的专业短视频新闻兴起于美国。2008年,短视频新闻网站Newsy成立。Newsy被译为"新闻懒人包",它会在极短的时间里解释一条新闻的来龙去脉,致力于对热点新闻进行二次加工,具有独特的内容生产形式和产品分发机制。Now This News是《赫芬顿邮报》旗下的短视频应用,其成员包括原美国广播公司、CNN、《华盛顿邮报》和《赫芬顿邮报》,围绕美国时政、科技等领域制作新闻,内容简短有趣。它采取差异化经营,如为Vice制作6秒钟的新闻,为Instagram制作15秒钟的新闻,而在自己的网站则为用户提供39秒钟的"长片"。

我国短视频新闻发展与短视频行业紧密相关,具体的发展历程如下。

(一)兴起与成长

2004年11月,乐视网成立,中国互联网发展进入视频网站时代。到了2006年,56网、土豆网、优酷网等纷纷亮相,新浪、搜狐、网易等门户网站的视频频道相继出现。其肇始于PC端,以用户分享自己的视频作品为主要形式,对传统新闻媒体产生了重大影响。2008年,汶川地震发生后几分钟,有网友上传地震现场视频,震区的惨状引发举国捐款赈灾(图8-3)。截至2008年5月23日,人民网、新华网、中国新闻网、中央电视台网发布抗震救灾新闻(含图片、文字、音视频)约12.3万条,新浪网、搜狐网、网易网、腾讯网整合发布新闻13.3万条。上述八家网站新闻点击量达到116亿次,跟帖量达1063万条,互联网在新闻报道、寻亲、救助、捐款等抗震救灾的过程中发挥了重要作用。同一时期,草根阶层被关注,西单女孩、旭日阳刚等草根网红出现。即时拍摄、快速编辑、快速上传等优势满足了互联网时代用户的表达和分享诉求。这种以"秒"为单位计时,以"分"为时

图8-3 各方人士捐款赈灾

长极限的视频形式迅速迎合了年轻群体对快、酷、时尚等的需求。

从2012年起,一些重大的事件和时间节点表明短视频新闻发展进入平稳成长阶段。例如,2012年1月18日,由我国主导制定的TD-LTE(大唐电信集团拥有核心基础专利)被国际电信联盟确定为第四代移动通信国际标准之一;2013年8月1日,国务院印发《"宽带中国"战略及实施方案》,制定了2015年和2020年两阶段的发展目标;2013年12月4日,我国正式发放首批4G牌照,中国移动通信集团公司、中国电信集团公司和中国联合网络通信集团有限公司等获颁"LTE/第四代数字蜂窝移动通信业务(TD-LTE)"经营许可;2015年10月16日,阿里巴巴集团宣布全面收购优酷土豆集团。这些事件关涉中国移动4G的发展和互联网行业的兼并组合,对互联网短视频新闻的发展而言至关重要。

基于移动端、主打社交的短视频平台随着移动互联网的发展和智能手机的普及而出现。2012年,北京快手科技有限公司将旗下"GIF快手"动图制作工具转型为短视频社区;2013年9月,腾讯旗下的"微视"短视频应用上线;2013年10月,由北京一下科技发展有限公司推出、新浪科技领投的"秒拍"短视频应用正式上线;2014年底,新华社推出"新闻15秒"产品,成为短视频新闻生产试水的先行者之一;2014年,澎湃涉足短视频新闻生产;2015年3月,腾讯放弃"微视",移动社交短视频暂告一段落。"秒拍"上有关"8·12"天津滨海新区爆炸事故的短视频和中国抗日战争暨世界反法西斯战争胜利70周年大阅兵的短视频是这一时期短视频新闻的重要产品。

(二) 快速发展

2016年在短视频发展历程上是值得关注的一年。在资本驱动下,一条视频、二更视频、papi酱等都获得巨额投资,显示出短视频平台的爆发式增长。2016年9月,我们视频上线,《新京报》是我国较早探寻新闻视频化之路的传统媒体,与腾讯视频开始合作生产视频新闻内容;2016年10月,《南方周末》旗下的广东南瓜视业文化传播有限公司揭牌成立,将新闻记录作为一块主要业务;2016年11月,梨视频上线,以"做最好看的资讯短视频"为目标;2016年12月,浙江日报社的辣焦视频上线;2017年1月,澎湃的视频频道上线,全面布局短视频新闻,并逐渐成为我国短视频新闻生产重镇。这一时期,一些主流媒体,如央视推出的《习近平:传承丝绸之路精神》、《"一带一路",北京再出发》(图8-4)等,新华社推出的《大道之行》(图8-5)、《你好,一带一路》系列等优秀的短视频新闻作品。

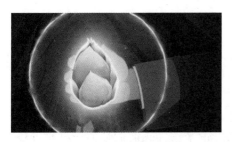

图8-4 央视2017年短视频《"一带一路",北京再出发》片段截图

图8-5 新华社2017年短视频《大道之行》的海报

(三) 助力"抗疫"

经过2016—2018年的快速发展,到了2019年,因为新冠肺炎(新型冠状病毒肺炎的简称)这一突发公共卫生灾害,短视频新闻展现出极强的传播能力。2019年底到2020年初,与新冠肺炎相关的短视频新闻生产与传播可被视作其发展历程中的重大事件。新冠肺炎疫情期间,短视频新闻报道从三个方面进行了呈现。第一是头部主流媒体,如央视纪录频道"微9"推出的短视频报道《武汉:我的战"疫"日记》(图8-6),"以空间矩阵、空间拼图

图8-6 《武汉：我的战"疫"日记》的海报

的形式构建了疫情期间的'武汉空间''武汉时间'"①。二是地方主流媒体，如2019年澎湃视频提出"更快看见现场"，迎来其短视频新闻发展高峰。2020年2月，澎湃视频记者克服艰难险阻，制作了视频新闻《在武汉 重症ICU的生死直击》，引起巨大反响。三是在第三方平台上分发的短视频新闻，如抖音号"央视新闻"开辟了《战疫VLOG》专栏；2020年1月20日—2月20日，"央视新闻"快手短视频累计发布296条，其中多达276条短视频内容均与国内外的新冠肺炎疫情报道密切相关。此外，澎湃在抖音平台发布《武汉人日记》；拍客在梨视频平台发布探访武汉红十字会的短视频等。这些媒体和平台的产品标志着短视频新闻在"抗疫"期间担负起了巨大的社会责任。

三、短视频新闻的创新"尺度"

马歇尔·麦克卢汉提出"媒介即讯息"，即任何媒介（人的任何延伸）对个人和社会的任何影响都是由新的尺度带来的。我们的任何一种延伸（或曰任何一种新的技术）都要在我们的事务中引进一种新的尺度。互联网作为一种媒介，同时作为一种技术应用，它所带来的新的尺度，即给人与社会群体带来交互性的"尺度变化、规模变化和模式变化"②。而短视频新闻则可以被视作这种交互性尺度的体现。具体而言，短视频新闻作为移动互联网时代人与信息的交互方式，与传统新闻形态相比，它带来的新尺度体现在以下四个方面。

---

① 张贺龙：《空间场域、视角与话语：如何讲好"抗疫"故事——以短视频〈武汉：我的战"疫"日记〉为例》，《当代电视》2020年第4期，第42—44页。

② ［加］马歇尔·麦克卢汉：《理解媒介：论人的延伸》（增订评注本），何道宽译，译林出版社2011年版，第18页。

(一) 以生活化场景,丰富内容生产

短视频新闻以视频为驱动,以生活化场景为核心,丰富了新闻内容生产。生活化指短视频新闻以短小精悍的表达方式,内嵌于日常生活的传播场景,在取材上以相对微观的日常生活、突发事件或与民生相关的热点题材为主,而非宏大的政治、经济、军事、外交等题材。例如,果视频制作的《黑心!实拍拼多多热卖纸尿裤工厂》抓住了拼多多商品质量和育儿产品安全这两个敏感的社会问题,引发了社会的高度关注。

当然,这种生活化场景的视觉呈现需要短视频新闻在新闻语言上进行创新。例如,梨视频对内容编辑的要求是:99.9%的视频控制在90秒内,片头7秒迅速切入全片最精髓的部分,背景优先选择节奏感轻快的配乐,字幕简洁明了①。梨视频短视频新闻基本上是无主持人、无解说的,也不要求新闻要素的齐全,而是要求在视频开头快速地切入主题,用字幕和同期声来辅助说明相关事件,并以适当的音乐背景营造氛围,突出叙事场景。即便是那些让人压抑不安、愤怒的新闻视频,梨视频依然注重这种视听觉呈现方式。

(二) 以人性化视角引发新闻"爆点"

短视频的突出特点是短,要在短短十几秒内引发关注,靠的是新闻"爆点"。通过对新闻文本的分析可以发现,以人性化视角切入是引燃短视频新闻"爆点"的关键。人性化简单说就是在内容选择、表现形式等维度直击人心,用人情味打动用户,引爆点击量。例如,2018年12月3日,新京报社"我们视频"发布短视频新闻《老爷爷寒风中为老伴儿挡风近半小时》,网友在路上等公交车时用手机拍摄了一位老者在凛冽的寒风中举包给老伴挡风的场景。温情的画面一经传播即引发公众关注、点赞、转发,随即成为"爆款"。又如,2016年11月21日,梨视频发布《拍客卧底拍摄常熟童工产业:被榨尽的青春》,丰满的人物故事、情节和真实的工作片段把童工艰辛的生活呈现给大众。人性化视角在公众情感深处会生发深深的悲悯,"戳心"之痛可点燃新闻"爆点"。可见,短视频新闻人性化的报道视角既是人文关怀,也是行

---

① 丰瑞、周蕴琦:《新闻类短视频对新闻生产机制的创新与变革》,《新闻与写作》2019年第12期,第45—48页。

之有效的叙事策略。

（三）以草根化渠道创新新闻生产模式

一般来说，传统新闻生产模式有两种，一种是 PGC 模式，另一种是 UGC 模式。移动互联网具有互联网所有的特征，如草根性、开放性、交互性等。重视原创内容是短视频新闻发展的重要策略，而 UGC 模式的草根性高度契合当下的媒介新生态。尤其是在突发事件中，UGC 拍客往往具有第一时间直击现场的独特优势。在这个方面，PGC 模式无法与它匹敌。因此，UGC 与 PUG 的融合成为短视频新闻模式的必然创新，生成了 PUGC 专业用户生产模式。例如，2015 年 8 月 12 日天津市滨海新区爆炸事故发生时，就是由拍客第一时间将现场视频上传到秒拍平台。随后，视频被众多主流媒体，包括央视《新闻直播间》二次传播。又如，2020 年 8 月 14 日，两名医学生在某车站跪地救人的视频也是通过车站工作人员和旅客现场拍摄后上传到视频平台，引发社会反响。在以 PUGC 模式进行短视频新闻生产的平台中，比较典型的是梨视频。"据其 CEO 邱兵 2018 年 10 月份接受的采访中所说，梨视频目前全球管理拍客超过 6 万人，一条视频稿件可以提供几十到上万元的稿酬投入。"①

（四）以社交化平台创新差异化传播

在移动互联网时代，分享成为媒介使用的基本要求。短视频新闻依托微信、微博、短视频 App 和抖音等社交平台，具有天然的交互性特征。同时，短视频也扩展了社交平台的影响力和传播力。但是，短视频新闻不同于短视频娱乐，不能都是"抖音式"的自导自拍、自我展示。短视频新闻在拍客团队之外有两个创新路径。一是精准把握公众普遍关心的议题，追踪社会热点，契合公众话语权需求，推动短视频新闻产品在社交网络的传播。比如，2020 年 2 月 2 日，短视频《关于新冠肺炎的一切》在微博、微信公众号、抖音等平台上广为传播（图 8—7）。它把控住了新冠肺炎感染、传播、预防、口罩、死亡等相关话题，紧扣公众关切，收获了公众的关注与大量转发。二是

---

① 彭琪月、范以锦：《短视频热下新闻生产形态的冷思考》，《南方传媒研究》2018 年第 6 期，第 27—34 页。

短视频新闻评论化的尝试,即以思想和观点与公众进行交互性沟通。2018 年,短视频新闻评论大量涌现,如央视的央视微评、我们视频旗下的"陈迪说"、中青报的"中青融评"等纷纷上线。短视频新闻评论以移动短视频平台和社交媒介

图 8-7 《关于新冠肺炎的一切》的片段

活跃用户为基础,借助评论产品与公众互动,设置了具有趣味性、交互性的话题,观点精练、逻辑严密,利用社交打破用户的"信息茧房"圈层,在互动中引导用户情绪,最终起到引导舆论的作用。例如,央视《主播说联播》短视频新闻评论栏目,借助央视的用户基数和媒体平台,2019 年 7 月 29 日一上线就成为短视频新闻中的"爆款",是短视频新闻差异化生产、传播的成功案例。

四、短视频新闻的局限与突破方向

麦克卢汉将热媒介界定为它只延伸一种感觉,具有高清晰度,而且它"并不留下那么多空白让接受者去填补或完成。因此,热媒介要求的参与度低"[①]。根据这个理论,短视频应被归为热媒介。这里有两点需要说明:首先,短视频诉诸受众的不只是视觉,还有听觉,只是以视觉为主;其次,短视频作为互联网产物,具有强大的社交性,要求很高的参与度。麦克卢汉提到热媒介的低参与度特指对热媒介中的信息完整性建构参与,并不是媒介的社交性。因此,短视频归为热媒介是合理的。作为热媒介的短视频,"内容"丰富、信息清晰,受众不需要参与数据完整性建构,其碎片化状态与公众碎片化阅视习惯高度契合,低参与度也决定了阅视者不需要对其中的"内容"进行深入思考和理性分析。因此,短视频新闻对受众而言是一种"轻阅视",

---

① [加]马歇尔·麦克卢汉:《理解媒介:论人的延伸》(增订评注本),何道宽译,译林出版社 2011 年版,第 36 页。

有明显的局限性,如过度依赖普罗大众生产的视频,导致视频信息存在失真风险,过度强调生活化场景,导致短视频选题产生偏向,碎片化的非理性传播导致短视频主题浅薄,深层信息严重缺失。破解短视频新闻的这些"轻阅视"局限,可以从以下三个方面着手。

(一)重建把关环节,力避数据失真

UGC在短视频新闻生产中占有重要分量,如梨视频2018年就号称有6万名拍客。由于短视频的拍摄和传播门槛低,也不存在传统意义上的"把关人",所以拍摄质量很难保障,新闻真实性上存在隐患,极可能出现假新闻、摆拍等。在一些突发事件的报道中,用户生成的内容鱼龙混杂,短视频的片段性画面也极易造成信息失真。比如,2018年11月在微博平台热传的《快递小哥快递被偷雨中暴哭》引起各短视频平台的转发,引发"爆点",最后竟然是因为小哥与初恋女友发生争吵。上传视频的人仅仅出于对快递小哥哭泣原因的猜测就作了判断,根本没有经过核实。

当前,来自UGC的短视频已经成为短视频新闻的一个重要来源。一些媒体或短视频平台在理念上对UGC充分认可,如"我们视频"的副总经理彭元文就曾谈道:"我们的视频是有增量的,可能还包括新闻的一些其他元素,比如说更全面、更加好的叙事手法等。到今天我也不觉得自媒体的内容对我们是一个挑战或者威胁,更多的是把他们作为友军来看待。"①为规避来自拍客的视频数据失真,梨视频采用PUGC短视频新闻生产模式,而且在拍客与平台编辑部之间还有一个区域主管进行衔接,"梨视频的区域主管会将总部编辑的意见反馈给拍客,并结合具体的稿件,告诉拍客能够通过编辑审核的稿件标准,以及如何在日常中发现新闻,如何拍摄,如何叙事等,从而使拍客能够熟悉资讯短视频的生产要求和传播规律,提高稿件专业水平和审核通过率"②。因此,如何避免来自UGC的视频图像信息失真,保障新闻真实性,最终还是要靠短视频平台和媒体的把关,不能让对"快"的需求掩盖

---

① 章淑贞、王珏、李佳咪:《短视频新闻的突围之路——访新京报"我们视频"副总经理彭远文》,《新闻与写作》2019年第6期,第87—91页。

② 黄伟迪、印心悦:《新媒体内容生产的社会嵌入——以梨视频"拍客"为例》,《新闻记者》2017年第9期,第15—21页。

对"真"的信仰。

(二) 创新视频可视化,避免选题偏向

网络短视频新闻主题除了对突发事件的青睐,更多是与大众的日常生活事件与场景有关,如饮食、时尚、育儿、情感等话题。而传统主流媒体除了关注与民生相关的热点、难点之外,更多会关注比较宏大的主题,如政治、经济、军事等。在移动互联网时代,媒体倾向于通过制作简单的市井奇闻逸事、娱乐资讯等日常生活类的新闻主题吸引流量,而对时政、财经等宏大主题的报道较少;在短视频新闻中,因为受时长限制,追求深度的宏大主题报道就更为稀少。短视频新闻主题的生活化转向导致新闻传播内容的偏向,宏大主题的缺失在内容生产上造成新闻选材和形式严重同质化,最终会使公众产生审美疲劳。

破解这个困局需要从三个方面着手。一是在流量与社会责任之间,在吸引用户和服务公众之间寻找平衡点,对新闻题材做到"软硬兼施"。"'软中有硬'使生活主题类新闻短视频的娱乐价值和公共利益皆备,吸引用户的同时也促进公共利益的实现。"[①]二是根据不同媒体平台的特征寻找合适的定位,结合垂直化市场细分原则和算法推荐下的受众画像,做好短视频新闻的差异化生产与投放。三是打破目前短视频制作的模式化局面,借助人工智能,在形式上使用AR、VR、H5等智能化、交互性技术,进行视觉形式上的创新。

(三) 从核心现场搭建信息关联域,遏制短视频传播的负面效果

传统的新闻报道一般要求新闻要素齐全,事件报道讲求来龙去脉、前因后果;人物报道要求细节生动、情节起伏、人物丰满。因此,在形式上也会呈现出时间长、跨度大,甚至形成连续报道等特点。但是,短视频新闻不仅时长短,而且以突出特定场景为要务,偏重展现最具吸引力的场景,忽略场景背后的深层原因,不能发现并展示新闻核心价值,甚至会因片面化造成信息缺失,最终误导舆论。同时,这种对碎片化场景的呈现和对信息的传播通常

---

① 刘秀梅、朱清:《新闻短视频内容生产的融合困境与突围之路》,《现代传播(中国传媒大学学报)》2020年第2期,第7—12页。

是以最具吸引力的"爆点"激发受众情感为提高传播效果的策略,易于造成对不完整信息的情绪化、非理性传播,成为短视频新闻发展的巨大制约。例如,2018年10月28日,重庆公交坠江事故的短视频发布后,公众对"女司机"的声讨就是深层信息缺失造成的非理性传播的后果。

　　针对短视频新闻的这种负面效果,可以从以下两个方面进行校正。首先,要在理念上明确移动视频时代的好新闻究竟是什么。对此,"我们视频"有一个基本判断,即"好的新闻短视频不是说画面拍得有多优美,或者说构图有多好,而是看它距离一个新闻的核心到底有多近,而视频的长短反倒不是那么重要的"①。可见,短视频新闻的"短"是相对的,核心现场、关键事实最重要。换言之,对于短视频新闻来说,最重要的永远都是内容。其次,通过技术创新,借助算法智能推荐,在发现核心现场的基础上,在社交平台、新闻平台上给用户搭建一个信息关联域,使那些对信息完整性有阅视兴趣、有深度需求的公众能够串联碎片化新闻信息,不至于被过快地卷进新热点。

　　信息传播的新方式深刻影响着特定语境中的社会关系和文化结构。根据麦克卢汉和波兹曼的理论,一种信息传播的新方式,其价值和意义绝不在于传播的内容,而在于它定义了信息的传播速度、来源、传播数量和信息存在的语境。短视频新闻不仅是重要的新闻传播形态,因其移动互联网特质,它还在可视化呈现方式和多元化内容场景等方面弥补了传统新闻的不足,成为移动互联网新的流量入口,也成为传统新闻发挥新闻原创能力、探索转型升级的重要方向。从互联网新闻形态变迁史的角度看,短视频新闻在新闻生产流程再造、内容创新、生产模式和呈现方式上的探索不仅带动了移动互联网语境下新闻生产机制的转型,也重构了人与信息的互动范式。当然,短视频新闻也存在内容庸俗、新闻质量不佳、素材雷同、新闻同质化、可视化单一、接收方式碎片化,以及知识产权保护意识不强、侵权盗版现象严重等问题。但是,随着国家对互联网治理力度的加大和技术的开发,短视频或许会迭代为新的形态。

---

　　① 章淑贞、王珏、李佳咪:《短视频新闻的突围之路——访新京报"我们视频"副总经理彭远文》,《新闻与写作》2019年第6期,第87—91页。

第三节　数据新闻：数据驱动下的新闻新样态

数据新闻（data journalism）又称数据驱动新闻（data-driven journalism）。一般认为，数据新闻是由精确新闻（precision journalism）发展而来。精确新闻于20世纪60年代兴起于美国，美国学者菲利普·迈耶在其专著《精确新闻报道：记者应掌握的社会科学研究方法》一书中，从调查、统计方法和写作要求等方面对精确新闻报道进行了详细的阐述。精确新闻的提出确立了数据在新闻报道中的地位，对数据的系统性、科学性收集、分析、整理和评析、研判成为新闻生产中重要乃至决定性的环节。精确新闻的实质是将新闻记者的新闻采访报道活动等同于科学家的科学研究，是通过使用问卷调查、数据内容分析等，以数据验证事实的报道方法。它可以确保新闻报道的社会责任，维护社会秩序的理性、平稳。在精确新闻之前还有一个提法，叫计算机辅助新闻（computer-assisted reporting），即以20世纪50年代计算机技术及其应用发展为基础，使用计算机辅助收集、处理信息的新闻报道方式。直到20世纪90年代中后期，使用互联网收集、分析数据信息并制作新闻，运用计算机进行数据检索，始终是新闻报道的一个辅助手段。及至于计算机辅助新闻报道在西方，尤其在美国新闻院校，成为新闻传播专业学生的必修课。

数据新闻正是基于精确新闻和计算机辅助新闻报道，在大数据时代发展、演变出来的一种新的新闻形态。不过，学界、业界对于什么是数据新闻却没有完全一致的界定。例如，"2006年，EveryBlock创始人阿德里安·哈罗瓦提出，记者应公布结构化、机器可读的数据，而抛开传统的'大量文字'，这被认为是目前数据新闻最早的表述之一"[①]。英国《卫报》在数据新闻实践上享有盛誉。2009年，该报网站创建《数据博客》栏目进行新闻可视化报道实践，探索全新的新闻生产模式，具有里程碑式的意义。此后，《纽约时

[①]　陈虹、秦静：《数据新闻的历史、现状与发展趋势》，《编辑之友》2016年第1期，第69—75页。

报》《华尔街日报》《华盛顿邮报》和彭博新闻社、BBC 等新闻巨头纷纷试水数据新闻。2010 年 8 月,阿姆斯特丹"首届国际数据新闻"圆桌会议举行,大会将"数据新闻"界定为"通过反复抓取、筛选和重组来深度挖掘数据,聚焦专门信息以过滤数据,可视化的呈现数据并合成新闻故事"①。这个提法还有一个更广为人知的名字,即数据驱动新闻(data-driven journalism)。2011 年,《数据新闻手册》一书出版,美国知名高校,如斯坦福大学、哥伦比亚大学、西北大学、密苏里大学、迈阿密大学等纷纷开设数据新闻、新闻可视化报道方向的相关专业或课程。由此,数据新闻基本被界定为"一种运用计算机程序对事实材料和统计资料进行采集、分析和呈现的量化报道方式,也指一种通过上述方式生产的新闻品类"②。它是在数据开放的基础上,以数据抓取、分析为报道驱动,以严谨的新闻叙事逻辑、恰当的可视化呈现方式实现服务于公众利益目的创新型新闻报道方式。它既是大数据时代新闻生产的新方式,也是新媒介环境下的一种崭新的新闻形态。

一、中国数据新闻演进历程

从 2011 年开始,中国主力网媒开始介入数据新闻业务领域。西方数据新闻业务的实践主体以传统主流纸媒为核心,而中国数据新闻业务的实践和探索是以逐渐主流化的主力网媒为主体,如搜狐、新浪、网易、腾讯等。在传统主流媒体中,如新华社旗下的新华网和财新网、澎湃等,皆以网媒为生产数据新闻的主体。从互联网新闻发展史的角度看,中国数据新闻生产以大数据挖掘和信息可视化技术发展为参照,其演进路径比较清晰。

(一)兴起

数据新闻在中国的兴起也可以追溯到 20 世纪八九十年代的精确新闻。1984 年 9 月 27 日,《新闻记者》刊登了丁凯撰写的《精确新闻学》一文,对精

---

① 方洁、颜冬:《全球视野下的"数据新闻":理念与实践》,《国际新闻界》2013 年第 6 期,第 73—83 页。
② 方洁:《数据新闻概论:操作理念与案例解析》,中国人民大学出版社 2019 年版,第 3 页。

确新闻学进行介绍。精确新闻学由学界引入中国大陆,并逐步引发业界的关注和尝试。又如,1996年1月3日,《北京青年报》将其报道《1995年,北京人你过得还好吗?》冠以精确新闻之名。该报道科学、规范,甚至采用抽样调查,以量化的报道方式挖掘了新闻背后的深层价值,围绕一个话题中心,以图表数据、专家评论、抽样调查等方法作为支撑。从此,精确新闻蓬勃发展。1997年8月16日,中央电视台《中国财经报道》栏目推出"每周调查",电视媒体的精确新闻报道开始起步。2000年之后,精确新闻式微,大数据时代开启。与此同时,精确新闻在国内的实践也推动了高校传媒专业对数据素养的重视,问卷调查、民意分析等社会科学方法在教学和实践中兴起。2010—2012年,随着计算机技术发展和互联网应用的普及,计算机辅助新闻和数据库新闻(data base journalism)实践逐渐增多,两者分别从工具辅助和内容辅助的角度推动了数据新闻的兴起。例如,2010年,财新创建数据新闻栏目《数字说》;2011年,搜狐推出《数字之道》,率先试水数据新闻;之后,网易、腾讯、新浪等相继推出数据新闻,如网易的"数读"、新浪的"图解天下"、腾讯的"数据控"等,开始以静态信息图表呈现数据信息的方式制作、刊发数据新闻,拉开了数据新闻本土化实践的帷幕。作为官方主流媒体的新华网也在2012年开始尝试推出数据新闻,并于2013年成立新华网多媒体产品中心数据新闻部,同年3月推出"据说新闻";《南方都市报》2012年5月在"佛山读本"开设"数读"版,8月该版更名为"数据";其他如《新京报》《北京晚报》等媒体也都尝试以数据信息可视化手段报道新闻。

(二)财新数据新闻异军突起

2013年,《纽约时报》的数据新闻《雪崩》引发全球关注,展示出对技术的高度依赖。在大数据与可视化技术的加持下,中国也迎来数据新闻的快速发展,网媒和传统主流媒体均在数据新闻制作上发力。例如,2013年10月8日,财新网成立财新数据可视化实验室,结合新闻编辑和数据研发,将数据应用于新闻采编及呈现,推出数据专栏《数字说》,以"新闻轻松看"为口号,先后推出《三公消费龙虎榜》《星空彩绘诺贝尔奖》《青岛中石化管道爆炸事故——财新记者实拍图集》《中东地区的敌友关系》《曼德拉的世纪人生》等作品,以及反腐系列报道《老虎家族——周永康案关系网》《周永康的红与黑》《周永康的人与财》《"十八大"后落马高官一览》等重磅数据新闻。其中,《青岛中石化管道爆炸事故——财新记者实拍图集》荣获 2014 腾讯传媒大奖年度数据新闻亚洲出版业协会(SOPA)"2014 年度卓越新闻奖",成为国内数据新闻生产、制作的标杆。此后,数据新闻发展迅速。央视 2014 年 1 月推出"据说"系列报道,2015 年推出《数说命运共同体》。新华网"据说新闻"在第 25 届中国新闻奖评选中获得"新闻名专栏"奖;2017 年,数据新闻作品《征程》又获得中国新闻奖一等奖。由于注重用户个性化交互体验,突出场景化设置和细节设计,数据新闻中的"数据"成为被呈现的主体。

二、数据新闻的创新路径

新闻与世界发生关系不仅靠信息内容,还需要一个能把信息融入新闻常规的合适形式或叙述规制,最合适的就是故事。"讲故事是我们所以成为人的一个重要部分。我们通过故事来了解自己的生活和世界。"① 每一种新闻形态都有自己独特的新闻叙事常规。与传统新闻叙事常规不同的是,数据新闻用数据讲故事,这是其独有的新闻叙事规制。作为大数据时代和计算机应用推动下的数据新闻,以可视化方式讲述一个个复杂并接近真相的故事②,变革了传统新闻的内容生产和叙事模式。同时,它以海量的数据信息结合独特的叙事技巧,再造了新闻与世界的关系,并最终以新的知识形态塑造了人们对生活和世界的认知方式。与传统新闻形态相比,数据新闻的创新路径主要体现在四个方面。

(一) 以数据为驱动,创新报道内容

作为科技产物的大数据是经济现象,也被解读为社会文化现象。路易斯和韦斯特兰从大数据作为社会文化现象的角度,提出大数据受到三种动力机制的形塑。"技术层面:大数据的运用可以最大限度地提升计算能力和

---

① [美]迈克·鲁勒:《每日新闻、永恒故事:新闻报道中的神话角色》,尹宏毅、周俐梅译,清华大学出版社 2013 年版,序。

② 李岩、李赛可:《数据新闻:"讲好一个故事"?——数据新闻对传统新闻的继承与变革》,《浙江大学学报》(人文社会科学版)2015 年第 6 期,第 106—128 页。

算法精度,以收集、分析、链接和比较大型的数据集。分析层面:利用大型数据集挖掘模式,以做出经济、社会、技术或法律上的判断。产生迷思:人们普遍认为,大数据带有真理、客观与准确的光环,它能够提供更高层级的智能和知识,能够产生此前人类无法获知的洞见。"①因此,大数据与新闻融合,对于新闻形态创新而言,首先体现在新闻报道的内容上,即以数据为核心驱动,全面创新新闻内容生产,数据成为新闻的核心元素,甚至达到"数据=内容"的程度,新闻仅是对数据的结构化、知识化、故事化建构。

(二) 以可视化呈现形式,创新新闻叙事模式

数据新闻可视化是与数据内容主体紧密结合在一起的。可视化就是借助图形化的呈现方式,实现信息的生动传达和最大化沟通效果。数据新闻的内涵是在数据抓取、清洗、分析的过程中找到新闻点,并进行可视化呈现。因此,数据新闻对新闻形态的第二个创新是以可视化为基本路径,创新了新闻呈现方式。它优先从视觉上获取外界信息,这种方式有生理科学支持,符合人类知识认知的心理和生理特质。不过,人类的视觉容易出现审美疲劳,从简单的圆形、饼状图开始,数据新闻可视化呈现方式也在不断创新。例如,从财新网的《三公消费龙虎榜》《青岛中石化管道爆炸事故——财新记者实拍图集》中就能看出数据新闻在新闻可视化方面的探索。

可视化是视觉形象的生动展示,对繁冗、海量的数据信息进行勾画、梳理、归纳,形成一个相对流畅的视觉叙事链,创新新闻呈现方式,提升阐述功能,增强交互体验。《三公消费龙虎榜》分为"概况""消费榜""比例榜""人均榜""大趋势"和"关于三公"六大板块,分别以不同的图形,图解了"三公消费"涵盖的近乎所有环节和政府公开的数据关系。同时,它以2010—2015年的数据进行"编码"和"解码",对这个大众"熟悉又陌生"的对象进行了可视化阐释。《青岛中石化管道爆炸事故——财新记者实拍图集》将地理位置、数据地图等信息有机组合,用黄、红、黑色分别标注损伤管道、爆炸地点、人员伤亡等,密密麻麻的各色圆点让读者可以一览事故的整体状况。同时,

---

① 徐笛:《数据新闻的兴起:场域视角的解读》,中国传媒大学出版社2019年版,第7页。

读者还可以通过点击不同场景和阅视交互对事故形生立体感知。这两个作品充分彰显了可视化数据新闻的魅力。正如财新传媒可视化实验室负责人黄志敏所说:"数据新闻是在精确新闻报道的基础上加以可视化形式呈现,可视化概念应用在新闻领域即为数据新闻。"①

(三)以移动终端为主要途径,创新传播渠道

目前,注重开发用户交互体验是数据新闻发展的必然趋势;以移动终端为主要路径,创新传播渠道,是数据新闻的创新点。英国数据新闻学者保罗·布拉德肖提出了数据新闻采编流程的"双金字塔"结构(图8-8)。

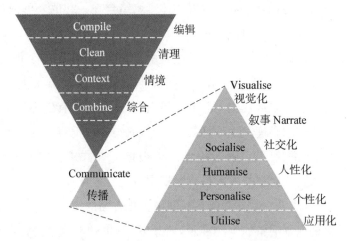

图8-8 数据新闻传播路径金字塔结构

在这个"双金字塔"结构模型中,数据编辑、清理、情境化、综合四个环节是数据新闻的制作阶段;视觉化、叙事、社交化、人性化、个性化、应用化六个环节则属于传播阶段。在传播阶段,视觉化传播数据新闻最快、最有效,但受浅阅读的影响,受众的参与度差;叙事采用传统叙事方法,精心写作新闻故事有助于增添数据新闻的意义,帮助受众了解与数据的关联性;社交化、可视化图表能够在社交媒体上快速传播,一些媒体也在尝试通过App终端传播数据新闻产品,在社交媒体上获取用户的参与;人性化,运用计算机制

---

① 陈虹、秦静:《数据新闻的历史、现状与发展趋势》,《编辑之友》2016年第1期,第69—75页。

作动画来讲述新闻故事,有助于减轻受众在阅读数据时的压力;个性化,数据新闻借助互联网交互性,通过分析受众的关注细节,为其提供差异化内容;应用化,在数据新闻传播中,通过提供某种数据工具(如计算器、PS定位等),增强数据的实用价值①。这六个环节指向的皆是移动终端的传播优势。

举例来说,2015年4月25日,尼泊尔发生8.1级地震,至少造成八千余人罹难,当地大量建筑物完全损毁或遭破坏,强震也给中国、印度、孟加拉国等造成不同程度的财产损失和人员伤亡。尼泊尔地震后,网易《数读》、搜狐《数字之道》、新华网《数据新闻》和澎湃《美数课》等数据新闻栏目通过数据对灾难和灾难引发的后续事件进行了解读。网易的《地震多发国家:建筑质量谁好谁坏》、《尼泊尔地震灾情数据实时报告》(图8-9),搜狐的《尼泊尔强震之殇》《为何都抢着给尼泊尔"送钱"?》,澎湃的《四月的尼泊尔旅游是什么样的?》等数据新闻报道,不仅使用数据地图等可视化地呈现了动态数据,还以地图为依托,

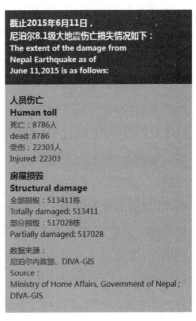

图8-9 网易发布的尼泊尔地震灾情数据②

将地理信息和伤亡情况相结合,更加直观地表现了伤亡信息。同时,这些作品还运用H5页面,将地震的实时信息、用户评论、图片、音视频融为一体,体现出极强的移动终端传播交互性,在传播的社交化、人性化、个性化等方面达到了极好的效果,体现了数据新闻传播渠道的创新实绩。

(四)以"接近真相"为导向,创新新闻知识形态

作为一种知识生产类型,传统新闻形态因时效性要求而呈现出"转瞬即

---

① 许向东:《数据新闻:新闻报道新模式》,中国人民大学出版社2017年版,第94—95页。

② 参见网易新闻,http://news.163.com/special/nepalearthquake425/。

逝"的特征;又因为其孤立的事件报道,成为碎片化存在。因此,新闻知识虽然真实,但不精确,更不系统,是一种相对的"片面真实"。作为社会知识生产类型,新闻形态随着技术的推动也在发生改变。"知识社会学不应关心什么构成了正当的知识,即对原则或事实的陈述,而更应该关注不同类知识产生的情境及其功能。"① 数据新闻以"接近真相"为导向,创新了新闻知识形态,这是其另一个创新点。换言之,在数据驱动下,新闻应该以探索"情境及其功能"为知识建构导向,最终"接近真相"。

"互联网之父"蒂姆·伯纳斯·李曾说"数据驱动新闻是未来趋势"。因此,"新闻的未来,是分析数据"②。从《图释两千年传染病史:若瘟疫无法被根除,该如何与之相处?》《疫情何时能结束? 人类战"疫"史的这些数据或许能给你些线索》和《87例没有"湖北接触史"的人,他们是怎么感染上新冠肺炎的?》三篇数据新闻报道中可以看到多方数据挖掘所提供的独特报道视角,数据地图直观呈现所带来的现场震撼,以及历史数据所揭示的疫情发展规律等。就数据新闻知识生产而言,在知识形式上,它是一种全新的新闻生产媒介;就知识生产本身而言,它携带着全新的专业规范和叙事规制;就知识接收而言,它是数据分析和可视化呈现。可见,其开放、透明的生产过程为公众参与知识生产提供了契机。因此,数据新闻生产从生产资料、生产方式和产品接收、反馈等方面,以"接近真相"为导向,创新了新闻知识形态。

三、数据新闻的局限性与突破路向

数据新闻虽然具有种种创新之处,但不可忽视的是,我国的数据新闻实践还有许多局限亟待寻求破解方式。

(一)数据源开放局限,制约数据新闻发展

数据是数据新闻的核心,数据新闻创新发展依赖的首先是作为内容的

---

① 徐笛:《数据新闻的兴起:场域视角的解读》,中国传媒大学出版社2019年版,第43页。

② 许向东:《数据新闻:新闻报道新模式》,中国人民大学出版社2017年版,第16页。

数据。但是,就国内的数据新闻实践来看,"根据数据新闻作品的功能定位、叙事逻辑和数据大小等新闻生产核心要素,可以将国内数据新闻作品的报道选题分为两大类,即以复杂的社会议题为主的调查型数据新闻和以一般社会民生与地域话题为主要报道方向的常规型数据新闻"[1]。调查型或常规型数据新闻都是以巨大的数据来支撑新闻报道和视觉呈现的,数据的量化、清洗和分析是诠释事件价值的关键。以调查型数据新闻为例,除了复杂的社会议题,国内外重大突发事件和涉及社会重大关切的结构性问题都是其关注的选题。这些选题需要分析的数据建立在对大数据多样本甚至全样本采集和多维度解读的基础上,是全场景的宏观报道,需要官方大量、及时地开放数据作为支撑。

数据来源一般有政府与非政府机构(包括科研数据)、商业平台和媒体。然而,目前国内政府机构数据开放尚处在初级阶段,数据开放程度低、更新慢,稳定而安全的数据获取渠道并不流畅,相关法律法规也不健全,此为其一。其二是商业平台数据保护主义。技术和商业高度繁荣,每时每刻数据都在裂变式增长,但大数据归根到底是掌握在数据科技企业手里,如百度、阿里巴巴、腾讯等。一方面,大数据成为企业的平台资产;另一方面,公众的隐私保护意识提升,媒体获取数据的行为均要获得用户授权。因此,面对保守的数据文化环境,数据新闻生产在2017年之后式微,甚至被唱衰。其三,媒体自身的数据生产能力不足,不具备建造数据平台的技术力量,业内人员的数据素养和技术素养不足,还要考虑相关政策的制约。

数据新闻的生产主体虽然受益于大数据,但它们既不是数据生产者,更不是掌控者。上述三个方面的制约导致数据新闻数据源、结构单一,最终造成数据新闻的数据缺失,制约了它的外部发展空间。因此,数据新闻创新发展亟待突破"数据垄断"。

(二)低交互可视化,制约数据新闻呈现方式

数据新闻以叙事单元建构故事,受众可以自由关注不同的叙事单元,完

---

[1] 郭嘉良:《数据新闻产业化发展的现实困境与未来危机——基于国内三家数据新闻媒体栏目的分析》,《现代传播(中国传媒大学学报)》2020年第7期,第61—67页。

全打破了以往线性阅视的叙述束缚,获得了全新的阅视方式。而且,数据新闻的叙事主体也打破了编辑室内的话语权,在以叙事单元为架构的报道中,受众的阅视行为以交互性的方式存在。例如,《三公消费龙虎榜》以树状图区隔叙事单元,受众可以从不同的路径进行多线性的交互式浏览。

不过,目前国内的可视化数据新闻以图解数据的形式居多,互动环节不够完善。图解新闻把冗长的文字信息和复杂的人物关系链条进行了视觉化呈现,易于操作但缺乏动态交互,导致这些数据新闻产品在呈现方式上停留在可视化的前期,与技术发展尤其是与人工智能技术下的沉浸式新闻表达有较大距离。同时,数据新闻生产还充斥着"为可视化而可视化"、缺乏个性、同质化、单一化的问题,难以具有更高程度的交互性。这既是对技术过度依赖的后果,也是新闻理念的矛盾之处。可视化数据新闻同质化、数据呈现方式单一化的背后,深层根源还在于传统新闻生产逻辑与数据新闻生产逻辑的纠缠:前者把可视化看作新闻叙事手段,是技术工具论,强调的是技术美学;后者把数据视为新闻核心驱动,将数据等同于内容本身,其数据可视化是技术本体论,强调的是技术。

因此,强交互性是数据新闻可视化的必然指向,低交互性的可视化已经制约了数据新闻在呈现方式上的创新。

(三)数据素养不足,限制数据新闻知识创新

如前所述,知识社会学关注不同类知识产生的情境及其功能。新闻业也在不断向公众提供适应外在社会情境正当性的知识类型,其依据的常规则是客观性。数据新闻发端于精确新闻,也强调客观性,开源、开放的数据运动为其提供了政治和文化土壤,计算机技术提供了存储和分析工具,大数据产生则提供了生产资料,三者共同构成了数据新闻生产"情境",这些"情境"决定了它为公众提供的知识生产必须是量化、精准、可检验的、科学的。

然而,大数据时代的数据处理具有"要全体不要抽样,要效率不要绝对精确,要相关不要因果"[1]等特点,如何对数据进行科学呈现和解读就成为

---

[1] 刘义昆、卢志坤:《数据新闻的中国实践与中外差异》,《中国出版》2014年第20期,第29—33页。

数据新闻伦理规范之一。但是,从业人员往往出现对数据的误读甚至"不读",具体表现为四个方面:一是从业人员数据挖掘技术欠缺,对数据的获取方法、清洗标准、分析技能掌握不精,只能简单地交代数据来源与出处;二是新闻认知能力有待提升,新闻敏感性不强,无法迅速地捕捉数据背后的新闻价值,难以对数据进行深刻解释,导致数据描述呈现模糊化,传递出的知识充满不确定性;三是数据分析能力与数据叙事能力兼具的复合型人才欠缺,一时难以打破传统新闻与数据新闻之间的数据沟;四是数据素养欠缺,在数据新闻可读性、科学性、故事性与可视性、交互性上不能实现平衡。大数据时代促使人们对数据真实性的考量,当"一切以数据说话"受到质疑时,新闻与公众之间进行信任沟通的数据纽带也会产生危机,数据新闻的知识创新性就受到限制。因此,培育具有数据意识的数据人才,建构数据专业主义,将是数据新闻未来发展需要突破的又一个方向。

四、新闻史视野中的数据新闻

从新闻史视野看数据新闻,它是一个全新的新闻形态和新闻叙事范式,承继的是新闻追逐并呈现事实的专业愿景。沃尔特·李普曼在百年前卓有远见地说:"新闻的作用在于突出一个事件,而真相的作用则是揭示隐藏的事实,确立其相互关系,描绘出人们可以在其中采取行动的现实画面。只有当社会状况达到了可以辨认、可以检测的程度时,真相和新闻才会重叠。"[①]对此,迈克尔·舒德森有很好的阐释:"如果社会事件都是自发随机出现的,都能公平地代表'隐藏的事实',那报纸只要报道一下新闻就完全可以了,还会觉得自己为社会作了重要的贡献。但如果事件本身就是有权有势的个人和组织人为制造的,那简单的新闻报道不仅无法完整揭示真相,还会呈现出一个扭曲的现实。"[②]因此,从新闻发展史的角度看数据新闻,可以

[①] [美]沃尔特·李普曼:《公众舆论》,阎克文、江红译,上海人民出版社2006年版,第256页。

[②] [美]迈克尔·舒德森:《发掘新闻——美国报业的社会史》,陈昌凤、常江译,北京大学出版社2009年版,第160页。

从两个方面讨论它的史学价值：一是数据新闻以数据发掘、清洗和分析为手段将新闻向真相推进；二是数据的可检测性、呈现方式的可视化、接收的可交互性把新闻对事实的"辨认""检测"程度提升到科学的甚至是制度化地步，从而逼近李普曼所说的真相与新闻"重叠"。

然而，当我们从新闻发展史角度探讨数据新闻的新闻价值观时，关于数据真实性的思考则可以从舒德森对李普曼思想的阐释里得到启示：李普曼看到了"隐藏的事实"，舒德森则把它具象为"有权有势的个人和组织"对事实的隐藏，甚至人为制造。数据新闻遭遇生产困境，尚难以到达李普曼所说的"真相与事实重合"之境，原因有二：第一，数据开放体制和数据保护主义制约导致数据管控方提供的数据具有偏向性和自利性；第二，媒体对引用数据的高度依赖进一步强化了数据操控者对新闻生产的"价值渗透"，甚至会出现"数据霸凌"现象，从而扭曲新闻个性，使数据难以支撑新闻的真实传达，不能与公众建立互信关系。

2009年，英国《卫报》网站开设"数据博客"（datalog），推出"数据商店"（data store），开放原始数据，并提出开放数据，与读者共享。因此，开放、自由、共享是数据新闻的理念。在国内，中国数据新闻也随"数据开放"而来，尤其在人工智能、5G商用、媒体融合的情境下，将会获得新的发展机遇。当下，数据新闻的突出困境首要在于提升人们的数据素养，培育可视化制作人才团队，推动传统新闻叙事范式的数据化、科学化转向。同时，借助政策支持、媒体融合契机和资本市场的支持，努力突破边界；借助人工智能和互联网新技术，以建构自身的数据平台为导向，打造数据专业主义策略和数据新闻生产的新规制、知识生产的新范式，最终走向"真相与事实重合"之境。

第四节 沉浸式新闻：场景化与临场感的生成

沉浸式新闻是一种以虚拟现实技术为依托，基于沉浸传播理念的新闻形式。沉浸传播（immersive communication）指的是以人为中心，以连接了所有媒介形态的人类大环境为媒介而实现的无时不在、无处不在、无所不能的传播。它是使一个人完全专注的、也完全专注于个人的动态定制的传播过程①。一般来讲,沉浸式新闻有虚拟现实和增强现实两种,"借助虚拟现实技术,生产者创造出一个可以令新闻用户'进入'和'参与'的空间,并以新闻中的当事人(或参与新闻过程的报道者,或亲历新闻事件的人物)为第一视角完成叙事,配合独特的场景和声效设计,从而令用户获得特定的感受、体验乃至情绪,进而放大新闻事件在心理层面对用户的影响力"②。沉浸式新闻在当前的新闻生态中尚处于试验阶段,因此不妨将其理解为一种面向未来的新闻形态③。

一、沉浸式新闻的发展历程与基本理念

虚拟现实技术理念兴起于 20 世纪 60 年代的美国,到 20 世纪 80 年代,被尊为"VR 之父"的杰伦·拉尼尔正式提出"Virtual Reality"概念,认为"用户可以沉浸在计算机生成的三维虚拟环境中,从自己的主观视角出发与其进行互动,并产生一种'身临其境'的代入感。其'复制世界'的核心特征可以归纳为'3I',即沉浸(Immersion)、互动(Interaction)和想象(Imagination)"④。因为虚拟现实技术营造的虚拟世界与现实世界存在距离,20 世纪 90 年代后,在虚拟现实技术的基础上,增强现实技术,即 AR 被研发出来。"AR 技术并不是用计算机模拟的'环境'来取代现实世界,而是通过引入多层次的数字信息,对真实事物进行丰富与完善,从而实现虚拟与现实之间'实时的无缝接合'。"⑤在这个层面上,AR 可以说是 VR 的新发展

---

① 李沁:《沉浸传播——第三媒介时代的传播范式》,清华大学出版社 2013 年版,第 43 页。
② 常江:《导演新闻:浸入式新闻与全球主流编辑理念转型》,《编辑之友》2018 年第 3 期,第 70—76 页。
③ 喻国明、谌椿、王佳宁:《虚拟现实(VR)作为新媒介的新闻样态考察》,《新疆师范大学学报》(哲学社会科学版)2017 年第 3 期,第 15—21,2 页。
④ 同上。
⑤ 史安斌、张耀钟:《虚拟/增强现实技术的兴起与传统新闻业的转向》,《新闻记者》2016 年第 1 期,第 34—41 页。

与补充。

虚拟现实技术早期一直被应用于军事、航空航天、医疗等尖端领域,进入21世纪后,科技发展使VR/AR的很多技术难关被破解,原来笨重的头戴式显示器、单一的功能和复杂的操作开始转向设备轻便、操作便捷、功能繁多。在移动互联网技术的加持下,虚拟现实技术逐步应用到新闻传播领域。美国最早使用这项技术的是纸媒:2010年起,《今日美国》率先使用AR软件魔眼(Junaio)辅助新闻报道;2013年,美国甘尼特报团旗下的《得梅因纪事报》与Oculus公司合作VR报道;2015年,《纽约时报》与谷歌合作,免费向报纸订户发放100万台简易VR设备——Google Cardboard。2015年,美国主流媒体纷纷开始应用虚拟现实技术,如美国公共广播协会利用VR技术报道埃博拉病毒,CNN利用VR技术报道总统竞选辩论等。美国早期沉浸式新闻作品有2012年《新闻周刊》记者制作的VR深度报道《饥饿洛杉矶》,2013年《得梅因纪事报》的纪实报道《丰收的变化》,2014年Vice杂志制作的《纽约百万人大游行》VR报道。2015年,美国广播公司与Jaunt公司合作推出VR纪录片《亲临叙利亚》,展现了战争摧残下大马士革古城的凄惨景象;VRSE平台推出《慈悲为怀》,以一位埃博拉病毒幸存者的经历逼真地还原了疫情肆虐的恐怖。这些作品围绕体验建构新闻叙事,体现了沉浸式新闻"新闻即体验,所见即发生"[1]的总体特征。

(一)中国沉浸式新闻的发展历程

中国的沉浸式新闻发展以21世纪第二个十年为开端,大致与西方国家同步。

1. 兴起与成长

2012年8月,《成都商报》使用AR技术推出了"拍拍动"应用,用户打开软件,将摄像头对准报纸、户外广告等媒介上的指定图片,待缓冲完毕后,点击屏幕中的播放按钮即可观看特定内容。2013年始,新华社、人民日报社、央视、网易、新浪等媒体纷纷试水VR新闻,初步尝试"VR+新闻"。与此同

---

① 李沁:《媒介化生存:沉浸传播的理论与实践》,中国人民大学出版社2019年版,第143页。

时,AR叠加新闻和定位新闻也走进新闻生产者的视野,虚实互嵌的阅视体验让业界和新闻受众对这个崭新的新闻业态充满想象。

此后,中国沉浸式新闻逐步进入创新发展的快速成长期。2015年6月,《新京报》新媒体中心、新华社等媒体连续发布3D模拟视频,利用虚拟现实技术复原"东方之星"客船倾覆事件,《人民日报》首次引进全景VR设备,制作了"9·3"阅兵VR全景视频;2015年9月,财新传媒与联合国、中国发展研究基金会联合发布VR纪录片《山村里的幼儿园》预告片;2015年12月,腾讯新闻使用航拍VR技术报道深圳滑坡事故,搜狐新闻宣布与国内虚拟现实引领者暴风魔镜合作,在新闻报道和传媒领域引入虚拟现实VR技术。在这个时期,沉浸式新闻的全场景新闻呈现和非线性新闻结构特征基本形成。

2. 值得关注的2016年

2016年,传统主流媒体与主流门户网站纷纷在沉浸式新闻上发力。例如,2016年春运期间,《人民日报》用H5的形式,在10分钟的VR视频中呈现了一对四川农民工夫妇从北京回乡的过程;央视网首次对体坛风云人物颁奖典礼进行360度全景视频直播;《人民日报》客户端对"两会"进行VR直播;同年5月6日,新华网VR/AR频道上线;财新传媒2016年春运期间推出VR纪录片《离·聚——2016春运纪实》(图8-10);2016年央视使用

图8-10 《离·聚——2016春运纪实》①

---

① 《离·聚——2016春运纪实》,2016年2月6日,腾讯视频,https://v.qq.com/x/cover/o1u4vqvz32hrzvu/s0019jpiljh.html,最后浏览日期:2023年8月15日。

AR技术制作了《南海仲裁案FAQ》;"两会"期间,新浪网推出VR全景报道H5互动产品《人民大会堂全景巡游》。在经历了2012—2015年的初步发展之后,沉浸式新闻在2016年迅速增多,第一人称的叙事视角被充分调动,用户的沉浸体验被进一步激发。之后,央视等主流媒体的"两会"报道继续使用移动直播、VR360度全景镜头、H5等多种形式。《中国青年报》在2019年推出的《红军桥日记》《回望影像中的2019》是纸媒对VR报道探索得比较成功的产品。

3."全景战疫"

在2020年新冠肺炎疫情的报道中,央视网特别推出"全景看战疫前沿"报道,通过VR技术360度还原"抗疫"现场。可见,沉浸式新闻对重大突发事件的报道也提升到一个新的境地,VR/AR"抗疫"报道成为中国沉浸式新闻实践的重要一页。

(二)基本理念

沉浸式新闻作为一种新媒介,与之前的新闻媒介形式是相关的。但是,除技术驱动外,它具有与"前媒介"新闻形式截然不同的创新,携带着与众不同的新闻理念,即沉浸与临场。

1.沉浸

保罗·莱文森指出,"一种媒介的存活系数,与前技术的人类交流环境的接近程度有直接关系。一切媒介的进化趋势都是复制真实世界的程度越来越高,其中一些媒介和真实的传播环境达到了某种程度的和谐一致"[①]。人类媒介发展史就是不断通过艺术或技术还原、复现现实的历史,是技术驱动下人的自主性不断延展的历史。就新闻传播而言,传统新闻一直把受众置于被动地位,是新闻事件的旁观者与目击者,"外化"于媒体和新闻,很少成为"亲历者"。人们面对的是媒体"楔入在人和环境之间的虚拟环境"[②],其自主性被"淹没"或抑止。沉浸式新闻借助VR/AR和MR(mixed

---

[①] [美]保罗·莱文森:《莱文森精粹》,何道宽编译,中国人民大学出版社2007年版,第35页。

[②] [美]沃尔特·李普曼:《公众舆论》,阎克文、江红译,上海人民出版社2006年版,第11页。

reality)技术,以第一人称视角与虚拟环境"破界"融合,把受众代入现场,浸入故事,从而与新闻叙事产生互动,建立理解和认知。

2. 临场

沉浸式新闻的临场是通过虚拟技术把受众代入新场景,使他们产生身临其境感。临场与沉浸是共生的,受众从传统新闻生产中的旁观者变成新闻的体验者乃至参与者、制造者。沉浸体现的是新闻(故事)信息对用户的包裹,临场则是与包裹程度成正比的多感知、交互性、想象性体验,沉浸程度越高,临场性(在场感)越强。目前技术下,沉浸式新闻提供的沉浸与在场体验,主要通过三个途径实现:一是VR360度全景视频拍摄,二是3D引擎制作,三是AR应用图片动态。VR技术下,受众可以佩戴VR眼镜或直接观看360度全景视频,进入虚拟现实场景,捕捉多感官感知细节。在AR框架下,当受众需要了解深层信息时,只要通过App扫描、识别文字、图片、音视频等,一张图片、一段文字、一段视频就能打开海量的多样式、多层次信息,还原新闻事件的多元场景,唤起受众多种感知体验。

按照莱文森的观点,从媒介史发展的角度看,如果说移动互联网解放了空间对人的束缚,提升了人对真实世界的"复制程度",那么VR/AR技术则从多感官功能延伸上将人类复制现实世界的能力和愿景提到了新层面。在这个层面上,深度沉浸催生的临场感在一定程度上完成了虚拟世界与现实世界的融合,人在虚拟与真实空间之间的穿越得以实现:不仅实现了新闻有限叙事空间与无限网络空间的深度融合,也必然推动网络空间与现实空间、社会空间融合,对社会形态和关系变革产生了新的影响。从这个意义上说,沉浸式新闻是一个面向未来的新闻形态。

二、沉浸式新闻创新

每一个新媒介形式的出现都携带着科技和理念上的合理性,都意味着对前媒介形式的超越和补充。沉浸式新闻以人机交互技术应用为手段,至少在三个方面取得了突破。

(一)形式创新:从对现实的客观摹写到虚拟场景建构

技术驱动下的新闻样态创新体现在现实的呈现方式上。沉浸式新闻以VR/AR等沉浸技术设备记录新闻现场,对这些现场进行技术处理后,在技术终端会形成一个虚拟现实场景,给人身临其境的"在场"感。这个"在场"感可以通过佩戴沉浸技术设备获得,如VR头戴式显示器,也可以不用佩戴设备,通过点击AR"开关"也可以唤起多层次、多视角、多媒体的深度信息,实现与新闻场景的互动。因此,沉浸式新闻形式创新的第一个关键词是"场景"。

传统新闻对新闻场景的还原是通过文字、图片、音视频等进行客观摹写,使受众外在于新闻现场,通过记者与媒体编辑部把关人的信息获得对新闻故事的认知和判断,是被动且单向度的,对新闻场景的认知也是碎片化的。沉浸式新闻对新闻场景的还原,最大的特点是借助VR/AR技术打造一个虚拟现实环境,为受众提供多重感官体验。例如,VR360度场景视频再现技术融合了虚拟现实系统、人体多重生物体感知机能系统,使用户(受众)在进入新闻空间后,能够通过身体前后、左右、上下的全方位运动,在沉浸技术的驱动下,以360度的视角观看新闻画面。这种360度全景视频呈现就是沉浸式新闻打造的新闻场景。这个场景已经不再是单纯对现实的客观摹写,用户获取的信息和对新闻的认知更多是在感知重组后获得的场景体验。

2016年"两会"期间,新浪新闻在全景图片的基础上制作了《人民大会堂全景巡游》H5作品(图8-11),用全景图片呈现了人民大会堂外部、主席台、金色大厅、二楼记者席和外宾席等场景,并加入虚拟人物,用户可以选择总理、省长、群众、记者、

图8-11 2016年"两会"新浪网VR全景H5产品《人民大会堂全景巡游》截图

外宾、黑衣人等视角,多维度体验、感知人民大会堂的空间氛围。在重大突发灾害性事件中,沉浸式新闻虚拟场景建构的代入感可以让用户突破空间限制,获得到达现场的体验,他们甚至不会把看到的场景当成一种"新闻叙事"。例如,2015年新华社制作的VR新闻《带你"亲临"深圳滑坡救援现场》,通过虚拟现实让用户进入受灾场景,近距离地观察山体滑坡造成的房屋倒塌、道路堵塞、植被破坏等细节,形成直观的印象和体验。同时,用户还能从救援人员的匆忙行动中感受救援的紧张氛围,不仅为用户带来场景的自由选择与切换体验,更能让用户在切换中发现自己关注的信息。

(二)内容创新:从"云端数据库"唤起"现实"

通过VR技术复现现实世界或制造一个纯粹想象性的人工世界,又或者通过AR技术的信息叠加制造一个多层面的深度信息空间。这个空间表现为场景,需要大量的数据信息填充。因此,形式创新本身也是内容创新。具体来讲,就是从新闻叙事的"宏大语境"到"云端数据库"。

与传统新闻相比,沉浸式新闻的"场景"是全面的"现场",其内容创新可以从三个方面来阐释。一是细节复现和深度叠加。在VR技术下,沉浸式新闻不再是对新闻场景的概貌式复述,而是细节复现,以多样的细节、组合丰满的场景空间和360度的内容呈现使所有细节展现在用户眼前。2015年12月20日,深圳市光明新区发生山体滑坡灾害,财新传媒VR团队使用360度全景视频拍摄并制作了VR新闻,用户不仅从航拍中看到了滑坡现场的惊心动魄,更从现场细节呈现和多重视知觉体验下获得了在场般的惊惧与同情。财新网2015年制作的VR新闻纪录片《山村里的幼儿园》(图8-12)多方位、细节化地展现了山村的生活场景,古朴、苍凉的感知体验使用户对这个场景里的人和事共情。这些沉浸式新闻产品在宏大语境下,以细节的全景展现,让用户浸入新闻事实,在无限的深度和广度上产生对新闻事实的理解。

图8-12 《山村里的幼儿园》展现了留守儿童的生活

AR 技术采用叠加信息的方式,图片、文字或音视频背后深藏着新闻全景。AR 技术下新闻信息的搜索既可以是简单点击动态图片式的开关,也可以通过佩戴相关设备观看新闻。与早期互联网超链接的不同之处在于,AR 技术叠加在深处的不仅有相关音视频材料,更多的背景性数据也会源源不断地被唤起。因此,AR 开关链接的是一个云端数据库,AR 技术下的新闻报道也不是简单的信息呈现,而是信息聚合。

所以,无论是 VR 技术下的虚拟现实场景与现实场景融合的宏大语境,还是 AR 技术下的云端数据库,沉浸式新闻都突破了传统新闻平面化的浅层叙事模式。特别是云端数据库唤起的"现实",以立体空间的多重视知觉体验重组,在内容创新上为新闻深度报道的空间、场域开拓提供了技术保障和制作可能。

(三) 接收创新:用户视角下的"自我叙事"

沉浸式新闻的目标是为用户建构全新的阅视体验,与传统新闻相比,更体现为信息接收模式的创新,即第一人称视角和媒体中介角色弱化形成信息接收者的"自我叙事"。

第一人称视角既是沉浸式新闻的进入方式,也是输出方式,更是新闻接收的模式创新。沉浸式新闻的基本特征是沉浸。就 VR 技术而言,VR 设备通过控制用户的视觉传输,使用户能够以主观视角进入虚拟现实场景,从身前身后、头顶脚下把握场景内容,360 度地感知新闻对象,进行沉浸体验。用户穿戴 VR 设备或以 App 扫描相关空间、物体,则可以多层次地感知、阅视当下的或历史的信息,掌握正在发生和曾经发生的新闻事件,体验当下的或历史的场景。第一人称视角代入体验直指共情后果,跨越时空界限,用户对新闻故事边创造、边体验、边接收,实际上是无所不在的全知视角。例如,《云南鲁甸地震三周年》不仅使用了正常视角、鱼眼视角、圆桶视角、小行星视角,还搭配背景音、沙盘地图、场景切换图示和文字报道,将震后的鲁甸"搬到"用户面前。在 VR 呈现的鲁甸地震纪念馆中,用户可以选择不同的参观路线,观察场馆的任何角落,以第一视角的方式突破了时空限制,深度挖掘新闻现场细节。

尼古拉·尼葛洛庞帝提到虚拟现实时说:"虚拟现实背后的构想是,通过让眼睛接收到在真实情境中才能接收到的信息,使人产生'身临其境'的感觉,更重要的一点是,你所看到的形象会随着你视点的变化即时改变。"①视点的变化过程就是用户接收和解读信息的过程。因此,与第一人称视角相对应的是沉浸式新闻接收中,媒体在新闻信息与用户之间的中介角色不断弱化,用户在获得360度视线自由的同时,也获得了虚拟空间中的自由互动和信息的自由接收,即对报道叙事视角的依赖程度降低,不再依赖传统新闻报道中的叙事者(如编辑、记者)视角,而是自己成为叙事者。例如,2019年《中国青年报》推出了第一款沉浸式体验新闻——《红军桥日记》(图8-13),用360度全景视频,集图片、动画、声音等于一体,在GPS定位系统的支持下,呈现了一个跨时空的故事。用户点击相关图示就可以"走"过木桥,"走"进村子,"走入"红军桥的故事。"走入"的过程就是接收过程,它至少在表象上是在用户视角下独立完成的自我叙事。

图8-13 《红军桥日记》的画面

三、沉浸式新闻对行业的影响

沉浸式新闻从信息呈现方式、内容生产和信息接收模式上的创新对新闻生产、新闻教育和媒体融合已经形成显著的行业影响。

(一)新闻生产:为深度报道带来创新机遇

沉浸式新闻作为一种新的新闻形态,与传统新闻并不是替代关系,比如它的出现就给传统新闻体裁的深度报道带来创新机遇。一是题材选择的契合。沉浸式新闻选题的长项在于报道重大突发事件、公共安全危机、自然生

---

① [美]尼古拉·尼葛洛庞帝:《数字化生存》(20周年纪念版),胡泳、范海燕译,电子工业出版社2017年版,第112页。

态，以及军事、体育、重大会议等现场感较强的题材，而这些题材也多是深度报道的选材领域。二是叙事方式的启示。沉浸式新闻以激发用户的阅视体验为旨归，以用户视角展开叙事。对深度报道而言，这样的视角可以有效地引领用户在事件调查和呈现过程中的"凝视"甚至参与，从而增强深度报道的深度。三是沉浸式新闻的内容创新不仅以建构宏大叙事场景为着力点，更以建构云端数据库为基本路径，这为深度报道提供了打开与展示报道深度的路径。具体而言，VR技术的细节呈现和AR技术的信息叠加都是深度报道调查的可视化塑造路径。

当然，VR/AR技术下深度报道的创新不能一蹴而就，还需要技术上的突破。比如，就VR而言，高度的浸入感源自技术设备，头戴式显示器设备成本居高不下，VR深度体验对很多用户来说还不现实。而以"非头显"的接入方式，如用手机、iPad等平面设备接收VR产品，VR体验会明显打折。不过，就深度报道创新而言，目前AR技术是可行的。随着云端数据库"库存量"提升，以AR技术叠加信息打开方式，多媒体、多层次、立体化地呈现调查深度，用户只需"扫一扫"或佩戴感应器就可以精准地进入下一"时空"，观看深度调查过程的前前后后、事件的前因后果。

目前，关于VR/AR技术在深度报道领域的创新，国内外已经有许多成功案例，而且呈现方式也是多样化的，如VR纪录片、新闻游戏、AR动态图片等。但是，国外的沉浸式深度报道多集中在战争、重大自然灾害等题材上。国内虽然也产生了《云南鲁甸地震三周年》VR报道、《山村里的幼儿园》VR纪录片等产品，但选材目前还多集中于重大会议现场场景的展现和可视化体验上，在深度报道题材方面，沉浸式新闻还有很大的空间。

（二）新闻教育："技术转向"与"导演"新闻

沉浸式新闻的出现促使VR/AR技术应用再一次把一个敏感话题，即新闻教育的技术转向推到了前台。在理性对待"技术决定论""技术操控论"的前提下，新闻教育的技术转向是一个必须直面的课题。此外，另一个需要慎重考量的话题是"导演"新闻综合人才培养。

1. 技术转向

2020年5月15日，清华大学新闻与传播学院宣布取消本科招生，该消息引发新闻教育界广泛关注,一些专家学者纷纷就此对当下的新闻教育导向提出看法。学者胡泳认为,"我们培养的学生应该是精通数字化的知识工作者,他们了解如何创造听众和观众,如何创建内容以及创建使用数字工具解决问题的产品,我们首先要把我们培养的对象做这样一个根本的调整"①。学者潘忠党认为,"新闻教育应该要发生的变化是如何能够'为全社会展开明亮的对话'提供一种有媒介素养、有分析能力、有人文情怀、有正义公平信念,同时又有不同媒体平台的操作技能、适应不同的媒体平台且有创业精神的人才"②。张力奋则明确提出,"新闻教育本质上是人文教育,绝不仅是一个技能教育"③。上述学者的表述不尽相同,且观点也有分歧,很难用"技术转向"这样一个容易受争议的概念来笼统概括。但是,一个不容回避的事实是,他们都关注到了技术在当前新闻教育中的地位。他们分歧的核心在于,新闻教育"到底要偏向文史哲厚重基础,以夯实新闻伦理价值和具有人文精神为导向的人才培养路径;还是以精通各种技术技巧,能够在进入媒体单位工作后,可以马上熟练使用各种新媒体技术为偏重的人才"④。

VR/AR 技术在新闻生产中的应用目前刚刚起步,沉浸式新闻的"沉浸""互动""想象"能够达到的也仅停留在沉浸的初级阶段,更遑论真正强效的互动与想象,其在技术发展上还有更广阔的空间。新闻教育应做好前瞻性规划,在专业设置、课程调改、新闻实训上适度地做好技术转向,以适应新技术革命给新闻教育创造的新空间和带来的新机遇。

2. "导演"新闻

"导演"新闻也是一个容易引发争议的话题,因为至少在修辞上,"导演"与"新闻"是不兼容的:"导演"是人为的、运作的、主观的,而新闻是真实的、客观的。"导演"新闻的理念与新闻真实性、客观性法则没有共通性,但沉浸式新闻出现之后,"导演"与"新闻"产生了关联,有了相互关涉的"能指"与

---

① 杜俊飞、胡泳、潘忠党、叶铁桥、张力奋:《清华"教改"与新闻学院的未来》,《新闻大学》2020年第7期,第33—50、122—123页。
② 同上。
③ 同上。
④ 王润泽:《新闻学面临的挑战与新闻教育变革》,《中国出版》2020年第14期,第10—14页。

"所指",这也给当下新闻教育的变革提出一个新的思考角度。学者常江认为,沉浸式新闻代表的是一种编辑理念的导演化转向,因此"随着这种新闻生产实践在行业内的常态化,系统性地培养'新闻导演'也势必会成为从业者养成体系的一个必不可少的环节"①。这个提法还可以有其他表述,如戏剧新闻、VR/AR 电影新闻等,相关的职业教育也就有可能被称为"新闻编剧"或"新闻导演"了。

的确,在中外沉浸式新闻生产中,导演意识是清晰存在的,无论《纽约时报》的《流离失所》、VRSE 的《慈悲为怀》,还是我国的《山村里的幼儿园》《带你到战地——央视独家 VR 呈现被 IS 炸毁的叙利亚千年神庙》《可盐可甜——世界欠我一个"白鹿"》等沉浸式新闻(纪录)作品中,导演痕迹、编辑意图都非常明显,用户对新闻信息的需求被纳入导演叙事。因此,提出"导演"新闻这个概念,对当下新闻教育的启示在于如何培养既能熟练驾驭新型传播科技的"操盘手",又能把新闻理念和价值导向融入技术产品审美体验中的复合型人才。

(三)媒体融合:推动深度跨界融合

沉浸式新闻还助推了传统媒体的融合转型,即技术驱动下的深度跨界融合。然而,一个客观存在的事实是,在短暂的互联网新闻发展史上,新闻生产模式创新几乎都与新型数字化产业有关,"据美国皮尤(Pew)中心'新闻卓越计划'的报告显示,传统新闻媒体已经难以引领数字革命的潮流。相反,数字化时代的媒体创新都是在新闻机构以外的领域产生,以 GAFA(谷歌、苹果、脸书、亚马逊)为代表的高科技公司已经在很大程度上掌控了新闻业的未来"②。在中国,百度、阿里巴巴、腾讯这样的互联网科技产业公司组合对新闻生产模式起着推动作用,如微信、QQ 甚至新浪微博等都曾驱动新闻生产模式变革。

但是,沉浸式新闻已经不再是简单借助 VR/AR 技术,而是技术已深深

---

① 常江:《导演新闻:浸入式新闻与全球主流编辑理念转型》,《编辑之友》2018 年第 3 期,第 70—76 页。

② 史安斌、张耀钟:《虚拟/增强现实技术的兴起与传统新闻的业转向》,《新闻记者》2016 年第 1 期,第 34—41 页。

地嵌入新闻生产。前文提到,许多国外媒体开始与技术公司合作推出新产品和新的报道方式,揭示了新闻生产模式变革的趋势。在国内,沉浸式新闻生产也遵循跨界融合的模式,如 2014 年《成都商报》联合德国 Metaio 公司推出增强现实应用"悠哉",2015 年深圳滑坡灾害发生时,新华社联合酷景网、兰亭数字等公司制作全景视频 VR 报道,2016 年《经济日报》与兰亭数字合作、《光明日报》与 Eyesir 全景相机合作进行全景看"两会"报道。媒体融合在新技术的驱动下,以 5G 加持,未来必然是深度跨界融合的时代。

主要参考文献

[1] [美]克莱·舍基:《人人时代:无组织的组织力量》,胡泳、沈满琳译,中国人民大学出版社 2012 年版。

[2] [美]曼纽尔·卡斯特:《网络社会的崛起》,夏铸九、王志弘等译,社会科学文献出版社 2001 年版。

[3] [美]丹·吉摩尔:《草根媒体》,陈建勋译,南京大学出版社 2010 年版。

[4] [美]尼古拉·尼葛洛庞帝:《数字化生存》,胡泳、范海燕译,海南出版社 1997 年版。

[5] [美]塞缪尔·P.亨廷顿:《变化社会中的政治秩序》,王冠华、刘为等译,上海人民出版社 2008 年版。

[6] [美]弥尔顿·L.穆勒:《网络与国家:互联网治理的全球政治学》,周程、鲁锐、夏雪等译,上海交通大学出版社 2015 年版。

[7] [美]比尔·科瓦齐、汤姆·罗森斯蒂尔:《新闻的十大基本原则:新闻从业者须知和公众的期待》,刘海龙、连晓东译,北京大学出版社 2011 年版。

[8] [美]迈克尔·舒德森:《新闻社会学》,徐桂权译,华夏出版社 2010 年版。

[9] [美]尼尔·波兹曼:《娱乐至死》,章艳译,中信出版集团股份有限公司 2015 年版。

[10] [加]马歇尔·麦克卢汉:《理解媒介:论人的延伸》(增订评注本),何道宽译,译林出版社 2011 年版。

[11] [美]杰克·鲁勒:《每日新闻、永恒故事:新闻报道中的神话角色》,尹宏毅、周俐梅译,清华大学出版社 2013 年版。

[12] [美]沃尔特·李普曼:《公众舆论》,阎克文、江红译,上海人民出版社 2006 年版。

[13] [美]迈克尔·舒德森:《发掘新闻——美国报业的社会史》,陈昌凤、常江译,北京大学出版社 2009 年版。

[14] [美]保罗·莱文森:《莱文森精粹》,何道宽编译,中国人民大学出版社 2007 年版。

[15] [美]马克·波斯特:《第二媒介时代》,范静哗译,南京大学出版社 2000 年版。

[16] [法]让·鲍德里亚:《消费社会》,刘成富、全志钢译,南京大学出版社 2014 年版。

[17] [美]尼尔·波斯曼:《技术垄断:文化向技术投降》,何道宽译,中信出版集团股份有限公司 2019 年版。

[18] [白俄罗斯]叶夫根尼·莫罗佐夫:《技术至死:数字化生存的阴暗面》,张行舟、闫佳译,电子工业出版社 2014 年版。

[19] 郑永年:《技术赋权:中国的互联网、国家和社会》,东方出版社 2014 年版。
[20] 郑智斌:《众妙之门——中国互联网事件研究》,中国传媒大学出版社 2012 年版。
[21] 朱春阳:《中国媒体产业 20 年:创新与融合》,复旦大学出版社 2019 年版。
[22] 陈彤、曾祥雪:《新浪之道——门户网站新闻频道的运营》,福建人民出版社 2005 年版。
[23] 彭兰:《中国网络媒体的第一个十年》,清华大学出版社 2005 年版。
[24] 方汉奇:《中国新闻传播史》(第三版),中国人民大学出版社 2014 年版。
[25] 匡文波:《手机媒体:新媒体中的新革命》,华夏出版社 2010 年版。
[26] 李永刚:《我们的防火墙:网络时代的表达与监管》,广西师范大学出版社 2009 年版。
[27] 李良荣:《新闻学概论》(第七版),复旦大学出版社 2021 年版。
[28] 冯健:《中国新闻实用大辞典》,新华出版社 1996 年版。
[29] 刘建明等:《新闻学概论》,中国传媒大学出版社 2007 年版。
[30] 刘毅:《网络舆情研究概论》,天津人民出版社 2007 年版。
[31] 刘少杰:《当代国外社会学理论》,中国人民大学出版社 2009 年版。
[32] 唐涛:《网络舆情治理研究》,上海社会科学院出版社 2014 年版。
[33] 陆学艺、景天魁:《转型中的中国社会》,黑龙江人民出版社 1994 年版。
[34] 蒋小花、张瑞静:《网络舆情理论与案例》,中国时代经济出版社 2017 年版。
[35] 张国良:《传播学原理》(第三版),复旦大学出版社 2021 年版。
[36] 刘毅:《网络舆情研究概论》,天津人民出版社 2007 年版。
[37] 匡文波:《新媒体舆论:模型、实证、热点及展望》,中国人民大学出版社 2014 年版。
[38] 方兴东、王俊秀:《博客:E 时代的盗火者》,中国方正出版社 2003 年版。
[39] 徐正、夏德元:《突发公共事件与微博治理研究》,浙江大学出版社 2014 年版。
[40] 常松等:《微博舆论与公众情绪的互动》,社会科学文献出版社 2018 年版。
[41] 喻国明、欧亚、张佰明等:《微博:一种新传播形态的考察——影响力模型和社会性应用》,人民日报出版社 2011 年版。
[42] 韩素梅等:《新媒体与社会舆情》,浙江大学出版社 2018 年版。
[43] 郝晓伟:《网络舆情应对与处置案例分析》,国家行政学院出版社 2015 年版。
[44] 李良荣、钟怡:《互联网新闻制作》,复旦大学出版社 2020 年版。
[45] 方洁:《数据新闻概论:操作理念与案例解析》,中国人民大学出版社 2019 年版。
[46] 徐笛:《数据新闻的兴起:场域视角的解读》,中国传媒大学出版社 2019 年版。
[47] 许向东:《数据新闻:新闻报道新模式》,中国人民大学出版社 2017 年版。
[48] 李沁:《沉浸传播:第三媒介时代的传播范式》,清华大学出版社 2013 年版。
[49] 李沁:《媒介化生存:沉浸传播的理论与实践》,中国人民大学出版社 2019 年版。
[50] 李良荣:《西方新闻事业概论》(第三版),复旦大学出版社 2006 年版。
[51] [法]莫里斯·哈布瓦赫:《论集体记忆》,毕然、郭金华译,上海人民出版社 2002 年版。
[52] [英]尼克·库尔德里:《媒介仪式:一种批判的视角》,崔玺译,中国人民大学出版社 2016 年版。

[53] [美]丹尼尔·戴扬、伊莱休·卡茨:《媒介事件:历史的现场直播》,麻争旗译,北京广播学院出版社2000年版。

[54] [美]W. 兰斯·本奈特、罗伯特·恩特曼:《媒介化政治:政治传播新论》,董关鹏译,清华大学出版社2011年版。

[55] [美]迈克尔·埃默里、埃德温·埃默里:《美国新闻史:大众传播媒介解释史》(第八版),展江、殷文主译,新华出版社2001年版。

[56] [美]韦尔伯·施拉姆:《大众传播媒介与社会发展》,金燕宁译,华夏出版社1990年版。

[57] [英]杰弗里·巴勒克拉夫:《当代史学主要趋势》,杨豫译,上海译文出版社1987年版。

[58] 方汉奇:《中国近代报刊史(上、下)》,山西教育出版社2012年版。

[59] 彭兰:《社会化媒体:理论与实践解析》,中国人民大学出版社2015年版。

[60] 彭兰:《网络传播概论》,中国人民大学出版社2017年版。

[61] 黄宗智:《中国研究的范式问题讨论》,社会科学文献出版社2003年版。

[62] 彭兰:《新媒体用户研究》,中国人民大学出版社2020年版。

[63] 樊凡:《中西新闻比较论》,武汉出版社1994年版。

[64] 李彬:《中国新闻社会史》(插图本),清华大学出版社2008年版。

[65] 钱穆:《中国历史研究法》,生活·读书·新知三联书店2005年版。

[66] 杨嘉嵋:《我国短视频新闻的发展与传播研究》,四川大学出版社2019年版。

[67] 段鹏:《政治传播:历史、发展与外延》,中国传媒大学出版社2011年版。

[68] 陈昌凤:《中国新闻传播史:媒介社会学的视角》,北京大学出版社2007年版。

[69] 姜义华、瞿林东、赵吉惠:《史学导论》,复旦大学出版社2003年版。

[70] 王尔敏:《史学方法》,广西师范大学出版社2005年版。

[71] 庄国雄、马拥军、孙承叔:《历史哲学》,复旦大学出版社2004年版。

[72] 方汉奇:《中国新闻事业通史(三卷本)》,中国人民大学出版社1999年版。

[73] 李泽厚:《历史本体论》,生活·读书·新知三联书店2002年版。

[74] 杨念群:《中层理论:东西方思想会通下的中国史研究》,江西教育出版社2001年版。

[75] 方汉奇、陈昌凤:《正在发生的历史——中国当代新闻事业(上、下)》,福建人民出版社2002年版。

[76] 孙玮:《现代中国的大众书写——都市报的生成、发展与转折》,复旦大学出版社2006年版。

[77] 吴廷俊:《中国新闻传播史稿》,华中科技大学出版社1999年版。

[78] 徐培汀、裘正义:《中国新闻传播学说史》,重庆出版社1994年版。

[79] 杨保军:《新闻理论教程》,中国人民大学出版社2005年版。

[80] 杨保军:《新闻活动论》,中国人民大学出版社2006年版。

[81] 张昆:《传播观念的历史考察》,武汉大学出版社1997年版。

后 记

编一本中国互联网新闻传播史是我多年的愿望。任何一门学科，都由史、论、术(实务)三大块构成。近些年，我组织我的学生编写了《网络与新媒体概论》(李良荣主编、童希副主编，高等教育出版社，2014年)、《网络空间导论》(李良荣、方师师主编，复旦大学出版社，2018年)、《互联网新闻制作》(李良荣、钟怡编著，复旦大学出版社，2020年)。就学科系统来说，仍欠缺一本互联网新闻史。

2019年3月，我被聘担任浙江传媒学院新闻与传播学院院长。上任不久，我就招募学院内教师组成编写组。

本书从编写大纲到最后定稿交出版社历时3年多，光大纲就讨论了四五次，还有多次一对一的商谈。每一章从初稿到定稿，都至少修改3次，多的修改5次。这3年多的时间里，有2年多处于严格的疫情防控之下，线下面对面讨论实属不易。此外，各位作者还有日常繁重的教学、科研、行政工作，他们不得不经常熬夜工作，不厌其烦地一遍遍修改。这种认真、踏实的作风令我感动。

与我一起任本书主编的徐钱立老师是名青年学者，专攻中国和世界新闻传播史。我对书稿"横挑鼻子竖挑眼"的苛求，他都一一承担下来，并完成全书的统稿任务，让我可以顺顺利利地最后定稿。

本书与上述几本书一起初步构建了中国互联网新闻传播学科的史、论、术系统，了却我一大心愿。

本书编写分工如下：第一章作者郭璇，第二章作者巩述林，第三章作者张博，第四章作者曹月娟，第五章作者邰小丽，第六章作者郭雅静，第七章作者徐钱立、蒲平，第八章作者董卫民。

感谢各位作者的辛勤付出，期待读者的批评指正。

李良荣

2022 年 7 月 26 日

图书在版编目(CIP)数据

中国互联网新闻发展史/李良荣,徐钱立主编. —上海:复旦大学出版社,2023.9
网络与新媒体传播核心教材系列
ISBN 978-7-309-16708-5

Ⅰ.①中… Ⅱ.①李… ②徐… Ⅲ.①互联网络-新闻事业史-中国-高等学校-教材 Ⅳ.①G219.297

中国国家版本馆 CIP 数据核字(2023)第 015013 号

中国互联网新闻发展史
ZHONGGUO HULIANWANG XINWEN FAZHANSHI
李良荣　徐钱立　主编
责任编辑/刘　畅

复旦大学出版社有限公司出版发行
上海市国权路 579 号　邮编:200433
网址:fupnet@fudanpress.com　http://www.fudanpress.com
门市零售:86-21-65102580　团体订购:86-21-65104505
出版部电话:86-21-65642845
上海华业装潢印刷厂有限公司

开本 787×960　1/16　印张 19　字数 282 千
2023 年 9 月第 1 版第 1 次印刷

ISBN 978-7-309-16708-5/G·2468
定价:56.00 元

如有印装质量问题,请向复旦大学出版社有限公司出版部调换。
版权所有　侵权必究